普通高等教育土建类专业信息化系列教材

工程造价概论

（第二版）

主　编　李　玲　李文琴

参　编　张红利　李　琴

西安电子科技大学出版社

内 容 简 介

本书是为工程管理、工程造价等土建类专业学生编写的学习用书。全书共 10 章，主要内容包括工程及工程项目概述、建筑法及相关条例、工程造价及造价管理概述、建设工程造价构成、工程造价计价方法及依据、工程造价专业人才培养教育理念与岗位需求分析及培养方案与教学体系、BIM 技术在工程造价管理中的应用、造价工程师的执业概述、工程造价咨询制度及企业管理制度等。本书的作用在于指导大一新生及早了解本专业的基本情况和行业发展态势，明确学习目标和任务，掌握学习规律和方法，增强学习的目的性、主动性和责任感，为今后学好专业课程、掌握专业技能和从事相关工作打下坚实基础。

本书可作为普通高等学校及高等职业技术学校教学用书，也可作为学生自学的参考资料，同时也是施工、咨询企业工程造价等岗位工程技术人员学习工程造价的参考资料。

图书在版编目(CIP)数据

工程造价概论/李玲，李文琴主编. —2 版. —西安：西安电子科技大学出版社，2020.8(2023.8重印)

ISBN 978-7-5606-5601-4

Ⅰ. ①工…　Ⅱ. ①李…　② 李…　Ⅲ. ①建筑工程—工程造价—高等学校—教材

Ⅳ. ①TU723.3

中国版本图书馆 CIP 数据核字(2020)第 061244 号

策　　划　戚文艳
责任编辑　雷鸿俊
出版发行　西安电子科技大学出版社(西安市太白南路 2 号)
电　　话　(029)88202421　88201467　　　邮　编　710071
网　　址　www.xduph.com　　　　　　　　电子邮箱　xdupfxb001@163.com
经　　销　新华书店
印刷单位　陕西日报印务有限公司
版　　次　2020 年 8 月第 2 版　　2023 年 8 月第 5 次印刷
开　　本　787 毫米×1092 毫米　　1/16　　印 张　14
字　　数　329 千字
印　　数　6501～9500 册
定　　价　35.00 元

ISBN 978-7-5606-5601-4 / TU

XDUP 5903002-5

如有印装问题可调换

前　　言

建筑业是我国国民经济的五大支柱产业之一，随着建筑市场的快速发展和造价咨询、项目管理等相关市场的不断扩大，一方面，诸如房地产公司、建筑安装企业、咨询公司等对造价人才(包括预算员和造价工程师)的需求不断增加，另一方面，作为新兴专业的工程造价管理专业虽然在近十几年中发展迅速，但造价人才的缺口依然很大。鉴于此，培养出更多符合现代工程需要的工程造价管理人才，已成为建筑管理部门和高等院校的迫切任务和历史使命。

工程造价管理是指运用科学、技术原理和方法，在统一目标、各负其责的原则下所进行的，全过程、全方位的，符合政策和客观规律的全部工程造价业务行为和组织活动。工程造价管理是对工程项目全生命周期的管理，既涉及工程技术等自然科学，又涉及管理科学，属于交叉学科，是管理科学与工程技术的组成部分。

工程造价管理专业旨在培养具备工程造价专业必需的专业理论知识、技能及造价工程师的基本素质，具有独立应用计算机软件进行工程预算、结算及工程造价计价与控制能力的高级技术应用型人才。

我国经济建设的可持续高速发展及工程项目的大量实践，推动工程造价管理在基础理论和技术方法等方面日趋完善，也使得工程造价管理在社会经济发展中的重要地位和作用得到普遍的认可和高度的重视。与此相适应，高校工程造价管理专业教育教学体系也逐步健全。从 2013 年起，西安科技大学高新学院工程造价管理专业本科生开始招生，随之开设了工程造价管理概论课程。为满足工程造价管理专业培养目标的要求，更好地完成工程造价管理专业教学大纲和教学计划，在认真分析和总结行业发展及学科建设相关情况的基础上，根据编者多年从事教学、科研的经验，集国内外最新的研究成果和先进经验，我们着手编写了《工程造价概论》一书，并在初版的基础上做了进一步修订，以适应行业发展的实际需要，遂有了《工程造价概论》(第二版)的问世。

本书是依据《建设工程工程量清单计价规范》(GB50500—2013)进行编写的，在吸取国内外同类教材优点的基础上，全面介绍了工程项目的概念特征及类别、工程项目的生命周期和基本建设程序，以及工程项目管理的任务及相关制度，同时较为系统地介绍了工程造价的基础知识；较为全面地总结了工程造价计价方法及依据、工程造价管理的发展现状与趋势，以及工程造价管理的新方法；细致罗列了工程造价管理的相关法律法规；详细介绍了工程造价管理专业的人才培养目标和素质要求，以及工程造价专业人员培养方案与教学体系；对比分析了不同国家的工程造价管理体系；最后分别从工程造价人员、工程造价企业及工程造价行业三个角度阐述了目前的相关规定与做法。

本书是一本专业入门教材，贴近教学的实际需要，符合学生的接受能力，结合了最新的工程造价理论与规定、丰富的案例和翔实的数据，向读者展现了工程造价过程的全貌。本书是供工程管理专业和工程造价专业开设的"工程造价概论"或"工程造价专业概论"课程使用的教科书，系统地介绍了工程造价管理学科学习的各个重要方面，可以帮助学生在进入专业学习之前了解工程造价管理行业及学科的基本情况和发展态势，明确学习目标和任务，掌握学习规律和方法，增强学习的目的性、主动性和责任感，为今后学好专业课程、掌握专业技能和从事相关工作打下坚实基础。

　　本书可作为高等学校应用型本科及高等职业技术学校的教学用书，也可作为学生自学的参考资料，同时也是施工、咨询企业工程造价等岗位工程技术人员学习工程造价的参考资料。

　　全书共十章，第一、二、三、四、五、八、九章由西安科技大学李玲和李文琴共同编写，第六、十章由西安科技大学张红利编写，第七章由西安科技大学高新学院李琴编写。学生张海欣、袁婷、侯佳璐、李欣娜、张智逵、阎欣悦、马琳等做了一些资料收集与校对等辅助工作，在此一并感谢！

　　本书在编写过程中参考了国内外众多专家学者的研究成果，在此，谨向相关作者及研究人员表示诚挚的谢意！

　　由于时间仓促和编者水平有限，本书的疏漏之处在所难免，敬请各位读者批评指正！

编　者

2020 年 4 月

目　　录

第一章　工程及工程项目概述.........1
　第一节　工程的基本概念.........1
　　一、工程的概念.........1
　　二、工程的作用.........3
　　三、工程的分类.........7
　第二节　工程项目概述.........9
　　一、工程项目的概念.........9
　　二、工程项目的特征.........9
　　三、工程项目的分类.........9
　　四、工程项目的层次划分.........11
　第三节　工程项目的生命周期和
　　　　　基本建设程序.........13
　　一、工程项目的生命周期.........13
　　二、工程项目的基本建设程序.........13
　第四节　现行工程项目的管理模式和
　　　　　相关管理制度.........17
　　一、现行工程项目的发承包模式.........17
　　二、现行工程项目的运营管理模式.........21
　　三、工程项目管理的任务及相关制度.........22
　复习思考题.........25
第二章　建筑法及相关条例.........26
　第一节　合同法及价格法.........26
　　一、合同法.........26
　　二、价格法.........30
　第二节　建筑法及相关条例.........31
　　一、《建筑法》.........31
　　二、建设工程质量管理条例.........35
　第三节　招标投标法及其实施条例.........38
　　一、《招标投标法》.........38
　　二、《招标投标法实施条例》.........41
　复习思考题.........48
第三章　工程造价及造价管理概述.........49
　第一节　工程造价概述.........49
　　一、工程造价的含义及相关概念.........49
　　二、工程造价的作用.........50
　　三、工程造价的计价特征.........52
　第二节　工程造价管理概述.........53
　　一、工程造价管理概念和内涵.........53
　　二、工程造价管理的主要内容和
　　　　基本原则.........54
　　三、工程造价管理的新方法.........55
　第三节　工程造价与工程造价管理.........62
　复习思考题.........62
第四章　建设工程造价构成.........63
　第一节　我国建设项目投资构成及
　　　　　造价构成.........63
　　一、我国建设项目投资构成.........63
　　二、建设项目工程造价构成.........64
　第二节　设备及工、器具购置费用的构成和
　　　　　计算.........64
　　一、设备购置费的构成和计算.........64
　　二、工具、器具及生产家具购置费的
　　　　构成和计算.........68
　第三节　建筑安装工程费用构成和计算.........68
　　一、建筑安装工程费用的构成.........68
　　二、按费用构成要素划分建筑安装工程
　　　　费用项目构成和计算.........69
　　三、按造价形成划分建筑安装工程费用
　　　　项目构成和计算.........74
　第四节　工程建设其他费用的构成和计算.........78
　　一、建设单位管理费.........78
　　二、用地与工程准备费.........78
　　三、市政公用配套设施费.........81
　　四、技术服务费.........81
　　五、建设期计列的生产经营费.........84
　　六、工程保险费.........85

七、税费 85

第五节　预备费和建设期利息的计算 86

　　一、预备费 86

　　二、建设期利息 87

　　复习思考题 87

第五章　工程造价计价方法及依据 88

第一节　工程计价方法 88

　　一、工程计价基本原理 88

　　二、工程计价标准和依据 89

　　三、工程计价基本程序 90

　　四、工程定额体系 92

第二节　工程造价计价依据 95

　　一、工程量清单计价与计量规范 95

　　二、分部分项工程项目清单 96

　　三、措施项目清单 99

　　四、其他项目清单 101

　　五、规费、税金项目清单 105

第三节　建筑安装工程人工、材料及

　　　　机械台班定额消耗量 105

　　一、施工过程分解及工时 105

　　二、劳动定额 113

　　三、材料消耗定额 116

　　四、机械台班消耗定额 118

第四节　建筑安装工程基础单价及

　　　　工程单价 121

　　一、人工日工资单价的组成和确定方法 121

　　二、材料单价的组成和确定方法 122

　　三、施工机械台班单价的组成和

　　　　确定方法 124

第五节　工程计价定额 128

　　一、预算定额 128

　　二、概算定额 134

　　三、概算指标 135

　　四、投资估算指标 136

第六节　工程造价信息 137

　　一、工程造价信息的概念、特点和分类 137

　　二、工程造价信息的主要内容 139

　　复习思考题 140

第六章　工程造价专业人才教育理念与

　　　　岗位需求分析 141

第一节　工程造价专业人才教育的理念 141

第二节　工程造价专业人才岗位需求分析 141

　　一、工程造价岗位人才的核心能力 142

　　二、工程造价人员岗位资格 143

　　三、工程造价人员职业规划 144

第三节　工程造价专业就业方向 144

　　复习思考题 145

第七章　工程造价专业人才培养方案与

　　　　教学体系 146

第一节　工程造价专业沿革与发展 146

　　一、国外工程造价专业概况 146

　　二、我国工程造价专业概况 150

　　三、现代工程造价学科特点 152

　　四、我国工程造价学科体系 153

第二节　工程造价专业培养目标与

　　　　专业方向 154

　　一、工程造价专业培养目标 154

　　二、工程造价专业设置方向 155

第三节　工程造价专业课程体系与

　　　　教学计划 155

　　一、工程造价专业课程体系 155

　　二、工程造价专业教学计划 159

第四节　工程造价专业主要课程简介 163

　　一、工程技术类课程 163

　　二、管理类课程 167

　　三、经济类课程 169

　　四、法律类课程 171

　　复习思考题 172

第八章　BIM 技术在工程造价管理中的

　　　　应用 173

第一节　BIM 技术概述 173

　　一、BIM 技术定义 173

　　二、BIM 技术核心 174

　　三、BIM 技术特征 175

　　四、BIM 技术优势 176

　　五、BIM 技术发展过程 178

第二节　工程造价管理中常用的计算机

　　软件介绍..................179

　一、工程造价软件的类别............179

　二、国内常用的造价管理软件........179

第三节　工程造价软件的发展方向.......184

　一、建筑工程造价软件的应用现状....184

　二、建筑工程造价软件应用的

　　必要性分析....................185

　三、建筑工程造价软件的发展前景....185

复习思考题............................187

第九章　造价工程师的执业概述.........188

第一节　注册造价工程师的概念、报考

　　条件和考试科目..............188

　一、注册造价工程师的概念..........188

　二、注册造价工程师报考条件........188

　三、注册造价工程师考试科目........189

第二节　造价工程师执业的环境分析.....189

　一、造价工程师执业的政府与行业协会

　　管理环境分析..................189

　二、造价工程师执业的经济环境分析..190

　三、造价工程师执业的企业环境分析..191

第三节　其他国家和地区造价工程师的

　　执业内容....................192

　一、中国香港地区工料测量师的

　　执业内容....................192

　二、英国工料测量师的执业内容......193

　三、美国造价工程师的执业内容......194

第四节　我国内地造价工程师的执业及

　　管理制度....................194

　一、造价工程师的执业范围..........194

　二、造价工程师的执业内容..........195

第五节　造价工程师的责任风险管理......196

　一、造价工程师承担的风险..........196

　二、造价工程师的风险控制..........198

　三、造价工程师责任风险的规避......200

复习思考题............................200

第十章　工程造价咨询制度及企业管理制度....201

第一节　我国工程造价咨询业的发展历程....201

第二节　工程造价咨询的主要内容......203

第三节　工程造价咨询企业的特点......205

第四节　工程造价咨询企业的管理模式....206

　一、工程造价咨询企业的产权体制....206

　二、工程造价咨询企业的经营和

　　服务范围....................206

　三、工程造价咨询企业的管理方式....208

第五节　我国工程造价咨询企业的

　　管理制度....................209

　一、岗位职责制度..................209

　二、工程造价咨询(审计)质量管理制度....209

　三、公司日常质量监管机制与管理模式....211

　四、招标代理的执业质量控制制度....212

　五、技术档案管理制度..............213

复习思考题............................215

参考文献............................216

第一章 工程及工程项目概述

第一节 工程的基本概念

一、工程的概念

1. 工程的定义

"工程"(Engineering)一词在《辞海》中有两层含义。其一是指将自然科学的原理应用到工农业生产而形成的各学科的总称，如土木工程、水利工程、冶金工程、机电工程、化学工程、海洋工程、生物工程等。这些学科是应用数学、物理学、化学、生物学等基础科学的原理，结合在科学实验和生产实践中所积累的技术经验而发展出来的。例如，土木工程就是把数学、物理学、化学等基础科学知识和力学、材料等技术科学知识，以及土木工程方面的工程技术知识综合运用到人们的生产、生活实践中，用于研究、设计、修筑各种建筑物和构筑物的各学科的总称。在此含义下，"工程"的主要内容包括：对工程的勘测、设计、施工；原材料的选择研究；设备和产品的设计制造；工艺和施工方法的研究；等等。

工程的另一层含义，是指具体的施工建设项目。例如，全球最长的跨海大桥、人工岛口岸工程、汇通三地的枢纽工程"港珠澳大桥"，被英媒《卫报》称为"现代世界七大奇迹"之一，其工程技术及设备规模创造了多项世界纪录，把中国的先进科学技术更好地应用到实践中，展现在世人面前，彰显出中国制造的魅力；又如，全世界最大的水利枢纽工程"三峡工程"，是治理和开发长江的关键性工程，具有防洪、发电、航运等综合效益；再如，我国西部大开发的标志性工程"西气东输工程"，从新疆塔里木向上海、浙江等东部地区供气，构筑了横贯我国西东的天然气供气系统。

在社会经济高速发展的今天，"工程"的概念已被广泛运用于各行各业。概括起来说，工程是一种科学应用，是把科学原理转化为新产品的创造性活动，而这种创造性活动是通过各种项目的实施，由各种类型的工程技术人员来完成的。

在社会活动和日常生活中，"工程"一词往往还多了另外一层含义，即指重要和复杂的计划、事业、方案和大型活动等。例如：我国青少年发展基金会发起并组织实施的一项为青少年成长服务的社会公益事业"希望工程"；我国政府为保障蔬菜副食品供给，满足广大群众生活需要的"菜篮子工程"；为"面向 21 世纪，重点建设 100 所左右的高等学校和一批重点学科"的"科教兴国 211 工程"等经济和社会发展工程；为深入贯彻党的"十九大"精神和国家"大众创业、万众创新"战略决策，在全国范围内启动的"2015 全国创业创新推进工程"(简称"双创工程")；等等。

1) 广义的工程

在现代社会，符合上述"工程"定义的事物是十分普遍的。"工程"是一个内涵十分广泛的概念，只要是人们为了达到某种目的，进行设计和计划、解决某些问题、改进某些事物等所开展的活动项目，都是"工程"。所以人类社会到处都有"工程"。

传统意义上的工程的概念包括建造房屋、大坝、铁路、桥梁，制造设备、船舶，开发新的武器，革新技术，等等。

由于生活和探索领域的扩展，人们不断发现新的科学知识和技术手段并投入应用，从而开辟出许多新的工程领域，如近代出现的航天工程、空间探索工程、基因(如生物克隆)工程、食品工程、微电子工程、软件工程、5G 工程等。

在社会领域，人们也经常用"工程"一词描述一些事务和事物，例如"扶贫工程""211 工程""阳光工程""333 工程""民心工程""经济普查工程""健康工程""菜篮子工程""农村安全饮水工程"等。

另外，在许多场合，领导人在提到某些社会问题时常常说，这个问题的解决是一个复杂的"系统工程"。例如，普及垃圾分类是一个系统工程，是长期工程，而科普也是长期工程。

2) 狭义的工程

就狭义而言，工程指的是"以某组设想的目标为依据，应用有关的科学知识和技术手段，通过有组织的一群人，将某个(或某些)现有实体(自然的或人造的)转化为具有预期使用价值的人造产品的过程"。

工程的定义虽然非常丰富，但工程管理专业所研究的对象还是比较传统的"工程"范围。工程管理的理论和方法应用最成熟的是土木建筑工程、水利工程和军事工程等领域，而工程管理专业的学生也主要在土木建筑工程和水利工程等领域就业。所以，工程管理专业所指的"工程"，主要是针对土木建筑工程与水利工程，是狭义的工程的概念。本书中如果没有特别说明，则"工程"一词就是指狭义的工程。

2. 工程的三个方面

综合以上各种定义，从工程技术和工程管理专业的角度来说，"工程"一词主要有以下三方面的含义：

(1) 工程是人类为了实现认识自然、改造自然、利用自然的目的，应用科学技术创造的、具有一定使用功能或实现价值要求的技术系统。工程的产品或带来的成果都必须有使用(功能)价值或经济价值，如一幢建筑物、一条公路等；也有一些工程的产品具有很大的文化价值，如埃及的金字塔、我国的长城和天安门广场的人民英雄纪念碑等。工程技术系统通常可以用一定的功能(如产品的产量或服务能力)要求、实物工程量、质量、技术标准等指标表达。例如：

① 一定生产能力(产量)的某种产品的生产流水线。

② 一定生产能力的车间或工厂。

③ 一定长度和等级的公路。

④ 一定发电量的火力发电站或核电站。

⑤ 具有某种功能的新产品。

⑥ 某种新型号的武器系统。

⑦ 一定规模的医院。

⑧ 一定规模学生容量的大学校区。

⑨ 一定规模的住宅小区。

⑩ 解决某个问题的技术创新、技术改造方案或系统等。

从这个意义上讲，工程是一个人造的技术系统，是解决问题、实现目标的依托。人造的技术系统是工程最核心的内容，一般人们所用的"工程"一词，也主要是指这个技术系统。

(2) 工程是人们为了达到一定的目的，应用相关科学技术和知识，充分利用自然资源获得上述技术系统的活动。这些活动通常包括：工程的论证与决策、规划、勘察与设计、施工、运行和维护，还可能包括新型产品与装备的开发、制造和生产过程，以及技术创新、技术革新、更新改造、产品或产业转型过程等。在这个意义上，"工程"又包括"工程项目"的概念。例如，我国距离最长、口径最大的输气管道"西气东输工程"，是仅次于长江三峡工程的又一重大投资项目，是拉开"西部大开发"序幕的标志性建设工程。又如，"兰新铁路"后第二条进出新疆的大通道"大漠新丝路"格库铁路，攻克了"转体梁工程"等众多难题。格库铁路的建成，扩大了铁路对西部地区的覆盖，强化了西部大开发的基础设施，为我国经济社会全面协调发展提供了运力保障，是落实科学发展观的一项重大成果。

(3) 工程科学。工程科学是人们为了解决生产和社会中出现的问题，将科学知识、技术或经验用以设计产品，建造各种工程设施、生产机器或材料的科学技术。工程科学的研究对象包括相关工程所应用的材料、设备和所进行的勘察设计、施工、制造、维修及相应的管理等技术，按照工程的类别和相关的知识体系，又可分为许多工程学科(专业)。

综上所述，"工程"包括了"工程技术系统""工程的建造过程(工程项目)"和"工程科学"三个方面的含义。在实际生活中，"工程"一词在不同的地方使用，会有不同的意义。

二、工程的作用

1. 工程是人类开发自然、改造自然的物质基础

工程是人类为了解决一定的社会、经济和生活问题而建造的具有一定功能或价值的系统，如三峡工程是为了解决我国长江上游的防洪、发电、航运问题；而有些工程则具有文化或历史价值，如天安门广场上的人民英雄纪念碑。

人类为了改变自己的生活环境，探索未知世界，一直在进行着各种各样的工程。这似乎是人类社会的一个基本"职能"。从最简单的房屋建筑到复杂的宇宙探索，工程改变了人类的生活，增强了人类认识自然和改造自然的能力。

(1) 人们通过工程改善自己的生存环境，提高物质生活水平。例如，通过建筑房屋，人们创造了舒适的住宅条件，能够为自己挡风遮雨；汽车制造厂生产出小轿车，改善了人们的出行条件。再如人们需要通过石油开采工程和发电厂建设工程提供生活、工作所需的能源，需要通过信息工程建设提供通信服务设施。

(2) 人们认识自然，进行科学研究，探索未知世界，必须借助工程所提供的平台。例如，人类通过建造出的正负离子对撞机、大型空间站、宇宙探索装置等，逐渐认识了大至外层宇宙空间的宏观世界、小到基本粒子的微观世界。

(3) 人们通过工程改造自然，使之有利于自己，降低了自然的负面影响。例如，我们的祖先曾经过着日出而作、日落而息、靠天吃饭的原始生活，但随着现代水利、电力通信等技术的发展，现代人的生存条件得到了极大的改善，同时，人类对自然的依赖性也大大降低了。我们通过"西气东输""西电东送""南水北调"等工程解决了自然条件下资源分配不均的问题，以利于实现我国资源的南北调配、东西互济，形成合理的资源配置格局。

(4) 工程为人们的社会文化生活特别是精神生活提供所需要的场所，丰富了人们的物质生活和文化生活。人类历史上建造的各种庙宇、祭坛、教堂、宫殿、纪念馆、大会堂、运动场、园林、图书馆、剧场等，都是人们文化生活的场所。而 21 世纪以来建成的奥运场馆、世博会馆、世园会馆等，都丰富了人们的物质和文化生活。

工程发展到现在，已经深入到了人们生产和生活的各个方面，人们的衣食住行都离不开工程，如土木工程、食品工程、电子工程、纺织工程、交通工程等。人们通过工程改变了大自然，改变了地球的面貌，提升了自己的能力，也改变了自己的物质生活，丰富了自己的精神文化生活。例如，北斗导航卫星工程突破了以核心关键器部件国产化、星间链路、扩展特色服务等为代表的一大批核心技术，为国际一流北斗全球卫星导航系统建设作出了卓越贡献。北斗卫星不断成功升空并入轨，将对中国经济、军事、外交等诸多领域产生影响，这不仅是中国航天的骄傲，更是中国制造的光荣。

2. 工程是人类文明的体现和文明传承的载体

(1) 工程是人类运用自己所掌握的科学技术知识开发自然和改造自然的产物，是人类生存、发展历史过程中的基本实践活动，也是人类在地球上生活、进行科学研究和探索创新的重要痕迹。它标志着社会的科学技术发展水平和文明程度，同时也是历史的见证，记录了历史上大量的经济、文化、科学技术的信息。例如，人们通过对大量古建筑遗址或古代陵墓进行考察，可以了解当时的政治、经济、军事状况，以及科学技术发展水平和人们的社会生活情形。因此，通过对历史上的工程(特别是建筑、工程材料和工程结构)进行分析和研究，我们可以清晰地了解到科学技术发展的轨迹。

在古代，土木工程所用的材料最早只是天然材料，如泥土、木材、砾石、石材以及混合材料(如加草筋泥)等。后来有了用泥土烧制的砖头和瓦，以及一些陶制品。我国著名的万里长城，就是秦代在魏、燕、赵三国夯土筑城的基础上进一步修筑和贯通的，主要采用夯土、砖和石料。

两千多年以来，木材和砖瓦是我国建筑的主要材料。如建于公元 14 世纪、历经明清两代的北京故宫，是世界上现存最大、最完整的古代木结构宫殿建筑群。再比如，在现今仍具有深远意义的京杭大运河，在我国是仅次于长江的第二条"黄金水道"，是世界上开凿最早、最长的一条人工河道。京杭大运河沟通了南北，促进了南北交流，繁荣了一大批城市，是中国人民智慧的体现；到了现代，它又方便了南水北调(东线)，孕育出了自己特有的文化形态和景观。

我国正如火如荼推进的"一带一路"工程，旨在建立一个政治互信、经济融合、文化包容的利益共同体、命运共同体和责任共同体。"一带一路"强调共商、共建、共享原则，超越了马歇尔计划、对外援助以及"走出去"战略，给 21 世纪的国际合作带来新的空间。

(2) 工程是人类认识自然和改造自然的载体，是人类文化和文明的传承载体。工程也是人类智慧和经验的结晶，反映着人类文明和历史的变迁。任何时代，工程都是所有已经取得的科学技术成果的体现，同时，科学技术研究和探索又都是在工程的基础上进行的。例如，现代科学家进行基本粒子研究所用的仪器和设施，就代表人类已经获得的基本粒子科学知识的全部。在人们所进行的航天工程中，就用到了人类所积累的所有天文学、数字、物理学、化学、材料科学、空气动力学等各方面的尖端科学知识。

最近引人注目的 5G 工程，是从"人人互联"到"万物互联"的跨时代技术。5G 的战略目标是将"人与人"之间的连接扩展至"人与人+人与物+物与物"的连接。5G 服务的客户不仅仅是个人客户，更需要关注垂直行业和企业客户。5G 的应用范围不仅仅针对人口覆盖，还需要关注国土覆盖。因此，5G 对提升国家治理与安全能力至关重要。

(3) 在人类历史发展的长河中，建筑工程是文化艺术的一部分。工程从一开始就和艺术融为一体。现在发现的许多原始人留下的岩石壁画，就可能是最久远的室内装潢艺术。比如，敦煌莫高窟完整保存了大量北魏至宋代各时期的壁画、雕塑、文献，集西域佛教文化和中原儒家文化之大成，具有很高的考古研究、历史研究、文献研究、宗教研究价值。

人类开始建造房屋(构木为巢)的时候，就开始了艺术创作。早期的人们就试图在房屋木结构上雕刻，通过建筑工程表现美感、技巧、精神和思想。比如，世界上目前保存最完整、规模最大的古代皇宫建筑群"故宫"，也是世界木质建筑的奇迹。故宫建筑的艺术语言和表现手段非常丰富，包括空间、形体、比例、均衡、节奏、色彩、装饰等许多因素。

经过长期的发展，建筑已成为凝固的音乐、永恒的诗歌。一座优美的建筑带给我们的不仅仅有使用功能，而且有视觉上的审美享受，同时也让我们从中看到所处时代的印记和所属民族的特质。不同国度(民族)的建筑或一个国度不同时期的建筑，都表现了不同国度(民族)、不同时期人们的文化、智慧和精神。

3. 工程是科学技术发展的动力

工程科学是科学技术的重要组成部分。工程建设和工程科学的发展，为整个科学技术的发展提供了强大的动力。即使在现代，科学技术要转化成直接的生产力，仍然离不开工程这一关键环节。

(1) 工程要应用科学知识解决实际问题。在各种不同种类的工程建设和发展过程中，逐渐形成了一门工程学科。工程技术和学科的建立和发展与整个科学技术的发展是相辅相成的。在工程中会产生许多新的问题、出现新的现象，人们研究和解决这些问题，就获得了新的科学知识。特别是在现代，大型和特大型的高科技工程又是研究和探索科学知识的过程。

(2) 工程专家(或工程师)要应用科学知识建造工程，以解决社会经济和文化发展过程中出现的问题，为人类造福。如我国的古代建筑赵州桥、埃及的金字塔，都是在当时数学知识和几何知识不甚发达时期修建的，但那时的工程专家(即工匠)利用丰富的经验和精湛的手艺建造了无与伦比的工程。又如，两千多年前建造的都江堰工程就利用了弯道流体力学的方法取水排沙，而这种方法直到现代社会仍然是水力学研究的前沿问题。

(3) 现代社会，科学家需要依托工程所提供的条件进行科学研究。科学家常常需要设计新的科学实验设备或模拟装置，它们本身又是工程。例如，我国不断更新进步的代核聚变实验装置 EAST(Experimental Advanced Superconducting Tokamak)，俗称"人造太阳"，本身就是一个非常复杂的工程系统。又如，"现代世界七大奇迹"之一的港珠澳大桥在自主研发过程中，遇到了重重困难，最终以 400 项专利震惊世界。

(4) 科学家为大型工程提供具有可靠性和适用性的理论分析和实验模拟。例如：在新的大型结构的应用中，首先制作模型在实验室里进行模拟试验，如力学实验、荷载试验、地震试验等。现在几乎所有复杂的高科技工程都有这个过程。

一些大型工程，如我国的"两弹一星"工程、奥运工程、载人航天工程、"探月计划"北斗导航卫星工程等，都能体现工程技术和科学研究的高度结合。工程需要进行大量的科学模拟实验，以解决工程中的新问题。同时，科学家利用工程提供的工具和平台进行科学试验和研究，以发现新的科学知识。

再如，城市轨道交通工程建设涉及车站建设、隧道挖掘、轨道铺设、车辆制造、信息通信系统建设等活动，几乎涉及现代土木工程、电子信息工程、机电设备工程等所有高新技术领域。

4. 工程是社会发展的动力

工程作为社会经济和文化发展的动力，在人类历史进程中一直被视作直接的生产力。具体体现在如下几方面：

(1) 工程建设促进了城市化的发展。城市化，即人口向城市集中，是现代社会的特征之一。在城市化过程中，需要建设大量的房屋工程和城市基础设施工程。

(2) 工程是社会经济、文化发展的依托。国民经济各部门的发展、科学的进步、国防力量的提升、人民物质和文化生活水平的提高，都依赖于工程所提供的平台。例如：信息产业的发展需要生产通信产品的工厂和相关通信设施；交通业的发展需要建设高速公路、铁路、机场、码头；食品工业和第三产业发展需要工厂及相关设施；国防力量的提升需要大量的国防设施，还需要进行国防科学技术研究基地建设；教育发展需要建大量的新校区、大学城，需要教室、图书馆、实验室、宿舍、运动场(馆)、办公楼等。

所以，工程是工业、农业、国防、教育、交通等各行各业发展的基础。国民经济各个部门要有基本的设施，都离不开工程。近三十年来，我国经济高速发展、国家繁荣，一个重要的特征就是我们建设了和正在建设着大量的工程。因此，工程是国家现代化建设程度的标志。

随着我国国民经济的快速增长，固定资产投资额逐年提高，工程建设作为固定资产投资转化为生产能力的必经环节，其产值也大幅度增加。固定资产投资中既包括生产性投资，也包括生活消费性投资。我国整个社会固定资产投资总额中约有 60%是工程建设投资。近年来，随着我国建筑业企业生产和经营规模的不断扩大，建筑业总产值持续增长，2017 年全社会固定资产投资 641 238.39 亿元，其中，建筑业达到 213 954 亿元，比上年增长 10.53%，增速比上年增加了 3.44 个百分点。建筑业总产值增速结束了 2011 年至 2015 年连续 5 年的下降趋势，连续两年出现增长。而建筑安装工程也达到 441 771.54 亿元，另外，还有与建筑工程相关的 114 057.51 亿元的设备、器具采购。

5. 工程相关产业(特别是建筑业)是国民经济的重要行业

工程建设是由工程相关产业(主要是建筑业)完成的。建筑业直接通过工程建设完成建筑业产值获取利润、提供税收，对国民经济发展作出了很大的贡献。我国社会各领域投资的增加促进了我国建筑业的发展。近年来，我国建筑业增加值不断创历史新高。在国家统计局发布的中国统计年鉴中，2018 年我国国内生产总值为 900 309.5 亿元人民币，建筑业增加值为 61 808.00 亿元人民币，累计同比贡献 5.3%，建筑业已成为国民经济的支柱产业之一。

6. 工程相关产业也是解决劳动力就业的主要途径

建筑业历来是劳动密集型产业，吸纳了大量的劳动力。2017 年底，全社会就业人员总数 77 640 万人，其中，建筑业从业人数 5536.90 万人，比上年末增加 352.36 万人，增长 6.80%；建筑业从业人数占全社会就业人员总数的 7.13%，比上年提高 0.45 个百分点，占比再创新高。建筑业在吸纳农村转移人口就业、推进新型城镇化建设和维护社会稳定等方面继续发挥显著作用。

7. 工程建设消耗大量的自然和社会资源，拉动了整个国民经济的发展

工程建设是将社会资源整合后形成生产能力和固定资产的最基础环节，在整个国民经济的资源配置中发挥着重要的枢纽作用。工程建设的发展会带动国家经济各个行业的发展。

三、工程的分类

按照不同标准，工程可划分为不同类别。本书按照工程所在国民经济行业及工程的用途介绍工程的分类。

1. 按照工程所在的国民经济行业分类

行业是建立在各类专业技术、工程系统基础上的专业生产、社会服务系统。国民经济行业分类是对全社会经济活动按照获得收入的主要方式进行的标准分类，比如，建筑施工活动按照工程结算价款获得收入，交通运输活动按照交通营运业务获得收入，批发零售活动按照商品销售获得收入等。

由于工程的多样性使得工程分布于国民经济的各个领域，所以工程建设与国民经济的各个领域都相关。在相应行业中的工程就具有相应行业的特点，后面将要介绍的我国建造师的行业分类也与此相关。

同时，由于工程与国民经济的各个行业相关，使得我国的工程建设受国民经济宏观管理和国家投资管理体制的影响很大。

由于国民经济行业划分很细，在此基础上进行归纳，工程可以划分为五类：

1) **房屋工程**

房屋工程包括：① 居民住宅；② 商业用建筑物；③ 宾馆、饭店、公寓楼；④ 写字楼公用建筑物；⑤ 学校、医院；⑥ 机场、码头、火车站、汽车站的旅客等候厅；⑦ 室内体育、娱乐场馆；⑧ 厂房、仓库；⑨ 其他房屋和公共建筑物。

2) **铁路、道路、隧道和桥梁工程**

铁路、道路、隧道和桥梁工程包括：① 铁路、地铁、轻轨；② 高速公路、快速路、普通公路；③ 城市道路、街道、人行道、过街天桥、行人地下通道、城市广场、停车场；④ 飞机场、跑道；⑤ 铁路、公路、地铁的隧道；⑥ 铁路、公路桥梁及城市立交桥、高架桥；等等。

3) 水利和港口工程

水利和港口工程包括：① 水库；② 防洪堤坝、海堤；③ 行蓄洪区工程；④ 水利调水工程；⑤ 江、河、湖及海水治理工程；⑥ 水土保持工程；⑦ 港口、码头、船台、船坞；⑧ 河道、引水渠、渠道；⑨ 水利水电综合工程；等等。

4) 工矿工程

工矿工程是指除厂房外的矿山和工厂生产设施、设备的施工和安装，以及海洋石油平台的施工，包括：① 矿山(含坑道、隧道、井道的挖掘、搭建)；② 电力工程(如水力发电、火力发电、核能发电、风力发电等)；③ 海洋石油工程；④ 工厂生产设施、设备的施工与安装(如石油炼化、焦化设备，大型储油、储气罐/塔，大型锅炉、冶炼设备，以及大型成套设备、起重设备、生产线等)；⑤ 自来水厂、污水处理厂；⑥ 水处理系统；⑦ 燃气、煤气、热力供应设施；⑧ 固体废弃物治理工程(如城市垃圾填埋、焚烧、分拣、堆肥等设施施工)；⑨ 其他未列明的工矿企业生产设备。

5) 其他土木工程

其他土木工程包括：① 体育场、高尔夫球场、跑马场等；② 公园、游乐园、游乐场、水上游乐设施、公园索道以及配套设施；③ 水井钻探；④ 路牌、路标、广告牌；⑤ 其他未列明的土木工程建筑。

2. 按照工程的用途分类

工程的类型有很多，用途也各不相同，这使得各类工程的专业特点相异，由此产生了设计、建筑材料和设备、施工设备、专业施工队伍的不同。工程按照用途可以分为以下四类：

1) 住宅工程

这类工程主要是居民的住房，包括城市各种类型的房地产建设工程和农村的大多数私人自建房工程。住宅工程是我国近二十多年来最普遍、发展最迅速的工程。房地产业是我国最近二十多年来发展最迅速的产业之一。

2) 公共建筑工程

这类工程按照不同用途还可以细分为：

(1) 大型公共建筑：医院、机场、公共图书馆、文化宫、学校等大型办公建筑，以及旅游建筑、科教文卫建筑、通信建筑和交通运输用房等。

(2) 商业用建筑：大型购物场所、智能化写字楼、剧院等。

这类工程以满足公共使用功能为目的，需要较高的建筑艺术性，需要符合地方文化和独特的人文环境的要求。例如，南京奥体中心体育馆用两条动感十足的红飘带作为设计造型。

住宅工程和公共建筑工程在国民经济行业分类中同归为房屋建筑工程，它们在工程总投资中所占的比重最大。通常，房屋建筑工程产值占建筑业总产值的65%以上。

3) 土木水利工程

土木水利工程主要指水利枢纽工程、港口工程、大坝工程、水电工程、高速公路、铁路和城市基础设施工程。在我国，这些工程主要由政府投资。近几十年来，我国基础设施建设特别是高速公路、铁路和高速铁路、城市基础设施(地铁、轻轨等)、水利水电工程等发展迅速。

4) 工业工程

工业工程主要指化工、冶金、石化、火电、核电、汽车等工程，这些工程主要是建造生产相关产品的工厂，例如化工厂、发电厂、汽车制造厂等。工业工程涉及国民经济的各个工业部门。

第二节　工程项目概述

一、工程项目的概念

工程项目是以工程建设为载体的项目，是作为被管理对象的一次性工程建设任务。它以建筑物或构筑物为目标产出物，需要支付一定的费用、按照一定的程序、在一定的时间内完成，并应符合质量要求。

工程项目一般是在一个总体规划和设计的范围内实行统一施工、统一管理、统一核算的。

二、工程项目的特征

(1) 项目的单件性或一次性。这是工程项目的最主要特征。所谓单件性或一次性，是指就任务本身和最终成果而言，没有与这项任务完全相同的另一项任务。例如：建设一项工程或一项新产品的开发，不同于其他工业产品的批量性，也不同于其他生产过程的重复性。项目的单件性和管理过程的一次性给管理带来了较大的风险。只有充分认识项目的一次性，才能有针对性地根据项目的特殊情况和要求进行科学、有效的管理，以保证项目一次成功。

(2) 项目具有一定的约束条件。凡是项目，都有一定的约束条件，项目只有在满足约束条件的情况下才能获得成功。因此，约束条件是项目目标完成的前提。在一般情况下，项目的约束条件为限定的质量、限定的时间和限定的投资，通常称这三个约束条件为项目的三大目标。对一个项目而言，这些目标应是具体的、可检查的，实现目标的措施也应是明确的、可操作的。因此，合理、科学地确定项目的约束条件，对保证项目的完成十分重要。

(3) 项目具有生命周期。项目的单件性和项目过程的一次性，决定了每个项目都具有生命周期。任何项目都有其产生时间、发展时间和结束时间，在不同的阶段都有特定的任务、程序和工作内容。掌握和了解项目的生命周期，就可以有效地对项目实施科学的管理和控制。成功的项目管理是对项目全过程的管理和控制，是对整个项目生命周期的管理。

三、工程项目的分类

工程项目种类繁多，可按照不同的标准、从不同的角度对其进行分类。

1. 按照项目的性质划分

(1) 新建项目。新建项目是指根据国民经济和社会发展的近远期规划，按照规定的程序立项，从无到有、"平地起家"进行建设的工程项目，或是指对于原有的规模较小的项目，扩大其建设规模后，其新增固定资产价值超过原有固定资产价值 3 倍以上的建设项目。

(2) 扩建项目。扩建项目是指为了扩大原有主要产品的生产能力或增加经济效益，在原有固定资产基础上，增建一些车间、生产线或分厂的项目，以及事业和行政单位在原有业务系统的基础上扩大规模而新增的固定资产投资项目。

(3) 改建项目。改建项目是指为了改进产品质量或产品方向，对原有固定资产进行整体性技术改造的项目。此外，为提高综合生产能力，增加一些附属辅助车间或非生产性工程，也属改建项目，包括挖潜、节能、安全、环境保护等工程项目。

(4) 恢复项目。恢复项目是指原有企事业和行政单位，因自然灾害或战争使原有固定资产遭受全部或部分报废，需要进行投资重建来恢复生产能力和业务工作条件、生活福利设施等的工程项目。这类工程项目无论是按原有规模恢复建设，还是在恢复过程中同时进行扩建，都属于恢复项目。但尚未建成投产或交付使用的工程项目受到破坏后，若仍按原设计重建，则原建设性质不变；如果按新设计重建，则根据新设计内容来确定其性质。

(5) 迁建项目。迁建项目是指因调整生产力布局或环境保护的需要，将原有单位迁至异地重建的项目，不论其是否维持原来规模，均称为迁建项目。

工程项目按其性质分为上述 5 类，一个工程项目只能有一种性质，在按总体设计全部建成之前，其建设性质始终不变。

2. 按照项目的用途划分

(1) 生产性工程项目。生产性工程项目是指直接用于物质生产或满足物质生产需要的工程项目，它包括工业、农业、水利、气象、交通运输、邮电、通信、商业、物资供应设施、地质普查、勘探等建设项目。其中，工业建设项目包括工业、国防和能源建设项目；农业建设项目包括林、牧、渔、水利建设项目；基础设施建设项目包括交通运输、邮电、通信建设项目，以及地质普查、勘探建设项目；商业建设项目包括商业、饮食、仓储、综合技术服务事业的建设项目。

(2) 非生产性工程项目。非生产性工程项目是指用于人们物质和文化生活需要的建设项目，主要包括：

① 办公用房：国家各级党政机关、社会团体、企业管理机关的办公用房。

② 居住建筑：住宅、公寓、别墅等。

③ 公共建筑：科学、教育、文化艺术、广播电视、卫生、博览、体育、社会福利事业、公共事业、咨询服务、宗教、金融、保险等建设项目。

④ 其他工程项目：不属于上述各类的其他非生产性项目。

3. 按照项目建设的过程划分

(1) 筹建项目。筹建项目是指在计划年度内，只做准备、还未开工的项目。

(2) 在建项目。在建项目是指正在施工中的项目。

(3) 投产项目。投产项目是指全部竣工并已投产或交付使用的项目。

4. 按照项目的投资规模划分

按工程项目总规模和投资的多少不同，可分为大型项目、中型项目、小型项目。更新改造项目分为限额以上和限额以下两类。其划分的标准各行业并不相同。一般情况下，生产单一产品的企业，按产品的设计能力来划分；生产多种产品的企业，按主要产品设计能力来划分；难以按生产能力划分的，按其全部投资额划分。

5. 按照投资效益和市场需求划分

(1) 竞争性项目。竞争性项目是指投资回报率比较高、竞争性比较强的工程项目，如商务办公楼、酒店、度假村、高档公寓等工程项目。其投资主体一般为企业，由企业自主决策、自担投资风险。

(2) 基础性项目。基础性项目是指具有自然垄断性、建设周期长、投资额大而收益低的基础设施和需要政府重点扶持的一部分基础工业项目，以及直接增强国力的、符合经济规模的支柱产业项目，如交通、能源、水利、城市公用设施等。政府应集中必要的财力、物力，通过经济实体投资建设这些工程项目，同时，还应广泛吸收企业参与投资，有时还可吸收外商直接投资。

(3) 公益性项目。公益性项目是指为社会发展服务、难以产生直接经济回报的工程项目，包括科技、文教、卫生、体育和环保等设施，公、检、法等政权机关以及政府机关、社会团体、办公设施、国防建设等。公益性项目的投资主要由政府的财政资金支持。

6. 按照项目的资金来源划分

(1) 政府投资项目。政府投资项目是指国家预算直接安排的工程项目。政府投资项目在国外也称公共工程，是指为了适应和推动国民经济或区域经济的发展，满足社会的文化、生活需要，以及出于政治、国防等因素的考虑，由政府通过财政投资、发行国债或地方财政债券、利用外国政府赠款以及国家财政担保的国内外金融组织的贷款等方式独资或合资兴建的工程项目。

按照其营利性不同，政府投资项目又可分为经营性政府投资项目和非经营性政府投资项目。

经营性政府投资项目是指具有营利性质的政府投资项目，政府投资的水利、电力、铁路等项目基本都属于经营性项目。经营性政府投资项目应实行项目法人责任制，由项目法人对项目的策划、资金筹措、建设实施、生产经营、债务偿还和资产的保值增值实行全过程负责，使项目的建设与建成后的运营实现"一条龙"管理。

非经营性政府投资项目一般是指非营利性的、主要追求社会效益最大化的公益性项目。学校、医院以及各行政、司法机关的办公楼等项目都属于非经营性政府投资项目。非经营性政府投资项目可实施"代建制"，即通过招标等方式，选择专业化的项目管理单位负责建设实施，严格控制项目投资、质量和工期，待工程竣工验收后再移交给使用单位，从而使项目实现"投资、建设、监管、使用"四分离。

(2) 非政府投资项目。非政府投资项目是指企业、集体单位、外商和私人投资兴建的工程项目。这类项目一般均实行项目法人责任制，使项目的建设与建成后的运营实现"一条龙"管理。

四、工程项目的层次划分

工程项目一般可划分为单项工程、单位工程、分部工程、分项工程四个层次，如图 1-1 所示。

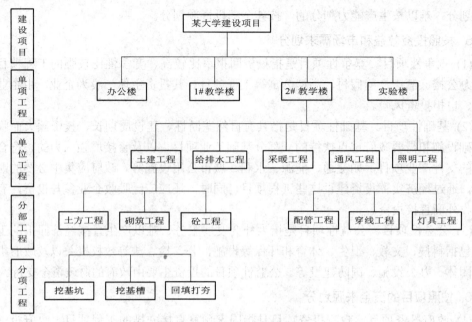

图 1-1　工程项目的层次划分

1. 单项工程

单项工程是工程项目的组成部分，是指在一个工程项目中，具有独立的设计文件，建成后能够独立发挥生产能力或效益的工程。工业项目的单项工程，一般是指各个生产车间、办公楼、食堂、住宅等；非工业项目中，每栋住宅楼、剧院、商店、教学楼、图书馆、办公楼等各为一个单项工程。

2. 单位工程

单位工程是单项工程的组成部分，是指具有独立组织施工条件及单独作为计算成本对象，但建成后不能独立进行生产或发挥效益的工程。民用项目的单位工程较容易划分，以一栋住宅楼为例，其中一般土建工程、给排水工程、采暖工程、通风工程、照明工程等各为一个单位工程；工业项目由于工程内容复杂，且有时出现交叉，因此单位工程的划分比较困难，以一个车间为例，其中土建、工艺设备安装、工业管道安装、给排水、采暖、通风、电气安装、自控仪表安装等工程各为一个单位工程。

3. 分部工程

分部工程是单位工程的组成部分，是按单位工程的结构部位，使用的材料、工种或设备种类和型号等的不同而划分的工程。例如，一般土建工程可以划分为土石方工程、打桩工程、砖石工程、混凝土及钢筋混凝土工程、木结构工程、楼地面工程、屋面工程、装饰工程等分部工程。

4. 分项工程

分项工程是分部工程的组成部分，是按照不同的施工方法、材料及构件规格，将分部工程分解为一些简单的施工过程，它是建设工程中最基本的单位内容。如土方分部工程，可以分为人工平整场地、人工挖土方、人工挖基槽和基坑等分项工程；安装工程的情况比较特殊，通常只能将分部分项工程合并成一个概念来表达工程实物量。

综上所述，一个工程项目可以划分为若干个单项工程，一个单项工程可以划分为若干个单位工程，一个单位工程又可以划分为若干个分部工程，一个分部工程则可以划分为若干个分项工程。

第三节　工程项目的生命周期和基本建设程序

一、工程项目的生命周期

工程项目的生命周期是指从构思工程项目的概念或设想开始，经历可行性研究和评估决策阶段、设计阶段、实施准备阶段、施工阶段、动用前准备阶段和竣工验收阶段、保修期，然后经历运营使用阶段直到最后拆除的全过程。而建设周期仅仅指从破土动工开槽或打桩开始，到竣工验收为止的全过程，主要指施工阶段经历的时间。

项目的生命周期可以分为 4 个阶段，也可以分成 5 个、10 个，甚至更多的项目阶段。最为典型的项目生命周期是指如图 1-2 所示的 4 个阶段项目生命周期，每个阶段都有自己独特的任务和成果。

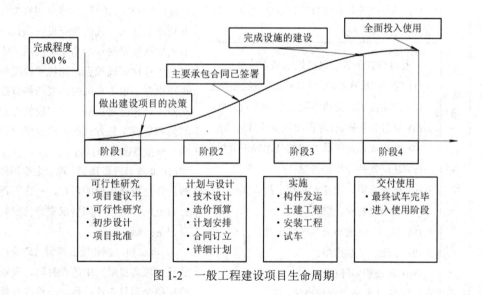

图 1-2　一般工程建设项目生命周期

二、工程项目的基本建设程序

基本建设程序是我国投资审批部门规定的基本建设必须遵循的先后次序。这个基本建设程序遵循了工程项目建设的基本规律，各个阶段之间的各项工作不能颠倒，但是可以交叉搭接进行。基本建设程序一般分为三个阶段的工作，即决策阶段、实施阶段、交付使用阶段。其中，对于工业项目来说，由业主组织的开工前准备可在施工阶段后期与施工工作平行进行。

工程项目建设各阶段主要内容如表 1-1 所示。

表 1-1　工程项目建设各阶段主要内容

阶段		内 容 及 要 求	审 批
工程项目投资决策阶段工作内容	编报项目建议书	项目建议书一般应包括以下几个方面的内容： (1) 项目提出的必要性和依据； (2) 产品方案、拟建规模和建设地点的初步设想； (3) 资源情况、建设条件、协作关系和设备技术引进国别、厂商的初步分析； (4) 投资估算、资金筹措及还贷方案设想； (5) 项目进度安排； (6) 经济效益和社会效益的初步估计； (7) 环境影响的初步评价	对于政府投资项目，按要求编制完成项目建议书后，应根据建设规模和限额划分分别报送有关部门审批。批准的项目建议书不是项目的最终决策
	编报可行性研究报告	可行性研究应完成以下工作内容： (1) 进行市场研究，以解决项目建设的必要性问题； (2) 进行工艺技术方案的研究，以解决项目建设的技术可行性问题； (3) 进行财务和经济分析，以解决项目建设的经济合理性问题 可行性研究报告应包括以下基本内容： (1) 项目提出背景、项目概况及投资的必要性； (2) 产品需求、价格预测及市场风险分析； (3) 资源条件评价(对资源开发项目而言)； (4) 建设规模及产品方案的技术经济分析； (5) 建厂条件与厂址方案； (6) 技术方案、设备方案和工程方案； (7) 主要原材料、燃料供应； (8) 总图、运输与公共辅导工程； (9) 节能、节水措施； (10) 环境影响评价； (11) 劳动安全卫生与消防； (12) 组织机构与人力资源配置； (13) 项目实施进度； (14) 投资估算及融资方案； (15) 财务评价和国民经济评价； (16) 社会评价和风险分析； (17) 研究结论与建议	根据《国务院关于投资体制改革的决定》，政府投资项目和非政府投资项目分别实行审批制、核准制或登记备案制。政府投资项目实行审批制；非政府投资项目实行核准制或登记备案制 (1) 政府投资项目。对于采用直接投资和资本金注入方式的政府投资项目，政府需要从投资决策的角度审批项目建议书和可行性研究报告，除特殊情况外不再审批开工报告，同时还要严格审批其初步设计和概算；对于采用投资补助、转贷和贷款贴息方式的政府投资项目，则只审批资金申请报告 (2) 非政府投资项目。对于企业不使用政府资金投资建设的项目，一律不再实行审批制，区别不同情况实行核准制或登记备案制 ① 核准制。企业投资建设《政府核准的投资项目目录》中的项目时，仅需向政府提交项目申请报告，不再经过批准项目建议书、可行性研究报告和开工报告的程序 ② 登记备案制。对于《政府核准的投资项目目录》以外的企业投资项目，实行备案制，除国家另有规定外，由企业按照属地原则向地方政府投资主管部门备案

阶段		内　容　及　要　求	审　　批
工程项目建设实施阶段工作内容	工程设计	初步设计阶段通过对工程项目做出的基本技术经济规定，编制项目总概算，如果初步设计提出的总概算超过可行性研究报告总投资的10%，可行性研究报告需要重新审批 　　建设单位应当将施工图报送建设行政主管部门，由建设行政主管部门委托有关审查机构进行结构安全和强制性标准、规范执行情况等内容的审查 　　审查的主要内容包括： 　　(1) 建筑物的稳定性、安全性，包括地基基础和主体结构体系是否安全、可靠； 　　(2) 是否符合消防、节能、环保、抗震、卫生、人防等有关强制性标准、规范； 　　(3) 施工图是否达到规定的设计深度要求； 　　(4) 是否损害公众利益 　　建设单位将施工图报建设行政主管部门审查时，还应同时提供下列资料： 　　(1) 批准的立项文件或初步设计批准文件； 　　(2) 主要的初步设计文件； 　　(3) 工程勘查成果报告； 　　(4) 结构计算书及计算软件名称	
	建设准备	项目在开工建设之前要切实做好各项准备工作，其主要内容包括： 　　(1) 征地、拆迁和场地平整； 　　(2) 完成施工用水、用电、通信、道路等接通工作； 　　(3) 组织招标选择工程监理单位、承包单位及设备、材料供应商； 　　(4) 准备必要的施工图纸； 　　(5) 办理工程质量监督和施工许可手续	建设单位完成工程建设准备工作并具备工程开工条件后，应及时办理工程质量监督手续和施工许可证 　　(1) 工程质量监督手续的办理。建设单位在办理施工许可证之前，应当到规定的工程质量监督机构办理工程质量监督注册手续。办理质量监督注册手续时需提供下列资料： 　　① 施工图设计文件审查报告和批准书； 　　② 中标通知书和施工、监理合同； 　　③ 建设单位、施工单位和监理单位工程项目的负责人和机构组成； 　　④ 施工组织设计和监理规划(监理实施细则)； 　　⑤ 其他需要的文件资料 　　(2) 施工许可证的办理。业主在开工前应当向工程所在地的县级以上人民政府建设行政主管部门申请领取施工许可证 　　工程投资额在30万元以下或者建筑面积在300平方米以下的建筑工程，可以不申请办理施工许可证

阶段		内　容　及　要　求	审　　批
工程项目建设实施阶段工作内容	施工安装	项目新开工时间，是指工程项目设计文件中规定的任何一项永久性工程第一次正式破土开槽开始施工的日期。不必开槽的工程，正式开始打桩的日期就是开工日期，铁路、公路、水库等需要进行大量土、石方工程的，以开始进行土方、石方工程的日期作为正式开工日期。工程地质勘察、平整场地、旧建筑物的拆除、临时建筑、施工用临时道路和水、电等工程开始施工的日期不能算作正式开工日期	
	生产准备		
工程项目交付使用阶段工作内容	竣工验收	竣工验收的范围和标准： (1) 生产性项目和辅助公用设施已按设计要求建完，能满足生产要求； (2) 主要工艺设备已安装配套，经联动负荷试车合格，形成生产能力，能够生产出设计文件规定的产品； (3) 职工宿舍和其他必要的生产福利设施，能适应投产初期的需要； (4) 生产准备工作能适应投产初期的需要； (5) 环境保护设施、劳动安全卫生设施、消防设施已按设计要求与主体工程同时建成使用	备注：对某些特殊情况，工程施工虽未全部按计划要求完成，也应进行验收，这些特殊情况主要是指： (1) 因少数非主要设备或某些特殊材料短期内不能解决，虽然工程内容尚未全部完成，但已可以投产或使用； (2) 规定的内容已建完，但因外部条件的制约，如流动资金不足、生产所需原材料不能满足等，而使已建成工程不能投入使用； (3) 有些工程项目或单位工程，已形成部分生产能力，但近期内不能按原计划规模续建，应从实际情况出发经主管部门批准后，可缩小规模，对已完成的工程和设备组织竣工验收，移交固定资产
		竣工验收的准备工作： (1) 整理技术资料； (2) 绘制竣工图； (3) 编制竣工决算	
		竣工验收的程序： (1) 规模较大、较复杂的工程建设项目应先进行初验，然后进行正式验收； (2) 规模较小、较简单的工程项目，可以一次进行全部项目的竣工验收 　　工程项目全部建完，经过各单位工程的验收，符合设计要求，并具备竣工图、竣工决算、工程总结等必要文件资料，由项目主管部门或建设单位向负责验收的单位提出竣工验收申请报告	
	项目后评价	项目后评价是工程项目实施阶段管理的延伸。工程项目竣工验收或通过销售交付使用，只是工程建设完成的标志，而不是工程项目管理的终结。项目后评价的基本方法是对比法。项目后评价包括效益后评价和过程后评价	效益后评价具体包括经济效益后评价、环境效益后评价和社会效益后评价、项目可持续性后评价及项目综合效益后评价。过程后评价是指对工程项目的立项决策、设计施工、竣工投产、生产运营等全过程进行系统分析

第四节 现行工程项目的管理模式和相关管理制度

一、现行工程项目的发承包模式

工程项目在实施过程中,承包单位往往不止一家。由于承包单位之间以及承包单位与建设单位之间的关系不同,因而形成了不同的工程项目发承包模式。

(一) 总分包模式

建设单位将工程项目全过程或其中某个阶段(如设计或施工)的全部工作发包给一家符合要求的总承包单位,由该总承包单位再将若干专业性较强的部分任务发包给不同的专业分包单位去完成,并统一协调和监督各专业分包单位的工作。这样一来,建设单位只与总承包单位签订合同,与各专业分包单位不存在合同关系。项目的总分包合同结构如图 1-3 所示。

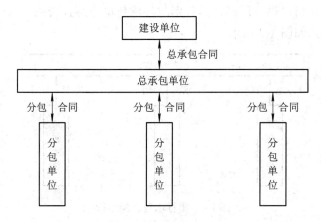

图 1-3 总分包合同结构

总分包模式包括工程总承包、施工总承包等多种模式。其中,国际上有代表性的工程总承包模式有:设计—采购—施工(Engineering-Procurement-Construction,EPC)、设计—建造(Design-Build,DB)、设计—建造—运营(Design-Build-Operation,DBO)以及交钥匙(Turn-Key)等。

总分包模式中还有一种特殊的项目组织模式——工程项目总承包管理模式。即建设单位将工程项目设计与施工的主要部分发包给专门从事设计与施工组织管理的工程项目管理公司,该公司自己既没有设计力量,也没有施工队伍,而是将其所承接的设计和施工任务全部分包给其他设计单位和施工单位,工程项目管理公司则专心致力于工程项目管理工作。

采用总分包模式的特点:

(1) 有利于工程项目的组织管理。由于建设单位只与总承包单位签订合同,合同结构简单。同时,由于合同数量少,使得建设单位的组织管理和协调工作量小,可发挥总承包单位多层次协调的积极性。

(2) 有利于控制工程造价。由于总承包合同价格可以较早确定，建设单位可承担较少风险。

(3) 有利于控制工程质量。由于总承包单位与分包单位之间通过分包合同建立了责、权、利关系，在承包单位内部，工程质量既有分包单位的自控，又有总承包单位的监督管理，从而增加了工程质量监控环节。

(4) 有利于缩短建设工期。总承包单位具有控制工程的积极性，分包单位之间也有相互制约作用。此外，在工程设计与施工总承包的情况下，由于工程设计与施工由一个单位统筹安排，使两个阶段能够有机地融合，一般均能做到工程设计阶段与施工阶段的相互搭接。

(5) 对建设单位而言，选择总承包单位的范围小，一般合同金额较高。

(6) 对总承包单位而言，责任重、风险大，需要具有较高的管理水平和丰富的实践经验。当然，获得高额利润的潜力也比较大。

（二）平行承包模式

建设单位将工程项目的设计、施工以及设备和材料采购的任务分别发包给多个设计单位、施工单位和设备材料供应厂商，并分别与各承包单位签订合同。这时，各承包单位之间的关系是平行的，如图 1-4 所示。

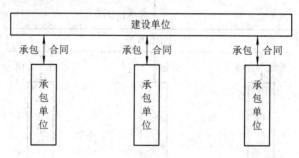

图 1-4　平行承包合同结构

采用平行承包模式的特点：

(1) 有利于建设单位择优选择承包单位。由于合同内容比较单一、合同价值小、风险小，对不具备总承包管理能力的中小承包单位较为有利，使他们有可能参与竞争。建设单位可以在更大范围内选择承包单位。

(2) 有利于控制工程质量。整个工程经过分解分别发包给各承包单位，合同约束与相互制约使每一部分能够较好地实现质量要求。如主体工程与装修工程分别由两个施工单位承包，当主体工程不合格时，装修单位不会同意在不合格的主体工程上进行装修，这相当于工程质量又有了他人控制，比自己控制更有约束力。

(3) 有利于缩短建设工期。由于设计和施工任务经过分解分别发包，工程设计与施工阶段有可能形成搭接关系，从而缩短整个工程项目的建设工期。

(4) 组织管理和协调工作量大。由于合同数量多，使工程项目系统内结合部位数量增加，要求建设单位具有较强的组织协调能力。

(5) 工程造价控制难度大。一是由于总合同价不易短期确定，从而影响工程造价控制的实施；二是由于工程招标任务量大，需控制多项合同价格，从而增加工程造价控制的难度。

(6) 相对于总分包模式而言，平行承包模式不利于发挥那些技术水平高、综合管理能力强的承包单位的综合优势。

(三) 联合体承包模式

当工程项目规模巨大或技术复杂，以及承包市场竞争激烈，由一家公司总承包有困难时，可以由几家公司成立联合体(Joint Venture，JV)去竞争承揽工程建设任务，以发挥各公司的特长和优势。联合体通常由一家或几家公司发起，经过协商确定各自投入联合体的资金份额、机械设备等固定资产及人员数量等，签署联合体协议，建立联合体组织机构，产生联合体代表，以联合体的名义与建设单位签订工程承包合同。联合体承包合同结构如图 1-5 所示。

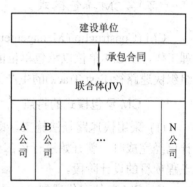

图 1-5　联合体承包合同结构

采用联合体承包模式的特点：

(1) 对建设单位而言，与总分包模式相同，合同结构简单，组织协调工作量小，而且有利于控制工程造价和建设工期。

(2) 对联合体而言，可以集中各成员单位在资金、技术和管理等方面的优势，克服单一公司力不能及的困难，不仅可以增强竞争能力，而且可以增强抗风险能力。

(四) 合作体承包模式

当工程项目包含工程类型多、数量大，或者需要专业配套，一家公司无力实行总承包，而建设单位又希望承包方有一个统一的协调组织时，就可能产生几家公司自愿结成合作伙伴，成立一个合作体，以合作体的名义与建设单位签订工程承包意向合同(也称基本合同)。达成协议后，各公司再分别与建设单位签订工程承包合同，并在合作体的统一计划、指挥和协调下完成承包任务。其合同结构如图 1-6 所示。

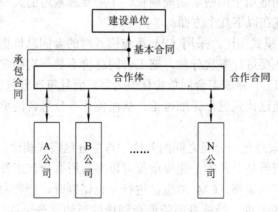

图 1-6　合作体承包合同结构

采用合作体承包模式的特点：

(1) 建设单位的组织协调工作量小，但风险较大。由于承包单位是一个合作体，各公司之间能够相互协调，从而减少了建设单位的组织协调工作量。但当合作体中某一家公司倒闭破产时，其他成员单位及合作体机构不承担项目合同的经济责任，这一风险将由建设单位承担。

(2) 各承包单位之间既有合作的愿望，又不愿意组成联合体。参加合作体的各成员单位都没有与建设任务相适应的力量，都想利用合作体增强总体实力。他们之间既有合作的愿望，但又出于自主性的要求，或者彼此之间信任度不够，不愿意采取联合体的捆绑式经营方式。

（五） CM 承包模式

CM (Construction Management)承包模式是指由建设单位委托一家 CM 单位承担项目管理工作，该 CM 单位以承包单位的身份进行施工管理，并在一定程度上影响工程设计活动，组织快速路径(Fast-Track)的生产方式，使工程项目实现有条件的"边设计、边施工"。

1. CM 承包模式的特点

(1) 采用快速路径法施工。即在工程设计尚未结束之前，当工程某些部分的施工图设计已经完成时，就开始进行该部分工程的施工招标，从而使这部分工程的施工时间提前到工程项目的设计阶段。

(2) CM 单位有代理型(Agency)和非代理型(Non-Agency)两种。代理型的 CM 单位不负责工程分包的发包，与分包单位的合同由建设单位直接签订。而非代理型的 CM 单位直接与分包单位签订分包合同。

(3) CM 合同采用成本加酬金方式。代理型和非代理型的 CM 合同是有区别的。由于代理型合同是建设单位与分包单位直接签订的，因此，采用简单的成本加酬金合同形式。而非代理型合同则采用保证最大工程费用(GMP)加酬金的合同形式，这是因为 CM 合同总价是在 CM 合同签订之后，随着 CM 单位与各分包单位签约而逐步形成的。只有采用保证最大工程费用方式，建设单位才能控制工程总费用。

2. CM 承包模式在工程造价控制方面的价值

CM 承包模式特别适用于那些实施周期长、工期要求紧迫的大型复杂工程。在工程造价控制方面的价值体现在以下几个方面：

(1) 与施工总承包模式相比，采用 CM 承包模式时的合同总价更具合理性。采用 CM 承包模式时，施工任务要进行多次分包，施工合同总价不是一次确定，而是有一部分完整施工图纸，就分包一部分，将施工合同总价化整为零。而且每次分包都通过招标展开竞争，每个分包合同价格都通过谈判进行详细讨论，从而使各个分包合同价格汇总后形成的合同总价更具合理性。

(2) CM 单位不赚取总包与分包之间的差价。与总分包模式相比，CM 单位与分包单位或供货单位之间的合同价是公开的，建设单位可以参与所有分包工程或设备材料采购招标及分包合同或供货合同的谈判。CM 单位在进行分包谈判时，会努力降低分包合同价，不赚取总包与分包之间的差价。经谈判而降低合同价的节约部分全部归建设单位所有，CM 单位可获得部分奖励，这样有利于降低工程费用。

(3) 应用价值工程方法挖掘节约投资的潜力。CM 承包模式不同于普通承包模式的"按图施工"，CM 单位早在工程设计阶段就可凭借其在施工成本控制方面的实践经验，应用价值工程方法对工程设计提出合理化建议，从而进一步挖掘节省工程投资的可能性。此外，由于工程设计与施工的早期结合，使得设计变更几率在很大程度上得到减少，从而减少了分包单位因设计变更而提出的索赔。

(4) GMP 可大大减少建设单位在工程造价控制方面的风险。当采用非代理型 CM 承包模式时，CM 单位将对工程费用的控制承担更直接的经济责任，同时还必须承担 GMP 的风险。如果实际工程费用超过 GMP，超出部分将由 CM 单位承担。由此可见，建设单位在工程造价控制方面的风险将大大减少。

（六）Partnering 模式

Partnering 模式于 20 世纪 80 年代中期首先在美国出现，到 20 世纪 90 年代中后期，其应用范围逐步扩大到英国、澳大利亚、新加坡等国家和中国香港地区，近年来日益受到工程管理界的重视。

Partnering 一词看似简单，但要准确地译成中文却比较困难。我国大陆的一些学者将其译为"伙伴关系"，而我国台湾学者则将其译为"合作管理"。

Partnering 模式有如下主要特征：

(1) 出于自愿。Partnering 协议并不仅仅是建设单位与承包单位之间的协议，它需要工程建设参与各方共同签署，包括建设单位、总承包单位、主要的分包单位、设计单位、咨询单位、主要的材料设备供应单位等。参与 Partnering 模式的有关各方必须是完全自愿的，而非出于任何原因的强迫。

(2) 高层管理的参与。由于 Partnering 模式需要参与各方共同组成工作小组，要分担风险、共享资源，因此，高层管理者的认同、支持和决策是关键因素。

(3) Partnering 协议不是法律意义上的合同。Partnering 协议与工程合同是两个完全不同的文件。在工程合同签订后，工程建设参与各方经过讨论协商后才能签署 Partnering 协议。该协议并不改变参与各方在有关合同中规定的权利和义务，而主要用来确定参与各方在工程建设过程中的共同目标、任务分工和行为规范。

(4) 信息的开放性。Partnering 模式强调资源共享，信息作为一种重要资源，对于参与各方必须公开。同时，参与各方要保持及时、经常和开诚布公的沟通，在相互信任的基础上，要保证工程造价、进度、质量等方面的信息能为参与各方及时、便利地获取。

值得指出的是，Partnering 模式不是一种独立存在的模式，它通常需要与工程项目其他组织模式中的某一种结合使用，如总分包模式、平行承包模式、CM 承包模式等。

二、现行工程项目的运营管理模式

工程建设完成交付使用后，运行阶段的管理方式也是多种多样的，具体来说，有以下几种管理模式：

(1) 业主自行管理。一般工业项目，公用设施项目都是业主(或使用单位)自行负责项目日常的维护和常规维修。

　　(2) 由工程承包商继续承担工程的运行维护和管理工作。对于许多专业化较强的工程，工程承包商进行运行管理是最高效的。承包商最熟悉工程，在出现问题后能最快地找到原因，提出解决办法。这在国际工程中是一种比较常见的方式。

　　(3) 由物业管理公司管理。现在我国大量新开发的房地产小区，都采用物业管理公司管理的模式，这也是工程运营管理社会化的表现。

三、工程项目管理的任务及相关制度

　　工程建设领域实行项目法人责任制、工程监理制、工程招标投标制和合同管理制，是我国工程建设管理体制深化改革的重大举措。这四项制度密切联系，共同构成了我国工程建设管理的基本制度，同时也为我国工程项目管理提供了法律保障。

1. 项目法人责任制

　　原国家计委于 1996 年 3 月发布了《关于实行建设项目法人责任制的暂行规定》，要求"国有单位经营性基本建设大中型项目在建设阶段必须组建项目法人"，"由项目法人对项目的策划、资金筹措、建设实施、生产经营、债务偿还和资产的保值增值实行全过程负责"。1999 年 2 月，国务院办公厅发出通知，要求"基础设施项目，除军事工程等特殊情况外，都要按政企分开的原则组成项目法人，实行建设项目法人责任制，由项目法定代表人对工程质量负总责"。项目法人责任制的核心内容是明确由项目法人承担投资风险，项目法人要对工程项目的建设及建成后的生产经营实行"一条龙"管理和全面负责。

　　(1) 项目法人的设立。新上项目在项目建议书被批准后，应由项目的投资方派代表组成项目法人筹备组，具体负责项目法人的筹建工作。有关单位在申报项目可行性研究报告时，须同时提出项目法人的组建方案，否则，其可行性研究报告将不予审批。在项目可行性研究报告被批准后，应正式成立项目法人。按有关规定确保资本金按时到位，并及时办理公司设立登记。项目公司可以是有限责任公司（包括国有独资公司），也可以是股份有限公司。

　　由原有企业负责建设的大中型基建项目，需新设立子公司的，要重新设立项目法人；只设分公司或分厂的，原企业法人即是项目法人，原企业法人应向分公司或分厂派遣专职管理人员，并实行专项考核。

　　(2) 项目董事会的职权。建设项目董事会的职权有：负责筹措建设资金；审核、上报项目初步设计和概算文件；审核、上报年度投资计划并落实年度资金；提出项目开工报告；研究解决建设过程中出现的重大问题；负责提出项目竣工验收申请报告；审定偿还债务计划和生产经营方针，并负责按时偿还债务；聘任或解聘项目总经理，并根据总经理的提名，聘任或解聘其他高级管理人员。

　　(3) 项目总经理的职权。项目总经理的职权有：组织编制项目初步设计文件，对项目工艺流程、设备选型、建设标准、总图布置提出意见，提交董事会审查；组织工程设计、施工监理、施工队伍和设备材料采购的招标工作，编制和确定招标方案、标底和评标标准，评选和确定投标中标单位。实行国际招标的项目，按现行规定办理；编制并组织实施项目年度投资计划、用款计划、建设进度计划；编制项目财务预算、决算；编制并组织实施归还贷款和其他债务计划；组织工程建设实施，负责控制工程投资、工期和质量；在项目建设过程中，在批准的概算范围内对单项工程的设计进行局部调整(凡引起生产性质、能力、产品品种和标准变化的设计调整以及概算调整，需经董事会决定并报原审批单位批准)；根据董事会授权处理项目实施中的重大紧急事件，并及时向董事会报告；负责生产准备工作和培训有关人员；负责组织项目试生产和单项工程预验收；拟订生产经营计划、企业内部机构设置、劳动定员定额方案及工资福利方案；组织项目后评价，提出项目后评价报告；按时向有关部门报送项目建设、生产信息和统计资料；提请董事会聘任或解聘项目高级管理人员。

2．工程监理制

工程监理是指具有相应资质的工程监理单位受建设单位的委托，依照法律法规、工程建设标准、勘察设计文件及合同，在施工阶段对建设工程质量、进度、造价进行控制，对合同、信息进行管理，对工程建设相关方的关系进行协调，并履行建设工程安全生产管理法定职责的服务活动。

我国从 1988 年开始试行建设工程监理制度，经过试点和稳步发展两个阶段后，从 1996 年开始进入全面推行阶段。

(1) 工程监理的范围。根据《建设工程监理范围和规模标准规定》(建设部 2001 第 86 号部长令)，下列建设工程必须实行监理：

① 国家重点建设工程。国家重点建设工程是指依据《国家重点建设项目管理办法》所确定的对国民经济和社会发展有重大影响的骨干项目。

② 大中型公用事业工程。大中型公用事业工程是指项目总投资额在 3000 万元以上的下列工程项目：供水、供电、供气、供热等市政工程项目；科技、教育、文化等项目；体育、旅游、商业等项目；卫生、社会福利等项目；其他公用事业项目。

③ 成片开发建设的住宅小区工程。成片开发建设的住宅小区工程，建筑面积在 5 万平方米以上的住宅建设工程必须实行监理；5 万平方米以下的住宅建设工程，可以实行监理，具体范围和规模标准，由省、自治区、直辖市人民政府建设主管部门规定。为了保证住宅质量，对高层住宅及地基、结构复杂的多层住宅应当实行监理。

④ 利用外国政府或者国际组织贷款、援助资金的工程。这类工程包括使用世界银行、亚洲开发银行等国际组织贷款资金的项目；使用国外政府及其机构贷款资金的项目；使用国际组织或者国外政府援助资金的项目。

⑤ 国家规定必须实行监理的其他工程。这类工程是指学校、影剧院、体育场馆项目和项目总投资额在 3000 万元以上，关系社会公共利益、公众安全的下列基础设施项目：煤炭、石油、化工、天然气、电力、新能源等项目；铁路、公路、管道、水运、民航以及其他交通运输业等项目；邮政、电信枢纽、通信、信息网络等项目；防洪、灌溉、排涝、发电、引(供)水、滩涂治理、水资源保护、水土保持等水利建设项目；道路、桥梁、地铁和轻轨交通、污水排放及处理、垃圾处理、地下管道、公共停车场等城市基础设施项目；生态环境保护项目；其他基础设施项目。

(2) 工程监理中造价控制的工作内容。造价控制是工程监理的主要任务之一。监理工程师受建设单位的委托，进行工程造价控制的主要工作内容包括：

① 根据工程特点、施工合同、工程设计文件及经过批准的施工组织设计对工程进行风

险分析，制定工程造价目标控制方案，提出防范性对策。

② 编制施工阶段资金使用计划，并按规定的程序和方法进行工程计量、签发工程款支付证书。

③ 审查施工单位提交的工程变更申请，力求减少变更费用。

④ 及时掌握国家调价动态，合理调整合同价款。

⑤ 及时收集、整理工程施工和监理有关资料，协调处理费用索赔事件。

⑥ 及时统计实际完成工程量，进行实际投资与计划投资的动态比较，并定期向建设单位报告工程投资动态情况。

⑦ 审核施工单位提交的竣工结算书，签发竣工结算款支付证书。

此外，监理工程师还可受建设单位委托，在工程勘察、设计、发承包、保修等阶段为建设单位提供工程造价控制的相关服务。

3. 工程招标投标制

工程招标投标通常是指由工程、货物或服务采购方(招标方)通过发布招标公告或投标邀请，向承包商、供应商提供招标采购信息，提出所需采购项目的性质及数量、质量、技术要求，交货期、竣工期或提供服务的时间，以及对承包商、供应商的资格要求等招标采购条件，由有意提供采购所需工程、货物或服务的承包商、供应商作为投标方，通过书面提出报价及其他响应招标要求的条件参与投标竞争，最终经招标方审查比较、择优选定中标者，并与其签订合同的过程。

《中华人民共和国招标投标法》(国家主席令第 21 号)自 2000 年 1 月 1 日起开始施行，自 2012 年 2 月 1 日起施行的《中华人民共和国招标投标法实施条例》(国务院令第 613 号)细化、补充了《中华人民共和国招标投标法》中关于招标、投标、开标、评标、中标等的规定，并增加了投诉与处理的相关规定。

4. 合同管理制

工程建设是一个极为复杂的社会生产过程，由于社会化大生产和专业化分工，使得许多单位将参与到工程建设之中，而各类合同则是维系各参与单位之间关系的纽带。

自 1999 年 10 月 1 日起施行的《中华人民共和国合同法》(国家主席令第 15 号)明确了合同订立、效力、履行、变更与转让、终止、违约责任等有关内容以及包括建设工程合同、委托合同在内的 15 类合同，为合同管理制的实施提供了重要法律依据。

在工程项目合同体系中，建设单位和施工单位是两个最主要的节点。

(1) 建设单位的主要合同关系。为实现工程项目总目标，建设单位可通过签订合同将工程项目有关活动委托给相应的专业承包单位或专业服务机构，相应的合同有：工程承包(总承包、施工承包)合同、工程勘察合同、工程设计合同、设备和材料采购合同、工程咨询(可行性研究、技术咨询、造价咨询)合同、工程监理合同、工程项目管理服务合同、工程保险合同、贷款合同等。

(2) 施工单位的主要合同关系。施工单位作为工程承包合同的履行者，也可通过签订合同将工程承包合同中所确定的工程设计、施工、设备材料采购等部分任务委托给其他相关单位来完成，相应的合同有：工程分包合同、设备和材料采购合同、运输合同、加工合同、租赁合同、劳务分包合同、保险合同等。

复习思考题

1. 工程具有哪些作用？
2. 如何从广义与狭义角度来理解工程的概念？
3. 工程项目的特征有哪些？
4. 工程项目类别是如何划分的？
5. 工程项目由哪些层次构成？试举例说明。
6. 简述工程建设的基本程序。
7. 简述工程项目的发承包模式。
8. 简述工程项目管理的相关管理制度。

第二章　建筑法及相关条例

第一节　合同法及价格法

一、合同法

《中华人民共和国合同法》(以下简称《合同法》)中的合同是指平等主体的自然人、法人、其他组织之间设立、变更、终止民事权利义务关系的协议。《合同法》中的合同分为15类，即：买卖合同，供用电、水、气、热力合同，赠与合同，借款合同，租赁合同，融资租赁合同，承揽合同，建设工程合同，运输合同，技术合同，保管合同，仓储合同，委托合同，行纪合同，居间合同。

(一) 合同的订立

当事人订立合同，应当具有相应的民事权利能力和民事行为能力。当事人依法可以委托代理人订立合同。

1. 合同的形式

当事人订立合同，有书面形式、口头形式和其他形式。法律法规规定采用书面形式的，或当事人约定采用书面形式的，应当采用书面形式。

(1) 书面形式。书面形式是指合同书、信件和数据电文(包括电报、电传、传真、电子数据交换和电子邮件)等可以有形地表现所载内容的形式。书面合同的优点在于有据可查、权利义务记载清楚、便于履行，发生纠纷时容易举证和分清责任。书面合同是实践中广泛采用的一种合同形式。建设工程合同应当采用书面形式。

(2) 口头形式。口头形式是指当事人用谈话的方式订立的合同，如当面交谈、电话联系等。口头合同形式一般运用于标的数额较小和即时结清的合同。例如，到商店、集贸市场购买商品，基本上都是采用口头合同形式。以口头形式订立合同，其优点是建立合同关系简便、迅速，缔约成本低。但在发生争议时，难以取证、举证，不易分清当事人的责任。

(3) 其他形式。其他形式是指除书面形式、口头形式以外的方式来表现合同内容的形式，主要包括默示形式和推定形式。默示形式是指当事人既不用口头形式、书面形式，也不用实施任何行为，而是以消极的不作为的方式进行的意思表示。默示形式只有在法律有特别规定的情况下才能运用。推定形式是指当事人不用语言、文字，而是通过某种有目的的行为表达自己意思的一种形式，从当事人的积极行为中，可以推定当事人已进行意思表示。

2. 合同的内容

合同的内容由当事人约定，一般包括：当事人的名称或姓名和住所，标的，数量，质量，价款或者报酬，履行的期限、地点和方式，违约责任，解决争议的方法。

《合同法》在分则中对建设工程合同(包括工程勘察、设计、施工合同)内容作了专门规定。

(1) 勘察、设计合同的内容包括提交基础资料和文件(包括概预算)的期限、质量要求、费用以及其他协作条件等条款。

(2) 施工合同的内容包括工程范围、建设工期、中间交工工程的开工和竣工时间、工程质量、工程造价、技术资料交付时间、材料和设备供应责任、拨款和结算、竣工验收、质量保修范围和质量保证期、双方相互协作等条款。

3. 合同订立的程序

当事人订立合同，需要经过要约和承诺两个阶段。

(1) 要约。要约是希望与他人订立合同的意思表示。

(2) 承诺。承诺是受要约人同意要约的意思表示。除根据交易习惯或者要约表明可以通过行为作出承诺的之外，承诺应当以通知的方式作出。

4. 合同的成立

承诺生效时合同成立。

(1) 合同成立的时间。当事人采用合同书形式订立合同的，自双方当事人签字或者盖章时合同成立。当事人采用信件、数据电文等形式订立合同的，可以在合同成立之前要求签订确认书。签订确认书时合同成立。

(2) 合同成立的地点。承诺生效的地点为合同成立的地点。采用数据电文形式订立合同的，收件人的主营业地为合同成立的地点；没有主营业地的，其经常居住地为合同成立的地点。当事人另有约定的，按照其约定。当事人采用合同书形式订立合同的，双方当事人签字或者盖章的地点为合同成立的地点。

(3) 合同成立的其他情形。合同成立的情形还包括：

① 法律、行政法规规定或者当事人约定采用书面形式订立合同，当事人未采用书面形式但一方已经履行主要义务，对方接受的。

② 采用合同书形式订立合同，在签字或者盖章之前，当事人一方已经履行主要义务，对方接受的。

(二) 合同的效力

1. 合同生效

合同生效与合同成立是两个不同的概念。合同的成立，是指双方当事人依照有关法律对合同的内容进行协商并达成一致的意见。合同成立的判断依据是承诺是否生效。合同生效，是指合同产生法律上的效力，具有法律约束力。在通常情况下，合同依法成立之时，就是合同生效之日，二者在时间上是同步的。但有些合同在成立后，并非立即产生法律效力，而是需要其他条件成立之后，才开始生效。

2. 效力待定合同

效力待定合同是指合同已经成立，但合同效力能否产生尚不能确定的合同。效力待定合同主要是由于当事人缺乏缔约能力、财产处分能力或代理人的代理资格和代理权限存在缺陷所造成的。效力待定合同包括：限制民事行为能力人订立的合同和无权代理人代订的合同。

3. 无效合同

无效合同是指其内容和形式违反了法律、行政法规的强制性规定，或者损害了国家利益、集体利益、第三人利益和社会公共利益，因而不为法律所承认和保护、不具有法律效力的合同。无效合同自始没有法律约束力。在现实经济活动中，无效合同通常有两种情形，即整个合同无效（无效合同）和合同的部分条款无效。

4. 可变更或者撤销的合同

可变更、可撤销合同是指欠缺一定的合同生效条件，但当事人一方可依照自己的意思使合同的内容得以变更或者使合同的效力归于消灭的合同。可变更、可撤销合同的效力取决于当事人的意思，属于相对无效的合同。当事人根据其意思，若主张合同有效，则合同有效；若主张合同无效，则合同无效；若主张合同变更，则合同可以变更。

（三）合同的履行

1. 合同履行的原则

合同履行的原则主要包括全面适当履行原则和诚实信用原则。

（1）全面适当履行。全面履行是指合同订立后，当事人应当按照合同约定，全面履行自己的义务，包括履行义务的主体、标的、数量、质量、价款或者报酬以及履行的期限、地点、方式等。适当履行是指当事人应按照合同规定的标的及其质量、数量，由适当的主体在适当的时间、适当的地点以适当的履行方式履行合同义务，以保证当事人的合法权益。

（2）诚实信用。诚实信用是指当事人讲诚实、守信用，遵守商业道德，以善意的心理履行合同。当事人不仅要保证自己全面履行合同约定的义务，并应顾及对方的经济利益，为对方履行合同创造条件，发现问题及时协商解决。以较小的履约成本，取得最佳的合同效益。还应根据合同的性质、目的和交易习惯履行通知、协助、保密等义务。

2. 合同履行的一般规则

合同生效后，当事人就质量、价款或者报酬、履行地点等内容没有约定或者约定不明确的，可以协议补充；不能达成补充协议的，按照合同有关条款或者交易习惯确定。依照上述规定仍不能确定的，适用下列规定：

（1）质量要求不明确的，按照国家标准、行业标准履行；没有国家标准、行业标准的，按照通常标准或者符合合同目的的特定标准履行。

（2）价款或者报酬不明确的，按照订立合同时履行地的市场价格履行；依法应当执行政府定价或者政府指导价的，按照规定履行。

（3）履行地点不明确，给付货币的，在接受货币一方所在地履行；交付不动产的，在不动产所在地履行；其他标的，在履行义务一方所在地履行。

(4) 履行期限不明确的，债务人可以随时履行，债权人也可以随时要求履行，但应当给对方必要的准备时间。

(5) 履行方式不明确的，按照有利于实现合同目的的方式履行。

(6) 履行费用的负担不明确的，由履行义务一方负担。

（四）合同的变更与转让

1. 合同的变更

合同的变更是指对已经依法成立的合同，在承认其法律效力的前提下，对其进行修改或补充。当事人协商一致，可以变更合同。当事人对合同变更的内容约定不明确，令人难以判断约定的新内容与原合同内容的本质区别，则推定为未变更。

2. 合同的转让

合同转让是当事人一方取得另一方同意后，将合同的权利义务转让给第三方的法律行为。合同转让是合同变更的一种特殊形式，它不是变更合同中规定的权利义务内容，而是变更合同主体。

(1) 债权转让。债权人可以将合同的权利全部或者部分转让给第三人。但下列三种债权不得转让：

① 根据合同性质不得转让。

② 按照当事人约定不得转让。

③ 依照法律规定不得转让。

若债权人转让权利，债权人应当通知债务人。未经通知，该转让对债务人不发生效力。除非经受让人同意，债权人转让权利的通知不得撤销。

债权让与后，该债权由原债权人转移给受让人，受让人取代让与人(原债权人)成为新债权人，依附于主债权的从债权也一并转移给受让人，例如抵押权、留置权等。为保护债务人利益，不致其因债权转让而蒙受损失，凡债务人对让与人的抗辩权(例如同时履行的抗辩权等)，可以向受让人主张。

(2) 债务转让。应当经债权人同意，债务人才能将合同的义务全部或者部分转移给第三人。

债务人转移义务后，原债务人可享有的对债权人的抗辩权也随债务转移而由新债务人享有，新债务人可以主张原债务人对债权人的抗辩权。与主债务有关的从债务，例如附随于主债务的利息债务，也随债务转移而由新债务人承担。

(3) 债权债务一并转让。当事人一方经对方同意，可以将自己在合同中的权利和义务一并转让给第三人。权利和义务一并转让的处理，适用上述有关债权人和债务人转让的有关规定。

当事人订立合同后合并的，由合并后的法人或其他组织行使合同权利，履行合同义务。当事人订立合同后分立的，除另有约定外，由分立的法人或其他组织对合同的权利和义务享有连带债权，承担连带债务。

（五）合同的终止

合同终止是指合同当事人双方依法使相互间的权利义务关系终止，即合同关系消灭。合同终止的情形包括以下几种：

① 债务已经按照约定履行。

② 合同解除。

③ 债务相互抵消。

④ 债务人依法将标的物提存。

⑤ 债权人免除债务。

⑥ 债权债务同归于一人。

⑦ 法律规定或者当事人约定终止的其他情形。

债权人免除债务人部分或者全部债务的，合同的权利义务部分或者全部终止；债权和债务同归于一人的，合同的权利义务终止，但涉及第三人利益的除外。

合同权利义务的终止，不影响合同中结算和清理条款的效力以及通知、协助、保密等义务的履行。

（六）合同争议的解决

合同争议是指合同当事人之间对合同履行状况和合同违约责任承担等问题所产生的意见分歧。合同争议的解决方式有和解、调解、仲裁或者诉讼。

二、价格法

《中华人民共和国价格法》(以下简称《价格法》)中的价格包括商品价格和服务价格。大多数商品和服务价格实行市场调节价，只有极少数商品和服务价格实行政府指导价或政府定价。我国的价格管理机构是县级以上各级政府价格主管部门和其他有关部门。

（一）经营者的价格行为

1. 经营者权利

经营者享有如下权利：

① 自主制定属于市场调节的价格。

② 在政府指导价规定的幅度内制定价格。

③ 制定属于政府指导价、政府定价产品范围内的新产品的试销价格，特定产品除外。

④ 检举、控告侵犯其依法自主定价权利的行为。

2. 经营者违规行为

经营者不得有下列不正当行为：

① 相互串通，操纵市场价格，侵害其他经营者或消费者的合法权益。

② 除降价处理鲜活、季节性、积压商品外，为排挤对手或独占市场，以低于成本的价格倾销，扰乱正常的生产经营秩序，侵害国家利益或者其他经营者的合法权益。

③ 捏造、散布涨价信息，哄抬价格，推动商品价格过高上涨。

④ 利用虚假或使人误解的价格手段，诱骗消费者或者其他经营者与其进行交易。

⑤ 对具有同等交易条件的其他经营者实行价格歧视，等等。

(二) 政府的定价行为

1. 政府定价的商品

对下列商品和服务价格，政府在必要时可以实行政府指导价或政府定价：

① 与国民经济发展和人民生活关系重大的极少数商品价格。

② 资源稀缺的少数商品价格。

③ 自然垄断经营的商品价格。

④ 重要的公用事业价格。

⑤ 重要的公益性服务价格。

2. 定价目录

政府指导价、政府定价的定价权限和具体适用范围，以中央和地方的定价目录为依据。中央定价目录由国务院价格主管部门制定、修订，报国务院批准后公布。地方定价目录由省、自治区、直辖市人民政府价格主管部门按照中央定价目录规定的定价权限和具体适用范围制定，经本级人民政府审核同意，报国务院价格主管部门审定后公布。省、自治区、直辖市人民政府以下各级地方人民政府不得制定定价目录。

3. 定价依据

政府应当依据有关商品或者服务的社会平均成本和市场供求状况、国民经济与社会发展要求以及社会承受能力，实行合理的购销差价、批零差价、地区差价和季节差价。制定关系群众切身利益的公用事业价格、公益性服务价格、自然垄断经营的商品价格时，应当建立听证会制度，征求消费者、经营者和有关方面的意见。

(三) 价格总水平调控

当重要商品和服务价格显著上涨或者有可能显著上涨时，国务院和省、自治区、直辖市人民政府可以对部分价格采取限定差价率或者利润率、规定限价、实行提价申报制度和调价备案制度等干预措施。省、自治区、直辖市人民政府采取上述规定的干预措施，应当报国务院备案。

第二节 建筑法及相关条例

一、《建筑法》

《中华人民共和国建筑法》(以下简称《建筑法》)主要适用于各类房屋建筑及其附属设施的建造和与其配套的线路、管道、设备的安装活动，但其中关于施工许可、企业资质审查和工程发包、承包、禁止转包，以及工程监理、安全和质量管理的规定，也适用于其他专业建筑工程的建筑活动。

（一）建筑许可

建筑许可包括建筑工程施工许可和从业资格两个方面。

1. 建筑工程施工许可

(1) 施工许可证的申领。除国务院建设行政主管部门确定的限额以下的小型工程外，建筑工程开工前，建设单位应当按照国家有关规定向工程所在地县级以上人民政府建设行政主管部门申请领取施工许可证。按照国务院规定的权限和程序批准开工报告的建筑工程，不再领取施工许可证。申请领取施工许可证，应当具备如下条件：

① 已办理建筑工程用地批准手续。

② 依法应当办理建设工程规划许可证的，已取得规划许可证。

③ 需要拆迁的，其拆迁进度符合施工要求。

④ 已经确定建筑施工单位。

⑤ 有满足施工需要的资金安排、施工图纸及技术资料。

⑥ 有保证工程质量和安全的具体措施。

(2) 施工许可证的有效期限。建设单位应当自领取施工许可证之日起 3 个月内开工。因故不能按期开工的，应当向发证机关申请延期；延期以两次为限，每次不超过 3 个月。既不开工又不申请延期或者超过延期时限的，施工许可证自行废止。

(3) 中止施工和恢复施工。在建的建筑工程因故中止施工的，建设单位应当自中止施工之日起 1 个月内，向发证机关报告，并按照规定做好建设工程的维护管理工作。

建筑工程恢复施工时，应当向发证机关报告；中止施工满 1 年的工程恢复施工前，建设单位应当报发证机关核验施工许可证。

按照国务院有关规定批准开工报告的建筑工程，因故不能按期开工或者中止施工的，应当及时向批准机关报告情况。因故不能按期开工超过 6 个月的，应当重新办理开工报告的批准手续。

2. 从业资格

(1) 单位资质。从事建筑活动的施工企业、勘察、设计和监理单位，按照其拥有的注册资本、专业技术人员、技术装备、已完成的建筑工程业绩等资质条件，划分为不同的资质等级，经资质审查合格，取得相应等级的资质证书后，方可在其资质等级许可的范围内从事建筑活动。

(2) 专业技术人员资格。从事建筑活动的专业技术人员，如建筑师、结构工程师、造价工程师、监理工程师、建造师等，应当依法取得相应的执业资格证书，并在执业资格证书许可的范围内从事建筑活动。

（二）建筑工程发包与承包

1. 建筑工程发包

(1) 发包方式。建筑工程依法实行招标发包，对不适于招标发包的可以直接发包。建筑工程实行招标发包的，发包单位应当将建筑工程发包给依法中标的承包单位。建筑工程实行直接发包的，发包单位应当将建筑工程发包给具有相应资质条件的承包单位。

(2) 禁止行为。提倡对建筑工程实行总承包，禁止将建筑工程肢解发包。建筑工程的发包单位可以将建筑工程的勘察、设计、施工、设备采购一并发包给一个工程总承包单位。但是，不得将应当由一个承包单位完成的建筑工程肢解成若干部分发包给几个承包单位。

按照合同约定，建筑材料、建筑构配件和设备由工程承包单位采购的，发包单位不得指定承包单位购入用于工程的建筑材料、建筑构配件和设备或者指定生产厂、供应商。

2. 建筑工程承包

(1) 承包资质。承包建筑工程的单位应当持有依法取得的资质证书，并在其资质等级许可的业务范围内承揽工程。

禁止建筑施工企业超越本企业资质等级许可的业务范围或者以任何形式用其他建筑施工企业的名义承揽工程。禁止建筑施工企业以任何方式允许其他单位或个人使用本企业的资质证书、营业执照，以本企业的名义承揽工程。

(2) 联合承包。大型建筑工程或结构复杂的建筑工程，可以由两个以上的承包单位联合共同承包。共同承包的各方对承包合同的履行承担连带责任。两个以上不同资质等级的单位实行联合共同承包的，应当按照资质等级低的单位的业务许可范围承揽工程。

(3) 工程分包。建筑工程总承包单位可以将承包工程中的部分工程发包给具有相应资质条件的分包单位。但是，除总承包合同中已约定的分包外，其他分包必须经建设单位认可。施工总承包的，建筑工程主体结构的施工必须由总承包单位自行完成。

建筑工程总承包单位按照总承包合同的约定对建设单位负责；分包单位按照分包合同的约定对总承包单位负责。总承包单位和分包单位就分包工程对建设单位承担连带责任。

(4) 禁止行为。禁止承包单位将其承包的全部建筑工程转包给他人，或者将其承包的全部建筑工程肢解以后以分包的名义分别转包给他人。禁止总承包单位将工程分包给不具备资质条件的单位。禁止分包单位将其承包的工程再分包。

3. 建筑工程造价

建筑工程的发包单位与承包单位应当依法订立书面合同，明确双方的权利和义务。建筑工程造价应当按照国家有关规定，由发包单位与承包单位在合同中约定。

发包单位和承包单位应当全面履行合同约定的义务。不按照合同约定履行义务的，依法承担违约责任。发包单位应当按照合同的约定，及时拨付工程款项。

(三) 建筑工程监理

国家推行建筑工程监理制度。实行监理的建筑工程，建设单位与其委托的工程监理单位应当订立书面委托监理合同。实施建筑工程监理前，建设单位应当将委托的工程监理单位、监理的内容及监理权限，书面通知被监理的建筑施工企业。

工程监理单位应当根据建设单位的委托，客观、公正地执行监理任务。工程监理人员发现工程设计不符合建筑工程质量标准或者合同约定的质量要求的，应当报告建设单位要求设计单位改正；认为工程施工不符合工程设计要求、施工技术标准和合同约定的，有权要求建筑施工企业改正。

（四）建筑工程安全生产管理

建筑工程安全生产管理必须坚持安全第一、预防为主的方针，建立健全安全生产的责任制度和群防群治制度。

建筑工程设计应当符合按照国家规定制定的建筑安全规程和技术规范，保证工程的安全性能。建筑施工企业在编制施工组织设计时，应当根据建筑工程的特点制定相应的安全技术措施；对专业性较强的工程项目，应当编制专项安全施工组织设计，并采取安全技术措施。

建筑施工企业应当在施工现场采取维护安全、防范危险、预防火灾等措施；有条件的，应当对施工现场实行封闭管理。施工现场对毗邻的建筑物、构筑物和特殊作业环境可能造成损害的，建筑施工企业应当采取措施加以保护。

施工现场安全由建筑施工企业负责。实行施工总承包的，由总承包单位负责。分包单位向总承包单位负责，服从总承包单位对施工现场的安全生产管理。建筑施工企业应当依法为职工参加工伤保险，缴纳工伤保险费。鼓励企业为从事危险作业的职工办理意外伤害保险，支付保险费。

涉及建筑主体和承重结构变动的装修工程，建设单位应当在施工前委托原设计单位或者具有相应资质条件的设计单位提出设计方案；没有设计方案的，不得施工。房屋拆除应当由具备保证安全条件的建筑施工单位承担，由建筑施工单位负责人对安全负责。

（五）建筑工程质量管理

建设单位不得以任何理由，要求建筑设计单位或建筑施工单位违反法律、行政法规和建筑工程质量、安全标准，降低工程质量，建筑设计单位和建筑施工单位应当拒绝建设单位的此类要求。

建筑工程的勘察、设计单位必须对其勘察、设计的质量负责。勘察、设计文件应当符合有关法律、行政法规的规定和建筑工程质量、安全标准，建筑工程勘察、设计技术规范以及合同的约定。设计文件中选用的建筑材料、建筑构配件和设备，应当注明其规格、型号、性能等技术指标，其质量要求必须符合国家规定的标准。建筑设计单位对设计文件中选用的建筑材料、建筑构配件和设备，不得指定生产厂、供应商。

建筑施工企业对工程的施工质量负责。建筑施工企业必须按照工程设计图纸和施工技术标准施工，不得偷工减料。工程设计的修改由原设计单位负责，建筑施工企业不得擅自修改工程设计。建筑施工企业必须按照工程设计要求、施工技术标准和合同的约定，对建筑材料、构配件和设备进行检验，不合格的不得使用。

建筑工程竣工经验收合格后，方可交付使用；未经验收或验收不合格的，不得交付使用。交付竣工验收的建筑工程，必须符合规定的建筑工程质量标准，有完整的工程技术经济资料和经签署的工程保修书，并具备国家规定的其他竣工条件。

建筑工程实行质量保修制度。保修范围应当包括地基基础工程、主体结构工程、屋面防水工程和其他土建工程，以及电气管线、上下水管线的安装工程，供热、供冷系统工程等项目。保修的期限应当按照保证建筑物合理寿命年限内正常使用、维护使用者合法权益的原则确定。

二、建设工程质量管理条例

为了加强对建设工程质量的管理，保证建设工程质量，《建设工程质量管理条例》明确了建设单位、勘察单位、设计单位、施工单位、工程监理单位的质量责任和义务，以及工程质量保修期限。

（一）建设单位的质量责任和义务

1．工程发包

建设单位应当将工程发包给具有相应资质等级的单位。建设单位不得将建设工程肢解发包。

建设单位应当依法对工程建设项目的勘察、设计、施工、监理以及与工程建设有关的重要设备、材料等的采购进行招标。不得迫使承包方以低于成本的价格竞标，不得任意压缩合理工期；不得明示或者暗示设计单位或者施工单位违反工程建设强制性标准，降低建设工程质量。

建设单位必须向有关的勘察、设计、施工、工程监理等单位提供与建设工程有关的原始资料。原始资料必须真实、准确、齐全。

2．施工图设计文件审查

建设单位应当将施工图设计文件报县级以上人民政府建设主管部门或者其他有关部门审查。施工图设计文件未经审查批准的，不得使用。

3．工程监理

实行监理的建设工程，建设单位应当委托具有相应资质等级的工程监理单位进行监理，也可以委托具有工程监理相应资质等级并与被监理工程的施工承包单位没有隶属关系或者其他利害关系的该工程的设计单位进行监理。

4．工程施工

(1) 建设单位在领取施工许可证或者开工报告前，应当按照国家有关规定办理工程质量监督手续。

(2) 按照合同约定，由建设单位采购建筑材料、建筑构配件和设备的，建设单位应当保证建筑材料、建筑构配件和设备符合设计文件和合同的要求。建设单位不得明示或者暗示施工单位使用不合格的建筑材料、建筑构配件和设备。

(3) 涉及建筑主体和承重结构变动的装修工程，建设单位应当在施工前委托原设计单位或者具有相应资质等级的设计单位提出设计方案；没有设计方案的，不得施工。房屋建筑使用者在装修过程中，不得擅自变动房屋建筑主体和承重结构。

5．工程竣工验收

建设单位收到建设工程竣工报告后，应当组织设计、施工、工程监理等有关单位进行竣工验收；建设工程经验收合格的，方可交付使用。建设工程竣工验收应当具备下列条件：

① 完成建设工程设计和合同约定的各项内容。

② 有完整的技术档案和施工管理资料。

③ 有工程使用的主要建筑材料、建筑构配件和设备的进场试验报告。

④ 有勘察、设计、施工、工程监理等单位分别签署的质量合格文件。

⑤ 有施工单位签署的工程保修书。

建设单位应当严格按照国家有关档案管理的规定，及时收集、整理建设项目各环节的文件资料，建立健全建设项目档案，并在建设工程竣工验收后，及时向建设行政主管部门或者其他有关部门移交建设项目档案。

（二）勘察、设计单位的质量责任和义务

1. 工程承揽

从事建设工程勘察、设计的单位应当依法取得相应等级的资质证书，并在其资质等级许可的范围内承揽工程。禁止勘察、设计单位超越其资质等级许可的范围或者以其他勘察、设计单位的名义承揽工程。禁止勘察、设计单位允许其他单位或者个人以本单位的名义承揽工程。勘察、设计单位不得转包或者违法分包所承揽的工程。

2. 勘察设计

勘察、设计单位必须按照工程建设强制性标准进行勘察、设计，并对其勘察、设计的质量负责。勘察单位提供的地质、测量、水文等勘察成果必须真实、准确。设计单位应当根据勘察成果文件进行建设工程设计。设计文件应当符合国家规定的设计深度要求，注明工程合理使用年限。注册建筑师、注册结构工程师等注册执业人员应当在设计文件上签字，对设计文件负责。设计单位还应当就审查合格的施工图设计文件向施工单位作出详细说明。

设计单位在设计文件中选用的建筑材料、建筑构配件和设备，应当注明规格、型号、性能等技术指标，其质量要求必须符合国家规定的标准。除有特殊要求的建筑材料、专用设备、工艺生产线等外，设计单位不得指定生产厂、供应商。

设计单位还应当参与建设工程质量事故的分析，并对因设计造成的质量事故提出相应的技术处理方案。

（三）施工单位的质量责任和义务

1. 工程承揽

施工单位应当依法取得相应等级的资质证书，并在其资质等级许可的范围内承揽工程。禁止施工单位超越本单位资质等级许可的业务范围或者以其他施工单位的名义承揽工程；禁止施工单位允许其他单位或者个人以本单位的名义承揽工程；施工单位不得转包或者违法分包工程。

2. 工程施工

施工单位对建设工程的施工质量负责。施工单位应当建立质量责任制，确定工程项目的项目经理、技术负责人和施工管理负责人。施工单位还应当建立健全教育培训制度，加强对职工的教育培训；未经教育培训或者考核不合格的人员，不得上岗作业。

建设工程实行总承包的，总承包单位应当对全部建设工程质量负责；建设工程勘察、设计、施工、设备采购的一项或者多项实行总承包的，总承包单位应当对其承包的建设工

程或者采购的设备的质量负责。

总承包单位依法将建设工程分包给其他单位的，分包单位应当按照分包合同的约定对其分包工程的质量向总承包单位负责，总承包单位与分包单位对分包工程的质量承担连带责任。

施工单位必须按照工程设计图纸和施工技术标准施工，不得擅自修改工程设计，不得偷工减料。施工单位在施工过程中发现设计文件和图纸有差错的，应当及时提出意见和建议。

3. 质量检验

施工单位必须按照工程设计要求、施工技术标准和合同约定，对建筑材料、建筑构配件、设备和商品混凝土进行检验，检验应当有书面记录和专人签字；未经检验或者检验不合格的，不得使用。对涉及结构安全的试块、试件以及有关材料，施工人员应当在建设单位或者工程监理单位监督下现场取样，并送具有相应资质等级的质量检测单位进行检测。

施工单位还必须建立健全施工质量的检验制度，严格工序管理，做好隐蔽工程的质量检查和记录。隐蔽工程在隐蔽前，施工单位应当通知建设单位和建设工程质量监督机构。施工单位对施工中出现质量问题的建设工程或者竣工验收不合格的建设工程，应当负责返修。

(四) 工程监理单位的质量责任和义务

1. 业务承担

工程监理单位应当依法取得相应等级的资质证书，并在其资质等级许可的范围内承担工程监理业务。禁止工程监理单位超越本单位资质等级许可的范围或者以其他工程监理单位的名义承担工程监理业务；禁止工程监理单位允许其他单位或者个人以本单位的名义承担工程监理业务；工程监理单位不得转让工程监理业务。

工程监理单位与被监理工程的施工承包单位以及建筑材料、建筑构配件和设备供应单位有隶属关系或者其他利害关系的，不得承担该项建设工程的监理业务。

2. 监理工作实施

工程监理单位应当依照法律、法规以及有关技术标准、设计文件和建设工程承包合同，代表建设单位对施工质量实施监理，并对施工质量承担监理责任。

工程监理单位应当选派具备相应资格的总监理工程师和监理工程师进驻施工现场。监理工程师应当按照工程监理规范的要求，采取旁站、巡视和平行检验等形式，对建设工程实施监理。未经监理工程师签字，不得在工程上使用或者安装建筑材料、建筑构配件和设备，施工单位不得进行下一道工序的施工。未经总监理工程师签字，建设单位不拨付工程款，不进行竣工验收。

(五) 工程质量保修

1. 工程质量保修制度

建设工程实行质量保修制度。建设工程承包单位在向建设单位提交工程竣工验收报告时，应当向建设单位出具质量保修书。质量保修书中应当明确建设工程的保修范围、保修期限和保修责任等。建设工程的保修期自竣工验收合格之日起计算。

如果建设工程在保修范围和保修期限内发生质量问题，施工单位应当履行保修义务，并对造成的损失承担赔偿责任。如果建设工程在超过合理使用年限后需要继续使用，产权所有人应当委托具有相应资质等级的勘察、设计单位进行鉴定，并根据鉴定结果采取加固、维修等措施，重新界定使用期。

2. 工程最低保修期限

在正常使用条件下，建设工程最低保修期限为：

(1) 基础设施工程、房屋建筑的地基基础工程和主体结构工程的最低保修期限为设计文件规定的该工程的合理使用年限。

(2) 屋面防水工程、有防水要求的卫生间、房间和外墙面的防渗漏的最低保修期限为 5 年。

(3) 供热与供冷系统的最低保修期限为 2 个采暖期、供冷期。

(4) 电气管道、给排水管道、设备安装和装修工程的最低保修期限为 2 年。

其他工程的保修期限由发包方与承包方约定。

(六) 监督管理

1. 工程质量监督检查

县级以上人民政府建设行政主管部门和其他有关部门履行监督检查职责时，有权采取下列措施：

① 要求被检查的单位提供有关工程质量的文件和资料。

② 进入被检查单位的施工现场进行检查。

③ 发现有影响工程质量的问题时，责令改正。

2. 工程竣工验收备案

建设单位应当自建设工程竣工验收合格之日起 15 日内，将建设工程竣工验收报告和规划、公安消防、环保等部门出具的认可文件或者准许使用文件报建设行政主管部门或者其他有关部门备案。

3. 工程质量事故报告

建设工程发生质量事故，有关单位应当在 24 小时内向当地建设行政主管部门和其他有关部门报告。对重大质量事故，事故发生地的建设行政主管部门和其他有关部门应当按照事故类别和等级，向当地人民政府和上级建设行政主管部门和其他有关部门报告。特别重大质量事故的调查程序按照国务院有关规定办理。任何单位和个人都有权对建设工程的质量事故和质量缺陷进行检举、控告和投诉。

第三节　招标投标法及其实施条例

一、《招标投标法》

根据《中华人民共和国招标投标法》(以下简称《招标投标法》)，在中华人民共和国境内进行下列工程建设项目(包括项目的勘察、设计、施工、监理以及与工程建设有关的重要设备、材料等的采购)，必须进行招标：

(1) 大型基础设施、公用事业等关系社会公共利益、公众安全的项目。

(2) 全部或者部分使用国有资金投资或者国家融资的项目。

(3) 使用国际组织或者外国政府贷款、援助资金的项目。

任何单位和个人不得将依法必须进行招标的项目化整为零或者以其他任何方式规避招标。依法必须进行招标的项目，其招标投标活动不受地区或者部门的限制。任何单位和个人不得违法限制或者排斥本地区、本系统以外的法人或者其他组织参加投标，不得以任何方式非法干涉招标投标活动。有关行政监督部门依法对招标投标活动实施监督，依法查处招标投标活动中的违法行为。

（一）招标

1. 招标方式

招标分为公开招标和邀请招标两种方式。国务院发展改革部门确定的国家重点项目和省、自治区、直辖市人民政府确定的地方重点项目不适宜公开招标的，经国务院发展改革部门或者省、自治区、直辖市人民政府批准的项目，可以进行邀请招标。

(1) 招标人采用公开招标方式的，应当发布招标公告。依法必须进行招标的项目，应当通过国家指定的报刊、信息网络或者媒介发布招标公告。

(2) 招标人采用邀请招标方式的，应当向 3 个以上具备承担招标项目的能力、资信良好的特定法人或者其他组织发出投标邀请书。

招标公告或投标邀请书应当载明招标人的名称和地址，招标项目的性质、数量、实施地点和时间，以及获取招标文件的办法等事项。招标人不得以不合理的条件限制或者排斥潜在投标人，不得对潜在投标人实行歧视待遇。

2. 招标文件

招标人应当根据招标项目的特点和需要编制招标文件。招标文件应当包括招标项目的技术要求、对招标人资格审查的标准、投标报价要求和评标标准等所有实质性要求与条件，以及拟签订合同的主要条款。招标项目需要划分标段、确定工期的，招标人应当合理划分标段、确定工期，并在招标文件中载明。

招标文件不得要求或者标明特定的生产供应者，以及含有倾向或者排斥潜在投标人的其他内容。招标人不得向他人透露已获取招标文件的潜在投标人的名称、数量及可能影响公平竞争的有关招标投标的其他情况。

招标人对已发出的招标文件进行必要的澄清或者修改的，应当在招标文件要求提交投标文件截止时间至少 15 日前，以书面形式通知所有招标文件收受人。该澄清或者修改的内容为招标文件的组成部分。

3. 其他规定

招标人设有标底的，标底必须保密。招标人应当确定投标人编制投标文件所需要的合理时间。依法必须进行招标的项目，自招标文件开始发出之日起至投标人提交投标文件截止之日止，最短不得少于 20 日。

（二）投标

投标人应当具备承担招标项目的能力。国家有关规定对投标人资格条件或者招标文件对投标人资格条件有规定的，投标人应当具备规定的资格条件。

1. 投标文件

(1) 投标文件的内容。投标人应当按照招标文件的要求编制投标文件。投标文件应当对招标文件中提出的实质性要求和条件作出响应。对属于建设施工的招标项目，投标文件的内容应当包括拟派出的项目负责人与主要技术人员的简历、业绩和拟用于完成招标项目的机械设备等。

根据招标文件载明的项目实际情况，投标人如果准备在中标后将中标项目的部分非主体、非关键工程进行分包的，就应当在投标文件中载明。在招标文件要求提交投标文件的截止时间前，投标人可以补充、修改或者撤回已提交的投标文件，并书面通知招标人。补充、修改的内容为投标文件的组成部分。

(2) 投标文件的送达。投标人应当在招标文件要求提交投标文件的截止时间前，将投标文件送达投标地点。招标人收到投标文件后，应当签收保存，不得开启。投标人少于 3 个的，招标人应当依照《招标投标法》重新招标。

在招标文件要求提交投标文件的截止时间后送达的投标文件，招标人应当拒收。

2. 联合投标

两个以上法人或者其他组织可以组成一个联合体，以一个投标人的身份共同投标。联合体各方均应具备承担招标项目的相应能力。国家有关规定或者招标文件对投标人资格条件有规定的，联合体各方均应当具备规定的相应资格条件。由同一专业的单位组成的联合体，按照资质等级较低的单位确定资质等级。

联合体各方应当签订共同投标协议，明确约定各方拟承担的工作和责任，并将共同投标协议连同投标文件一并提交给招标人。联合体中标的，联合体各方应当共同与招标人签订合同，就中标项目向招标人承担连带责任。

3. 其他规定

投标人不得相互串通投标报价，不得排挤其他投标人的公平竞争、损害招标人或其他投标人的合法权益。投标人不得与招标人串通投标，损害国家利益、社会公共利益或者他人的合法权益。投标人不得以低于成本的报价竞标，也不得以他人名义投标或者以其他方式弄虚作假，骗取中标。禁止投标人以向招标人或评标委员会成员行贿的手段谋取中标。

(三) 开标、评标和中标

1. 开标

开标应当在招标人的主持下，在招标文件确定的提交投标文件截止时间的同一时间、招标文件中预先确定的地点公开进行。应邀请所有投标人参加开标。开标时，由投标人或者其推选的代表检查投标文件的密封情况，也可以由招标人委托的公证机构检查并公证。经确认无误后，由工作人员当众拆封，宣读投标人名称、投标价格和投标文件的其他主要内容。

开标过程应当记录，并存档备查。

2. 评标

评标由招标人依法组建的评标委员会负责。

(1) 评标委员会的组成。依法必须进行招标的项目，其评标委员会由招标人的代表和有关技术、经济等方面的专家组成，成员人数为 5 人以上单数。其中，技术、经济等方面的专家不得少于成员总数的 2/3。评标委员会的专家成员应当从国务院有关部门或者省、自治区、直辖市人民政府有关部门提供的专家名册或者招标代理机构的专家库内相关专业的专家名单中确定。一般招标项目可以采取随机抽取方式，特殊招标项目可以由招标人直接确定。

与投标人有利害关系的人不得进入相关项目的评标委员会，已经进入的应当进行更换。评标委员会成员的名单在中标结果确定前应当保密。

(2) 投标文件的澄清或者说明。评标委员会可以要求投标人对投标文件中含义不明确的内容作必要的澄清或者说明，但澄清或者说明不得超出投标文件的范围或改变投标文件的实质性内容。

(3) 评标。招标人应当采取必要的措施，保证评标在严格保密的情况下进行。评标委员会应当按照招标文件确定的评标标准和方法，对投标文件进行评审和比较。设有标底的，应当参考标底。中标人的投标应当符合下列条件之一：

① 能够最大限度地满足招标文件中规定的各项综合评价标准。

② 能够满足招标文件的实质性要求，并且经评审的投标价格最低。但是，投标价格低于成本的除外。

评标委员会经评审，认为所有投标都不符合招标文件要求的，可以否决所有投标。

评标委员会完成评标后，应当向招标人提出书面评标报告，并推荐合格的中标候选人。招标人据此确定中标人。招标人也可以授权评标委员会直接确定中标人。在确定中标人前，招标人不得与投标人就投标价格、投标方案等实质性内容进行谈判。

3. 中标

中标人确定后，招标人应当向中标人发出中标通知书，并同时将中标结果通知所有未中标的投标人。中标通知书对招标人和中标人具有法律效力，中标通知书发出后，招标人改变中标结果或者中标人放弃中标项目的，应当依法承担法律责任。

招标人和中标人应当自中标通知书发出之日起 30 日内，按照招标文件和中标人的投标文件订立书面合同。招标人和中标人不得再订立背离合同实质性内容的其他协议。

招标文件要求中标人提交履约保证金的，中标人应当提交。依法必须进行招标的项目，招标人应当自确定中标人之日起 15 日内，向有关行政监督部门提交招标投标情况的书面报告。

二、《招标投标法实施条例》

为了规范招标投标活动，《中华人民共和国招标投标法实施条例》(以下简称《招标投标法实施条例》)进一步明确了招标、投标、开标、评标和中标以及投诉与处理等方面的内容，并鼓励利用信息网络进行电子招标投标。

（一）招标

1. 招标范围和方式

按照国家有关规定需要履行项目审批、核准手续的依法必须进行招标的项目，其招标范围、招标方式、招标组织形式应当报项目审批、核准部门审批、核准。项目审批、核准部门应当及时将审批、核准确定的招标范围、招标方式、招标组织形式通报有关行政监督部门。

（1）可以邀请招标的项目。国有资金占控股或者主导地位的依法必须进行招标的项目，应当公开招标；但有下列情形之一的，可以邀请招标：

① 技术复杂、有特殊要求或者受自然环境限制，只有少量潜在投标人可供选择。

② 采用公开招标方式的费用占项目合同金额的比例过大。

（2）可以不招标的项目。有下列情形之一的，可以不进行招标：

① 需要采用不可替代的专利或者专有技术。

② 采购人依法能够自行建设、生产或者提供。

③ 已通过招标方式选定的特许经营项目投资人依法能够自行建设、生产或者提供。

④ 需要向原中标人采购工程、货物或者服务，否则将影响施工或者功能配套要求。

⑤ 国家规定的其他特殊情形。

2. 招标代理机构

招标代理机构的资格依照法律和国务院的规定由有关部门认定。国务院住房和城乡建设部、商务部、国家发展和改革委员会、工业和信息化部等部门，按照规定的职责分工对招标代理机构依法实施监督管理。招标代理机构应当拥有一定数量的具备编制招标文件、组织评标等相应能力的专业人员。

招标代理机构在其资格许可和招标人委托的范围内开展招标代理业务，任何单位和个人不得非法干涉。招标人应当与被委托的招标代理机构签订书面委托合同，合同约定的收费标准应当符合国家有关规定。招标代理机构不得在所代理的招标项目中投标或者代理投标，也不得为所代理的招标项目的投标人提供咨询。招标代理机构不得涂改、出租、出借、转让资格证书。

3. 招标文件与资格审查

1）资格预审公告和招标公告

公开招标的项目，应当依照《招标投标法》和《招标投标法实施条例》的规定发布招标公告、编制招标文件。招标人采用资格预审办法对潜在投标人进行资格审查的，应当发布资格预审公告、编制资格预审文件。

依法必须进行招标的项目的资格预审公告和招标公告，应当在国务院发展改革部门依法指定的媒介发布。指定媒介发布依法必须进行招标的项目的境内资格预审公告、招标公告，不得收取费用。编制依法必须进行招标的项目的资格预审文件和招标文件，应当使用国务院发展改革部门会同有关行政监督部门制定的标准文本。

招标人应当按照资格预审公告、招标公告或者投标邀请书规定的时间、地点发售资格预审文件或者招标文件。资格预审文件或者招标文件的发售期不得少于 5 日。招标人发售资格预审文件、招标文件收取的费用应当限于补偿印刷、邮寄的成本支出，不得以营利为目的。

如果潜在投标人或者其他利害关系人对资格预审文件有异议，应当在提交资格预审申请文件截止时间 2 日前提出；如对招标文件有异议，应当在投标截止时间 10 日前提出。招标人应当自收到异议之日起 3 日内作出答复；作出答复前，应当暂停招标投标活动。

如果招标人编制的资格预审文件、招标文件的内容违反法律、行政法规的强制性规定，违反公开、公平、公正和诚实信用原则，影响资格预审结果或者潜在投标人投标，依法必须进行招标的项目的招标人就应当在修改资格预审文件或者招标文件后重新招标。

2) 资格预审

招标人应当合理确定提交资格预审申请文件的时间。依法必须进行招标的项目提交资格预审申请文件的时间，不得少于自资格预审文件停止发售之日起的 5 日。

资格预审应当按照资格预审文件载明的标准和方法进行。国有资金占控股或者主导地位的依法必须进行招标的项目，招标人应当组建资格审查委员会审查资格预审申请文件。

资格预审结束后，招标人应当及时向资格预审申请人发出资格预审结果通知书。未通过资格预审的申请人不具有投标资格。通过资格预审的申请人少于 3 个的，应当重新招标。

招标人可以对已发出的资格预审文件或者招标文件进行必要的澄清或者修改。如澄清或者修改的内容可能影响资格预审申请文件或者投标文件编制，招标人应当在提交资格预审申请文件截止时间至少 3 日前，或者投标截止时间至少 15 日前，以书面形式通知所有获取资格预审文件或者招标文件的潜在投标人；不足 3 日或者 15 日的，招标人应当顺延提交资格预审申请文件或者投标文件的截止时间。

如果招标人采用资格后审办法对投标人进行资格审查，就应当在开标后由评标委员会按照招标文件规定的标准和方法对投标人的资格进行审查。

4. 招标工作的实施

(1) 禁止投标限制。招标人若对招标项目划分标段，就应当遵守《招标投标法》的有关规定，不得利用划分标段限制或者排斥潜在投标人。依法必须进行招标的项目的招标人不得利用划分标段规避招标。

招标人不得以不合理的条件限制、排斥潜在投标人或者投标人。招标人有下列行为之一的，属于以不合理条件限制、排斥潜在投标人或者投标人：

① 就同一招标项目向潜在投标人或者投标人提供有差别的项目信息。

② 设定的资格、技术、商务条件与招标项目的具体特点和实际需要不相适应或者与合同履行无关。

③ 依法必须进行招标的项目以特定行政区域或者特定行业的业绩、奖项作为加分条件或者中标条件。

④ 对潜在投标人或者投标人采取不同的资格审查或者评标标准。

⑤ 限定或者指定特定的专利、商标、品牌、原产地或者供应商。

⑥ 依法必须进行招标的项目非法限定潜在投标人或者投标人的所有制形式或者组织形式。

⑦ 以其他不合理条件限制、排斥潜在投标人或者投标人。

招标人不得组织单个或者部分潜在投标人踏勘项目现场。

(2) 总承包招标。招标人可以依法对工程以及与工程建设有关的货物、服务全部或者部分实行总承包招标。以暂估价(指总承包招标时不能确定价格而由招标人在招标文件中暂时估定的工程、货物、服务的金额)形式包括在总承包范围内的工程、货物、服务属于依法必须进行招标的项目范围且达到国家规定规模标准的，应当依法进行招标。

(3) 两阶段招标。对技术复杂或者无法精确拟定技术规格的项目，招标人可以分两阶段进行招标：

第一阶段，投标人按照招标公告或者投标邀请书的要求提交不带报价的技术建议，招标人根据投标人提交的技术建议确定技术标准和要求，编制招标文件。

第二阶段，招标人向在第一阶段提交技术建议的投标人提供招标文件，投标人按照招标文件的要求提交包括最终技术方案和投标报价的投标文件。如果招标人要求投标人提交投标保证金，就应当在第二阶段提出。

(4) 投标有效期。招标人应当在招标文件中载明投标有效期。投标有效期从提交投标文件的截止之日起算。

(5) 投标保证金。若招标人在招标文件中要求投标人提交投标保证金，投标保证金则不得超过招标项目估算价的 200 元，投标保证金有效期应当与投标有效期一致。依法必须进行招标的项目的境内投标单位，以现金或者支票形式提交的投标保证金应当从其基本账户转出。招标人不得挪用投标保证金。如果招标人终止招标，就应当及时发布公告，或者以书面形式通知被邀请的或者已经获取资格预审文件、招标文件的潜在投标人。如果已经发售资格预审文件、招标文件或者已经收取投标保证金，招标人就应当及时退还所收取的资格预审文件、招标文件的费用，以及所收取的投标保证金及银行同期存款利息。

(6) 标底及投标限价。招标人可以自行决定是否编制标底。一个招标项目只能有一个标底。标底必须保密。接受委托编制标底的中介机构不得参加受托编制标底项目的投标，也不得为该项目的投标人编制投标文件或者提供咨询。如果招标人设有最高投标限价，就应当在招标文件中明确最高投标限价或者最高投标限价的计算方法。招标人不得规定最低投标限价。

(二) 投标

1. 投标规定

投标人参加依法必须进行招标的项目的投标，其投标活动不受地区或者部门的限制，任何单位和个人不得非法干涉。与招标人存在利害关系可能影响招标公正性的法人、其他组织或者个人，不得参加投标。单位负责人为同一人或者存在控股、管理关系的不同单位，不得参加同一标段投标或者未划分标段的同一招标项目投标。

投标人若要撤回已提交的投标文件，就应当在投标截止时间前书面通知招标人。招标人已收取投标保证金的，应当自收到投标人书面撤回通知之日起 5 日内退还。投标截止后投标人撤销投标文件的，招标人可以不退还投标保证金。未通过资格预审的申请人提交的投标文件，以及逾期送达或者不按照招标文件要求密封的投标文件，招标人应当拒收。招标人应当如实记载投标文件的送达时间和密封情况，并存档备查。

　　招标人应当在资格预审公告、招标公告或者投标邀请书中载明是否接受联合体投标。招标人接受联合体投标并进行资格预审的，联合体应当在提交资格预审申请文件前组成。资格预审后联合体增减、更换成员的，其投标无效。如果联合体各方在同一招标项目中以自己名义单独投标或者参加其他联合体投标，则相关投标均无效。

　　投标人发生合并、分立、破产等重大变化，应当及时书面告知招标人。如果投标人不再具备资格预审文件、招标文件规定的资格条件或者其投标影响招标公正性，则其投标无效。

2. 属于串通投标和弄虚作假的情形

　　(1) 投标人相互串通投标。有下列情形之一的，属于投标人相互串通投标：

① 投标人之间协商投标报价等投标文件的实质性内容。

② 投标人之间约定中标人。

③ 投标人之间约定部分投标人放弃投标或者中标。

④ 属于同一集团、协会、商会等组织成员的投标人按照该组织要求协同投标。

⑤ 投标人之间为谋取中标或者排斥特定投标人而采取的其他联合行动。

有下列情形之一的，视为投标人相互串通投标：

① 不同投标人的投标文件由同一单位或者个人编制。

② 不同投标人委托同一单位或者个人办理投标事宜。

③ 不同投标人的投标文件载明的项目管理成员为同一人。

④ 不同投标人的投标文件异常一致或者投标报价呈规律性差异。

⑤ 不同投标人的投标文件相互混装。

⑥ 不同投标人的投标保证金从同一单位或者个人的账户转出。

　　(2) 招标人与投标人串通投标。有下列情形之一的，属于招标人与投标人串通投标：

① 招标人在开标前开启投标文件并将有关信息泄露给其他投标人。

② 招标人直接或者间接向投标人泄露标底、评标委员会成员等信息。

③ 招标人明示或者暗示投标人压低或者抬高投标报价。

④ 招标人授意投标人撤换、修改投标文件。

⑤ 招标人明示或者暗示投标人为特定投标人中标提供方便。

⑥ 招标人与投标人为谋求特定投标人中标而采取的其他串通行为。

　　(3) 弄虚作假。投标人不得以他人名义投标，如使用通过受让或者租借等方式获取的资格、资质证书投标。投标人也不得以其他方式弄虚作假，骗取中标，例如：

① 使用伪造、变造的许可证件。

② 提供虚假的财务状况或者业绩。

③ 提供虚假的项目负责人或者主要技术人员简历、劳动关系证明。

④ 提供虚假的信用状况。

⑤ 其他弄虚作假的行为。

（三）开标、评标和中标

1. 开标

招标人应当按照招标文件规定的时间、地点开标。如果投标人少于 3 个，则不得开标；招标人应当重新招标。如果投标人对开标有异议，则应当在开标现场提出，招标人应当场作出答复，并制作记录。

2. 评标委员会

国家实行统一的评标专家专业分类标准和管理办法。具体标准和办法由国务院发展改革部门会同国务院有关部门制定。省级人民政府和国务院有关部门应当组建综合评标专家库。

依法必须进行招标的项目，其评标委员会的专家成员应当从评标专家库内相关专业的专家名单中以随机抽取方式确定。任何单位和个人不得以明示、暗示等任何方式指定或者变相指定参加评标委员会的专家成员。依法必须进行招标的项目的招标人非因《招标投标法》和《招标投标法实施条例》规定的事由，不得更换依法确定的评标委员会成员。评标委员会成员与投标人有利害关系的，应当主动回避。

对技术复杂、专业性强或者国家有特殊要求，采取随机抽取方式确定的专家难以保证胜任评标工作的招标项目，可以由招标人直接确定技术、经济等方面的评标专家。

有关行政监督部门应当按照规定的职责分工，对评标委员会成员的确定方式、评标专家的抽取和评标活动进行监督。行政监督部门的工作人员不得担任本部门负责监督项目的评标委员会成员。

3. 评标

招标人应当根据项目规模和技术复杂程度等因素合理确定评标时间。如果超过 1/3 的评标委员会成员认为评标时间不够，则招标人应当适当延长。

招标人应当向评标委员会提供评标所必需的信息，但不得明示或者暗示其倾向或者排斥特定投标人。

评标委员会成员应当按照招标文件规定的评标标准和方法，客观、公正地对投标文件提出评审意见。招标文件没有规定的评标标准和方法不得作为评标的依据。如果招标项目设有标底，招标人就应当在开标时公布。标底只能作为评标的参考，不得以投标报价是否接近标底作为中标条件，也不得以投标报价超过标底上下浮动范围作为否决投标的条件。

评标委员会成员不得私下接触投标人，不得收受投标人给予的财物或者其他好处，不得向招标人征询确定中标人的意向，不得接受任何单位或者个人明示或者暗示提出的倾向或者排斥特定投标人的要求，不得有其他不客观、不公正履行职务的行为。

4. 投标的否决

有下列情形之一的，评标委员会应当否决其投标：

① 投标文件未经投标单位盖章和单位负责人签字。

② 投标联合体没有提交共同投标协议。

③ 投标人不符合国家或者招标文件规定的资格条件。

④ 同一投标人提交两个以上不同的投标文件或者投标报价,但招标文件要求提交备选投标的除外。

⑤ 投标报价低于成本或者高于招标文件设定的最高投标限价。

⑥ 投标文件没有对招标文件的实质性要求和条件作出响应。

⑦ 投标人有串通投标、弄虚作假、行贿等违法行为。

5. 投标文件的澄清

投标文件中有含义不明确的内容、明显文字或者计算错误,评标委员会认为需要投标人作出必要澄清、说明的,应当书面通知该投标人。投标人的澄清、说明应当采用书面形式,并不得超出投标文件的范围或者改变投标文件的实质性内容。

评标委员会不得暗示或者诱导投标人作出澄清、说明,不得接受投标人主动提出的澄清、说明。

6. 中标

评标完成后,评标委员会应当向招标人提交书面评标报告和中标候选人名单。中标候选人应当不超过 3 个,并标明排序。

评标报告应当由评标委员会全体成员签字。对评标结果有不同意见的评标委员会成员应当以书面形式说明其不同意见和理由,评标报告应当注明该不同意见。评标委员会成员拒绝在评标报告上签字又不书面说明其不同意见和理由的,视为同意评标结果。

依法必须进行招标的项目,招标人应当自收到评标报告之日起 3 日内公示中标候选人,公示期不得少于 3 日。如果投标人或者其他利害关系人对依法必须进行招标的项目的评标结果有异议,则应当在中标候选人公示期间提出。招标人应当自收到异议之日起 3 日内作出答复;作出答复前,应当暂停招标投标活动。

国有资金占控股或者主导地位的依法必须进行招标的项目,招标人应当确定排名第一的中标候选人为中标人。排名第一的中标候选人放弃中标、因不可抗力不能履行合同、不按照招标文件要求提交履约保证金,或者被查实存在影响中标结果的违法行为等情形,不符合中标条件的,招标人可以按照评标委员会提出的中标候选人名单排序依次确定其他中标候选人为中标人,也可以重新招标。

中标候选人的经营、财务状况发生较大变化或者存在违法行为,招标人认为可能影响其履约能力的,应当在发出中标通知书前由原评标委员会按照招标文件规定的标准和方法审查确认。

7. 签订合同及履约

招标人和中标人应当依照《招标投标法》和《招标投标法实施条例》的规定签订书面合同,合同的标的、价款、质量、履行期限等主要条款应当与招标文件和中标人的投标文件的内容一致。招标人和中标人不得再行订立背离合同实质性内容的其他协议。

招标人最迟应当在书面合同签订后 5 日内向中标人和未中标的投标人退还投标保证金及银行同期存款利息。招标文件要求中标人提交履约保证金的,中标人应当按照招标文件的要求提交。履约保证金不得超过中标合同金额的 10%。

中标人应当按照合同约定履行义务,完成中标项目。中标人不得向他人转让中标项目,也不得将中标项目肢解后分别向他人转让。

中标人按照合同约定或者经招标人同意，可以将中标项目的部分非主体、非关键性工作分包给他人完成。接受分包的人应当具备相应的资格条件，并不得再次分包。中标人应当就分包项目向招标人负责，接受分包的人就分包项目承担连带责任。

（四）投诉与处理

1. 投诉

如果投标人或者其他利害关系人认为招标投标活动不符合法律、行政法规规定，可以自知道或者应当知道之日起 10 日内向有关行政监督部门投诉。投诉应当有明确的请求和必要的证明材料。

2. 处理

行政监督部门应当自收到投诉之日起 3 个工作日内决定是否受理投诉，并自受理投诉之日起 30 个工作日内作出书面处理决定：需要检验、检测、鉴定、专家评审的，所需时间不计算在内。如果投诉人捏造事实、伪造材料或者以非法手段取得证明材料进行投诉，行政监督部门则应当予以驳回。

行政监督部门处理投诉时，有权查阅、复制有关文件、资料，调查有关情况，相关单位和人员应当予以配合。必要时，行政监督部门可以责令暂停招标投标活动。

复习思考题

1. 简述《建筑法》的立法目的和主要内容。
2. 什么是《合同法》？《合同法》的主要内容是什么？
3. 《价格法》的立法目的是什么？
4. 简述《建设工程质量管理条例》。
5. 简述《招标投标法》和《招标投标法实施条例》。

第三章　工程造价及造价管理概述

第一节　工程造价概述

一、工程造价的含义及相关概念

（一）工程造价的含义

工程造价有两种含义，对应着工程造价管理也有两种含义：

一是建设工程投资费用管理。它是指为了实现投资的预期目标，在拟定的规划、设计方案的条件下，预测、计算、确定和监控工程造价及其变动的系统活动。这一含义既涵盖了微观层次的项目投资费用的管理，也涵盖了宏观层次的投资费用的管理。

二是工程价格管理，属于价格管理范畴。价格管理分两个层次：在微观层次上，它是生产企业在掌握市场价格信息的基础上，为实现管理目标而进行的成本控制、计价、定价和竞价的系统活动；在宏观层次上，它是政府根据社会经济发展的要求，利用法律手段、经济手段和行政手段对价格进行管理和调控，以及通过市场管理规范市场主体价格行为的系统活动。

工程造价的两种含义是从不同角度把握同一事物的本质。从建设工程的投资者来说，工程造价就是项目投资，是"购买"项目要付出的价格，同时也是投资者作为市场供给主体"出售"项目时定价的基础；对于承包商、供应商、设计单位等机构来说，工程造价是他们作为市场供给主体出售商品和劳务的价格的总和，或是特定范围的工程造价，如建筑安装工程造价；从投资的角度看，它是工程项目投资中的建筑安装工程投资，也是工程造价的组成部分；从市场交易的角度看，建筑安装工程造价是投资者和承包商根据市场形成的、双方共同认可的价格。

（二）工程造价的相关概念

1. 总投资与固定资产投资

工程项目总投资是投资主体为获取预期收益，投入所需全部资金的经济行为；固定资产投资是投资主体在该工程项目上的资金垫付行为。

工程项目按用途可分为生产性工程项目和非生产性工程项目。生产性工程项目总投资包括固定资产投资和包含铺底流动资金在内的流动资产投资两部分；而非生产性工程项目总投资只有固定资产投资，不含上述流动资产投资。

2. 静态投资与动态投资

静态投资是以某一基准年、月的建设要素的价格为依据所计算出的工程项目投资的瞬时值，但它包含因工程量误差而引起的工程造价的增减。静态投资包括：建筑安装工程费，设备和工、器具购置费，工程建设其他费用和基本预备费。

动态投资是指为完成一个工程项目的建设，预计投资需要量的总和。它除了包括静态投资所包含的内容之外，还包括建设期贷款利息、投资方向调节税、涨价预备费等。

动态投资包含静态投资，静态投资是动态投资最主要的组成部分，也是动态投资的计算基础。

二、工程造价的作用

工程造价是工程项目建设的一个重要环节，是投资经济管理的重要方面，它反映着社会主义生产关系，对我国工程项目建设中各部门的经济关系、对人与物的关系等都给予一定的法律制约。及时、准确地编制出工程造价，对控制工程项目投资、推行经济合同制、提高投资效益都具有重要意义。

(一) 设计概算造价在工程项目建设中的作用

设计概算造价在工程项目建设中的作用主要有七个方面：

(1) 设计概算造价是进行可行性研究和编制设计任务书的重要依据。

根据工程项目建设程序的要求，可行性研究和设计任务书被批准之后，才能选择建设地点、编制设计文件(包括编制设计总概算造价、组织施工、竣工验收、交付使用)。从一个具体工程项目来说，可行性研究和设计任务书在前，编制设计概算造价在后，但是，可行性研究论证和编制设计任务书中关于需要多少人力、物力、财力，投资在财务上是否会盈利等，都必须参照以前编制的已经投产使用的类似工程项目的概算造价文件。所以，一个具体工程的概算造价文件和设计任务书中的有关数据，可为今后的工程项目做可行性研究和编制设计任务书提供可靠的依据。

(2) 设计概算造价是编制工程项目建设计划，确定和控制工程项目建设投资额的依据。

工程项目建设设计是确定计划期内固定资产再生产规模、方向、内容、进度和效果的计划。年度工程建设计划必须根据批准的设计概算造价确定的全部建设费用及其中的建筑、设备安装工程等费用数额以及概算造价文件所表明的工程量实物指标来编制。国家编制中长期计划(五年计划、十年计划)时，对于拟建工程的投资指标，也是根据已经竣工或正在施工的类似工程建设项目的概算造价等进行确定。根据设计概算造价编制的工程项目建设计划所确定的投资数额，是国家控制投资最高限额，在工程建设过程中，未经批准，不能突破这个限额。

(3) 设计概算造价是对设计方案进行比较优化的重要工具。

设计概算造价是在初步设计阶段编制的，建设费用的高低首先取决于初步设计标准和设计的质量。任何设计要求都会被反映到设计概算造价上来。但是，设计概算造价对设计有很大的反作用，设计概算造价及其一系列的指标体系都可以用来对设计方案的经济效果进行技术经济分析和评价，对不同的设计方案进行比较，选择出既满足技术先进和适用的要求，又比较经济合理的最优方案。

(4) 设计概算造价是签订工程合同、搞好施工企业经济核算的依据。

签订工程合同时，施工期限较长的大中型工程项目，应根据批准的五年计划、十年计划工程项目的设计概算造价签订施工总合同。总合同确定建设单位发包给施工单位的全部工程费用的总额，必须以投资设计概算造价为依据，施工单位据此进行施工准备等有关工作。签订年度包工合同时，也需要以设计概算造价为依据，以年度内完成的那部分工程的价格作为确定年度包工合同的依据。在制定发包单位和承包单位之间相互提供劳务物质的办法、其他工程费用的使用办法和工程价款的拨付办法，以及施工单位之间签订分包合同时，都必须以设计概算造价为依据。

设计概算造价所确定的工程投资额，是建筑安装企业产品的出厂价格。概算造价文件质量的高低，将直接影响企业的收入和企业经济核算。如果设计概算造价编制得准确，企业要增加盈利，为国家提供更多的积累，就必须在设计概算造价所确定的投资额范围内，努力加强经济核算，改善经营管理，提高劳动生产率，降低各种消耗。

(5) 设计概算造价是实行工程项目建设投资大包干和工程招标投标的重要依据。

工程项目建设在进行投资大包干时，主管部门、建设单位是按设计概算造价确定的费用总额进行包干的。只有提高设计概算造价的质量，合理确定工程项目的费用总额，才能使大包干的内容准确合理。在招标投标中，发包的建设单位和承包的各施工单位也必须先准确地编制设计概算造价用以确定投标的标底和投标的价格，通过竞争，合理地确定工程造价。

(6) 设计概算造价是办理工程拨款、贷款和结算，实行经济监督的重要依据。

设计概算造价的总值是工程拨款、贷款的最高限额，对投资项目的全部拨款、贷款或对单项工程的拨款、贷款的累计总额，不能突破设计概算造价的总投资额，以维护国家计划的严肃性，杜绝或减少建设资金的浪费。对建筑安装工程，要根据审定的包干总额和招标投标的价格，以及工程进度办理预支和结算，监督建设资金的合理使用和施工企业资金的正常周转。

(7) 设计概算造价是正确进行投资效果核算的依据。

投资效果核算的指标体系要根据设计概算造价来确定，只有这样，才能对计划执行情况进行比较分析和考核。投资会计的有关科目也要与设计概算造价的费用相一致，才能进行成本分析，查明是节约还是浪费及其原因。统计中的有关指标，是跟设计概算造价中的费用分类相一致的，也是依据设计概算造价所规定的投资额计算的。

(二) 施工图预算造价在工程项目建设中的作用

(1) 施工图预算造价是确定建筑安装工程预算造价，落实调整年度工程项目建设计划的依据。以施工图所确定的预算造价，是建筑安装产品的价格。它比设计概算造价中的建筑安装工程费用详细、具体、准确。因此，可以落实调整年度投资计划。

(2) 施工图预算造价是签订施工合同、办理工程价款结算和竣工结算的依据，也是实行招标、投标的依据。由于施工图预算造价是确定建筑安装单位工程或单项工程预算造价的依据，因此，建设单位与施工企业签订招标、投标承包合同，或者主管部门与建设单位签订投资包干合同时，也要以施工图预算造价为依据。办理工程价款结算、拨付预付款，以及单位工程或单项工程竣工后办理竣工结算时，都必须以施工图预算造价为依据，不能突破施工图预算造价。实行招标的工程，预算造价是工程价款的标底。

(3) 施工图预算造价是编制施工计划和考核施工单位经营成果的依据。施工单位要根据施工图预算造价所提供的工、料、构件、施工机械台班的数量等材料编制施工计划，对施工顺序、施工方法，以及工、料、施工机械台班的数量和施工的组织、安排、调度、平衡等一系列问题作全面合理的规划和布置。在施工企业经济管理方面，单位工程或单项工程的造价已定，就必须推行先进的施工方法，改善劳动组织，合理组织采购、供应和运输材料，加强施工组织和管理，力求以最少的人力、物力和财力消耗来完成施工任务，降低工程成本。施工企业内部的经济核算，如编制施工预算、实行定额管理、进行班组核算等，也要以施工图预算造价为依据。

(4) 施工图预算造价是投资统计和检查分析工程项目建设计划执行情况的依据。施工图预算造价是施工统计中计算建筑安装工程量的依据。施工图预算造价确定的总额是投资统计中计算投资额的依据，也是计算所增固定资产价值的依据。统计分析及其对工程项目建设计划执行情况的评估，也要以施工图预算造价为依据。

综上所述，工程造价在投资经济管理中与各个环节都有密切联系。它是国家对工程项目建设进行科学管理和监督的一个重要手段，是社会主义经济规律和工程项目建设产品及其生产特点的客观要求。必须不断改进和加强工程造价管理制度，及时、准确地编制出工程项目的工程造价。

三、工程造价的计价特征

工程计价就是估算工程造价，也称工程估价。了解计价特征，对工程造价管理是非常必要的。

1. 计价的单件性

建筑产品的个体差别性决定了每项工程都必须单独计算造价。

2. 计价的多次性

建设工程周期长、规模大、造价高，因此要按建设程序分阶段实施，相应地也要在不同阶段多次性计价，以保证工程估价与造价管理的科学性。多次性计价是个逐步深化、逐步细化和逐步接近实际造价的过程。工程项目计价程序如图 3-1 所示。

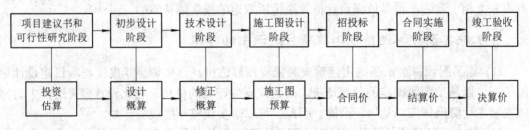

图 3-1　工程项目计价程序

(1) 投资估算。投资估算是指在项目建议书和可行性研究阶段，通过编制估算文件，对拟建项目所需投资进行的预先测算。就一个工程项目来说，如果项目建议书和可行性研究分不同阶段，例如规划阶段、项目建议书阶段、可行性研究阶段、评审阶段，那么相应的投资估算也分为 4 个阶段。投资估算是决策、筹资和控制造价的主要依据。

(2) 设计概算。设计概算指在初步设计阶段，根据设计意图，通过编制工程概算文件预先测算和确定的工程造价。概算造价受估算造价的控制并较估算造价准确。概算造价的层次性十分明显，分为工程项目概算总造价、单项工程概算综合造价、单位工程概算造价。

(3) 修正概算。修正概算是指在采用三阶段设计的技术设计阶段，根据技术设计的要求，通过编制修正概算文件预先测算和确定的工程造价。它对初步设计概算进行修正调整，比概算造价准确，但受概算造价控制。

(4) 施工图预算。施工图预算是指在施工图设计阶段，根据施工图纸，通过编制预算文件预先测算和确定的工程造价。它比概算造价或修正概算造价更为详尽和准确，但同样要受前一阶段所确定的工程造价的控制。

(5) 合同价。合同价是指在工程招投标阶段，通过签订总承包合同、建筑安装工程承包合同、设备材料采购合同和技术咨询服务合同确定的价格。合同价属于市场价格，是由承发包双方根据市场行情共同议定和认可的成交价格，但它并不等同于实际工程造价。计价方法不同，合同价的内涵也有所不同。现行合同价形式有三种：固定合同价、可调合同价和成本加酬金合同价。

(6) 结算价。结算价是指在合同实施阶段，在工程结算时按合同调价范围和调价方法，对实际发生的工程量增减、设备和材料价差等进行调整后计算和确定的价格。结算价是该工程的实际价格。

(7) 决算价。决算价是指竣工验收阶段，通过为工程项目编制竣工决算，最终确定的实际工程造价。

以上说明，多次性计价是一个由粗到细、由浅入深、由概略到精确，逐步接近工程实际价格的计价过程，也是一个复杂而重要的管理系统。

第二节 工程造价管理概述

一、工程造价管理概念和内涵

(一) 工程造价管理的概念

工程造价管理是指综合运用管理学、经济学和工程技术等方面的知识与技能，对工程造价进行预测、计划、控制、核算等的过程。工程造价管理既涵盖了宏观层次的工程建设投资管理，也涵盖了微观层次的工程项目费用管理。

1. 宏观的工程造价管理

宏观的工程造价管理是指政府部门根据社会经济发展的实际需要，利用法律、经济和行政等手段，规范市场主体的价格行为，监控工程造价的系统活动。

2. 微观的工程造价管理

微观的工程造价管理是指工程参建主体根据工程有关计价依据和市场价格信息等预

测、计划、控制、核算工程造价的系统活动。

（二）建设工程全面造价管理

按照国际工程造价管理促进会给出的定义，全面造价管理(Total Cost Management，TCM)是指有效地利用专业知识与技术，对资源、成本、盈利和风险进行筹划和控制。建设工程全面造价管理包括全生命周期造价管理、全过程造价管理、全要素造价管理和全方位造价管理。

(1) 全生命周期造价管理。建设工程全生命周期造价是指建设工程初始建造成本和建成后的日常使用成本之和。它包括建设前期、建设期、使用期及拆除期各个阶段的成本。由于在实际管理过程中，在工程建设及使用的不同阶段，工程造价存在诸多不确定性，因此，全生命周期造价管理主要是作为一种实现建设工程全生命周期造价最小化的指导思想，指导建设工程的投资决策及设计方案的选择。

(2) 全过程造价管理。全过程造价管理是指覆盖建设工程策划、决策及建设实施各个阶段的造价管理。它包括：前期决策阶段的项目策划、投资估算、项目经济评价、项目融资方案分析；设计阶段的限额设计、方案比选、概预算编制；招投标阶段的标段划分、发承包模式及合同形式的选择、招标控制价或标底编制；施工阶段的工程计量与结算、工程变更控制、索赔管理；竣工验收阶段的结算与决算等。

(3) 全要素造价管理。除工程本身造价之外，工期、质量、安全及环境等因素均会对工程造价产生影响。为此，控制建设工程造价不仅仅是控制建设工程本身的成本，还应同时考虑工期成本、质量成本、安全与环境成本的控制，从而实现工程造价、工期、质量、安全、环境的集成管理。全要素造价管理的核心是按照优先性的原则，协调和平衡工期、质量、安全、环保与成本之间的对立统一关系。

(4) 全方位造价管理。建设工程造价管理不仅是业主或承包单位的任务，还应是政府建设行政主管部门、行业协会、业主方、设计方、承包方以及有关咨询机构的共同任务。尽管各方的地位、利益、立场等有所不同，但必须建立完善的协同工作机制，才能实现建设工程造价的有效控制。

二、工程造价管理的主要内容和基本原则

（一）工程造价管理的主要内容

在工程建设全过程各个不同阶段，工程造价管理有着不同的工作内容，其目的是在优化建设方案、设计方案、施工方案的基础上，有效地控制建设工程项目的实际费用支出。

(1) 工程项目策划阶段：按照有关规定编制和审核投资估算，经有关部门批准，即可作为拟建工程项目策划决策的控制造价；基于不同的投资方案进行经济评价，作为工程项目决策的重要依据。

(2) 工程设计阶段：在限额设计、优化设计方案的基础上编制和审核工程概算、施工图预算。对于政府投资工程而言，经有关部门批准的工程概算，将作为拟建工程项目造价的最高限额。

(3) 工程发承包阶段：进行招标策划，编制和审核工程量清单、招标控制价或标底，确定投标报价及其策略，直至确定承包合同价。

(4) 工程施工阶段：进行工程计量及工程款支付管理，实施工程费用动态监控，处理工程变更和索赔，编制和审核工程结算、竣工决算，处理工程保修费用等。

(二) 工程造价管理的基本原则

实施有效的工程造价管理，应遵循三项原则：

(1) 以设计阶段为重点的全过程造价管理。工程造价管理贯穿于工程建设全过程的同时，应注重工程设计阶段的造价管理。工程造价管理的关键在于前期决策和设计阶段，而在项目投资决策后，控制工程造价的关键就在于设计。建设工程全生命周期费用包括工程造价和工程交付使用后的日常开支费用(含经营费用、日常维护修理费用、使用期内大修理和局部更新费用)以及该工程使用期满后的报废拆除费用等。

长期以来，我国往往将控制工程造价的主要精力放在施工阶段——审核施工图预算、结算建筑安装工程价款，对工程项目策划决策阶段的造价控制重视不够。若要有效地控制工程造价，就应将工程造价管理的重点转到工程项目策划决策和设计阶段。

(2) 主动控制与被动控制相结合。长期以来，人们一直把控制理解为目标值与实际值的比较，以及当实际值偏离目标值时，分析其产生偏差的原因，并确定下一步的对策。在工程建设全过程中进行这样的工程造价控制当然是有意义的，但问题在于，这种立足于"调查—分析—决策基础之上的偏离—纠偏—再偏离—再纠偏"的控制是一种被动控制，因为这样做只能发现偏离，不能预防可能发生的偏离。为了尽可能地减少以至避免目标值与实际值的偏离，还必须立足于事先主动地采取控制措施，实施主动控制。也就是说，工程造价控制不仅要反映投资决策，反映设计、发包和施工，被动地控制工程造价，更要能动地影响投资决策，影响工程设计、发包和施工，主动地控制工程造价。

(3) 技术与经济相结合。若要有效地控制工程造价，就应从组织、技术、经济等多方面采取措施。从组织上采取的措施，包括：明确项目组织结构，明确造价控制者及其任务，明确管理职能分工。从技术上采取的措施，包括：重视设计多方案选择，严格审查监督初步设计、技术设计、施工图设计、施工组织设计，深入技术领域研究节约投资的可能性。从经济上采取的措施，包括：动态地比较造价的计划值和实际值，严格审核各项费用支出，采取对节约投资有力的奖励措施等。

应该看到，技术与经济相结合，是控制工程造价最有效的手段。应该通过技术比较、经济分析和效果评价，正确处理技术先进与经济合理两者之间的对立统一关系，力求实现在技术先进条件下的经济合理，以及在经济合理基础上的技术先进，将控制工程造价的观念渗透到各项设计和施工技术措施之中。

三、工程造价管理的新方法

(一) 全生命周期造价管理

1. 全生命周期造价管理理论的产生与发展

全生命周期造价管理(Life Cycle Costing，LCC)主要是由英、美两国的一些造价界的学者和实际工作者于 20 世纪 70 年代末和 80 年代初提出的，后来在英国皇家特许测量师学会

(Royal Institution of Chartered Surveyors，RICS)的直接组织和大力推动下，逐步成为较为完整的理论和方法体系。全生命周期造价管理主要是将项目竣工后的使用维护阶段也纳入造价管理范围，提出了以实现自项目决策、规划设计、工程施工到运营维护整个生命周期总造价最小化为目标的全生命周期造价管理理论。可以说，工程项目全生命周期造价管理在很大程度上是由英国的工程造价管理学会提出、创立和推广的一种现代化工程造价管理的思想与方法。

项目的全生命周期不仅包括初始阶段，还包括未来的运营维护以及翻新拆除阶段，一般将建设项目全生命周期划分为建造阶段、使用阶段和废除阶段，其中，建造阶段又进一步细分为开始、设计和施工等阶段，如图 3-2 所示。

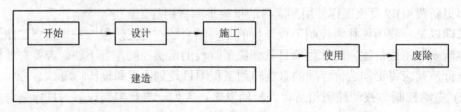

图 3-2　建设项目全生命周期

实际上未来项目的运行和维护成本要远远大于它的建设成本，而且先期建设成本的高低对未来的运营和维护成本的高低会产生很大的影响。因此，实施全生命周期造价管理，使自决策阶段开始，就要将一次性建设成本和未来的运营、维护成本，乃至拆除报费成本加以综合考虑，取得两者之间的最佳平衡。从建设项目全生命周期角度出发去考虑造价问题，实现建设项目整个生命周期总造价的最小化是非常必要的。

1982 年，Kelly 通过大量的调查研究发现，一个项目 80%的工程造价在方案设计阶段就已经确定，所以后续的控制只能影响到其余的 20%投资。这很好地验证了建设项目各阶段对工程造价的影响程度，如图 3-3 所示。

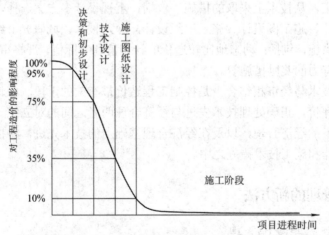

图 3-3　各阶段对工程造价影响程度分析

因此，对一座建筑物进行设计、施工、运营及维护方面的决策，要从项目前期考虑，从项目总体上考虑，使得建筑物在整个生命期内性能良好，而且所发生的生命周期成本最低。

项目的生命周期成本构成关系如图 3-4 所示。需要注意的是，项目的建设成本与运营维护成本不是独立变量，前期发生的建设成本，对建设项目实体的形成和功能水平有决定性影响，同时也由于项目功能水平的确定而极大地影响着项目使用阶段的运营与维护成本。若将两者独立起来，核算其成本最小值，则全生命周期成本不一定能够最优。显然在项目决策与设计阶段选中的方案决定了项目的建设成本与运营维护成本及项目功能水平，而建设成本通过对功能水平的影响，又在一定程度上决定了未来的运营维护成本。同时，若在决策与设计阶段就考虑到运营、维护成本，则势必也会影响到建设成本。从某种意义上说，建设项目的建设成本与运营成本之间存在着此消彼长的关系。因此，综合考虑建设项目整个生命周期内各阶段成本间的项目制约关系，才有可能实现全生命周期成本的最优。

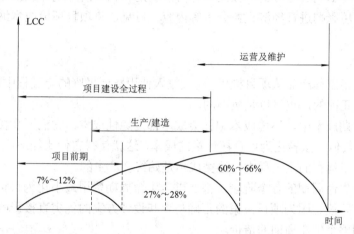

图 3-4 项目生命周期成本构成关系

长远地看，项目未来运营维护成本要远远大于其建设成本，而且先期建设成本的高低对未来运营维护成本的高低会产生很大的影响，高的建设成本可能会带来未来运营维护成本的大幅度降低，从而使建筑物整个生命周期的成本降低。如果只考虑一次性建设成本，而不考虑未来运营维护成本，就容易造成在项目资金充足时不考虑服务的年限和使用标准，过度投资，造成不必要的浪费；而在项目资金短缺时，片面地降低建设成本，致使未来运营维护成本大幅度增加，造成全生命周期造价的增加，同样加大了项目质量下降的风险，甚至出现"豆腐渣工程"。因此，综合平衡考虑项目建设成本与运营维护成本，是保障项目功能、质量合格，以及资金得到有效利用的必要条件。

2. 全生命周期成本的构成

1) 资金成本

资金成本即经济成本，指在工程项目整个生命周期内所发生的一切可直接体现为资金耗费的投入总和。

(1) 初始建造成本。初始建造成本即一般项目的固定资产投资部分或工程造价。

工程造价的构成，按工程项目建设过程中各类费用支出或花费的性质、途径来确定。工程造价的基本构成包括：用于购买工程项目所含各种设备的费用，用于建筑施工和安装施工的费用，用于委托工程勘察设计应支付的费用，用于购置土地所需的费用，以及用于建设单位自身进行项目筹建和项目管理所花费的费用，等等，是按照确定的建设内容、建设规模、建设标准、功能要求和使用要求等全部建成并验收合格、交付使用所需的全部费用。

（2）未来运营成本。工程项目的未来运营成本，是指该项目建成交付使用以后，为了维持项目的正常运行和发挥项目设计使用功能而必须支付的维持运行费用。对于不同性质的工程项目，运营成本会有所差别，一般会包括运营管理费、维护修理费、环境保护费和能源消耗费等。

2）环境成本

我国 2003 年 9 月 1 日开始实施的《中华人民共和国环境影响评价法》规定：建设项目开发建设必须编制环境影响评价文件并获得有关审批部门的批准，环境影响评价文件包括对可能导致的环境影响进行分析、预测和评估，制定各相关的环境保护措施并进行技术、经济论证，对环境影响进行经济损益分析等内容。可见，将项目环境成本纳入项目成本核算是大势所趋。

3）社会成本

社会成本是指工程产品从项目构思、建成投入使用直至报废的全过程中对社会的影响。这种影响可以是正面的，也可以是负面的。

在全生命周期成本中，环境成本和社会成本都是隐性成本，它们不直接表现为量化成本，而必须借助其他方法转化为可直接计量的成本，这就使得它们比经济成本更难以计量。但是在工程建设及运行的全过程中，这类成本是始终会产生的。

工程项目全生命周期的各个阶段，都要以全生命周期费用最小化为目标，尤其是在项目的决策和设计阶段，因为项目决策的正确与否和设计方案的优劣直接影响项目的其他阶段，进而影响到整个生命周期的造价。

（二）建设项目价值管理

建设项目价值管理(Value Management，VM)是一种以价值为导向的有组织的创造性活动，它利用了管理学的基本原理和方法，同时以建设项目利益相关者的利益实现为目标，最终实现项目利益相关方的最高满意度。

建设项目价值管理范围可涵盖项目全生命周期的各个阶段，如图 3-5 所示。

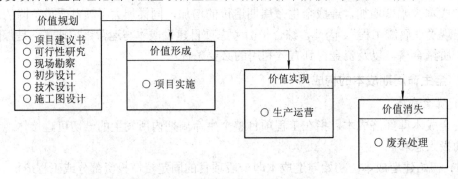

图 3-5　建设项目价值管理范围

通常，项目的价值规划阶段(包括拟订项目建议书、可行性研究、现场勘察、初步设计、技术设计、施工图设计)对项目价值的影响是决定性的，因此这一阶段也是价值管理介入实施的重要阶段，其服务成果基本上决定了工程价值系统的其他各部分，在该阶段要确定项目利益相关者价值内容、大小与传递方式，因此要进行大量的调研工作，在对项目利益相关者需求进行识别的基础上，平衡他们之间的利益冲突，实现利益相关者价值的最大化；价值形成阶段(包括项目实施阶段)是价值规划成果的物化、形成价值实体的阶段；价值实现阶段(包括生产运营阶段)是组织通过工程的建设实现预定目标，给组织带来经营效益的阶段；价值消失阶段(包括废弃处理阶段)是拆除报废项目并恢复场地和环境，为策划新项目提供可能的阶段。

1. 价值管理的研究时间

价值管理是一种综合的系统的方法，从理论上讲，可以在项目整个生命周期内的任何阶段应用。但由于建设项目是由一系列相互关联的活动组成的，各活动之间具有依赖性，后期工作都是建立在前期工作之上，项目前期的任何决策，都直接或间接地影响着后期阶段的工作。因此，价值管理研究越早进行就越有利可图。前期的决策对项目经济效果的影响大于后期决策所带来的影响。如图 3-6 所示，在机会识别阶段，项目的不确定性最高，这时候变更对项目带来的影响最小，但是随着时间的推移，项目逐渐成形，变更对项目的影响逐渐增大。

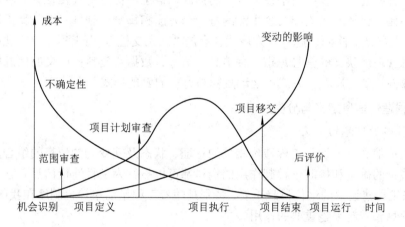

图 3-6　工程变更对项目的影响

建设项目成本节约可能性最大的时期是项目机会识别和项目定义阶段。从图 3-6 中可以看出，在前期概要阶段、概要设计阶段进行价值管理研究带来的成本的降低幅度，远远高于进行价值管理研究带来的成本的增加幅度。

因此，为了获得最大的效益，价值管理主要应用于建设项目的设计阶段，甚至提前到项目的可行性研究阶段。

2. 建设项目价值管理的参与人员

价值管理的研究涉及工程、环境、建筑等很多领域，需要各个专业的人才，人员的专业组成与项目类型和特点，以及价值管理研究对象和目标有很大的关系。如房屋建筑项目的价值管理研究人员，至少应该包括建筑师、机械工程师、结构工程师、电气工程师等。选择恰当的参与人员，是价值管理研究成功的关键，既要有各个专业的专家，也要有适当的规模，因为如果人员过多，就会难以控制，影响价值管理的效率，也有可能抑制那些性格内向的参与者发表自己的看法，不利于调动每个参与者的积极性。

另外，对于那些规模大、技术复杂的项目，需要很多的参与者共同协作，才能保证价值管理研究的可靠性，这就需要对团队成员进行分组，分别讨论和研究。

建立参与人员之间的沟通机制也是非常重要的，在价值管理研究过程中，要恰当地处理价值管理研究人员与原设计人员的关系。价值管理研究是对原设计方案的再加工过程，可能只是对原设计方案的细枝末节的修改，也有可能要推翻原来的设计方案，可能会导致原设计人员对价值管理研究产生抵触情绪，特别是当价值管理小组聘请外部人员时，抵触情绪可能更加严重，这就涉及价值管理研究小组如何与设计小组进行有效沟通的问题。在工程设计中，设计小组必须保证结构设计的安全性，如果他们不加入到价值管理研究小组中，他们就可能提出各种各样的理由拒绝对原方案进行改动，这就会使研究成果无法实施；而如果原设计人员参与，他们就可能为了顾及自己的面子而为自己的设计方案寻找无需修改的理由以掩盖缺陷，影响价值管理研究的效率，也达不到价值管理研究的目的。因此，要建立有效的沟通机制，确保价值管理研究顺利进行。

（三）工程造价信息管理

随着人类社会的进步和科学技术水平的提高，信息与信息管理在社会经济活动中的作用越来越明显，已渗透到人类社会生活的每一个方面和每一个领域。人类真正进入了信息时代，信息与物质、能源一起并列为现代社会的"三大支柱"，而工程造价管理更加离不开信息与信息管理。狭义的信息是指一种消息、信号、数据或资料；广义的信息被认为是物质的一种属性，是物质存在方式和运动规律与特点的表现形式。

1. 工程造价信息定义与分类

1）工程造价信息的定义

工程造价信息是一切与工程造价相关的特征、状态及其变动的消息的组合，或者说所有对工程造价的确定和控制过程起作用的资料都可以被称为工程造价信息。它作为一种社会资源，在工程建设中的地位日趋重要，特别是随着工程量清单计价制度在我国逐步推行，工程造价信息起着越来越重要的作用。

2）工程造价信息的分类

根据不同的分类方法，工程造价信息可分为七种类型：

（1）按感知方式，可将工程造价信息分为直接信息和间接信息。直接信息是指从人的直接经验中所获得的信息，而间接信息是指人们对客观事实的反应、描述，多指经过加工整理后的资料数据。

（2）按动静状态，可将工程造价信息分为动态信息和静态信息。动态信息是指时间性极强，瞬息万变的信息，而静态信息是指相对稳定、固化的信息。

（3）按作用效果，可将工程造价信息分为有用信息、无用信息和干扰信息。

（4）按信息的加工处理程度，可将工程造价信息分为一次信息、二次信息和三次信息。一次信息是指未经加工或只是略微加工的原始信息；二次信息是指在原始信息的基础上加工整理而成的供检索用的信息；三次信息是指根据二次信息提供的线索，并使用一次信息及其他材料进行浓缩、整合产生的信息。

（5）按传递的范围，可将工程造价信息划分为公开信息、内部信息、机密信息。公开信息是指传递和使用范围没有限制，可在国内外公开发表的信息；内部信息是指不公开传播、只供内部掌握和使用的信息；机密信息是指必须严格界定使用范围的信息。

(6) 按信息的时态，可将工程造价信息划分为过去信息、现在信息和未来信息。过去信息是指反映已经发生的现象和过程的信息；现在信息是指反映正在发生的现象和过程的信息；未来信息是按事物发展的客观规律，揭示和预测尚未发生的现象和事实的信息。

(7) 按信息的稳定程度，可将工程造价信息划分为固定信息和流动信息。固定信息是指通过对不断变化的大量信息进行长期观察分析，揭示客观事物发展过程的内在联系和必然趋势的信息；流动信息是反映事物发展过程中每一时间变化的信息。

2. 工程造价信息的特点

了解工程造价信息的某些特点，能够推动对工程造价信息的收集、整理、分析、研究、开发和利用工作。工程造价信息的特点有：

(1) 时效性。信息的时效性是指信息从产生、发出、接收到进入利用的时间间隔及其效率，信息只有在得到及时利用的情况下，才会有理想的使用价值。

(2) 传递性。工程造价信息可以独立于其信息源而存在，可以由其他媒介或载体进行传递，包括在时间和空间上的传递。

(3) 知识性。工程造价信息的知识性是指信息具有知识的属性，信息实际上是知识的毛坯或原材料，一旦信息积累到适当程度，就可以被主体逐渐加工成真正的知识。

(4) 转化性。工程造价信息在一定条件下可以转化为时间、效益、质量等其他更多的东西。

3. 工程造价信息的内容

工程造价信息的内容主要包括三类。

(1) 价格信息。这些信息往往是比较初级的，一般没有经过系统的加工处理，也可称其为数据。

(2) 工程造价指数。工程造价指数是反映一定时期由于价格变化，对工程造价影响程度的一种指标，它是调整工程造价价差的依据，反映了报告期与基期相比的价格变动趋势，是根据原始价格信息加工整理得到的。

(3) 已完工程信息。已完工程信息也可称为工程造价资料，是指已竣工和在建的有关工程可行性研究、估算、概算、施工预算、招投标价格、竣工结算、竣工决算、单位工程施工成本以及新材料、新结构、新设备、新施工工艺等建筑安装工程分部分项的单价分析等资料。

4. 工程造价信息管理

工程造价信息管理是对信息的收集、加工和整理、储存、传递与应用等一系列工作的总称，目的是通过有组织的信息流通，使决策者能及时准确地获得相应的信息。目前，我国工程造价信息管理主要以国家和地方政府主管部门为主，通过各种渠道进行工程造价信息的收集、处理和发布。

1) 全国工程造价信息系统的逐步建立和完善

随着计算机网络技术的广泛应用，我国开始建立工程造价信息网，定期发布价格信息及其产业政策，为各地方主管部门、各咨询机构等单位提供基础数据，同时通过工程造价信息网，采集各地、各企业的工程实际数据和价格信息。

　　2) 地区工程造价信息系统的建立和完善

　　各地区造价管理部门通过建立地区性造价信息系统，定期发布反映市场价格水平的价格信息和调整指数，依据本地区的经济、行业发展情况，制定相应的政策措施。同时，通过选择本地区多个具有代表性的固定信息采集点或通过吸收各企业作为基本信息网成员，收集本地区的价格信息、实际工程信息，作为本地区依据造价政策制定价格信息的数据和依据。

第三节　　工程造价与工程造价管理

　　工程管理与工程造价两者关系密切，不可分割。工程管理的要求中包含着工程造价，工程造价也离不开工程管理。工程造价与工程管理之间极大的相关性，使得成本预算的科学确定有利于投资者和项目管理者对资金资源进行综合调配，进而提升资金使用效率与经济效益。工程管理对工程造价也有着特殊的要求，在项目的实际运行阶段，管理方比较看重项目的具体事项和对施工现场的管理，由此实现企业资源的有效配置，节省资源，节省支出。减少工程的投入是工程管理的首要目标，在工程进行的时候减少工程造价的投入，将节省的费用投入到工程技术领域，从而减轻劳动力的投入，节省人力，同时也减轻了劳动力的负担。

复习思考题

1. 什么是工程造价？
2. 工程计价具有多次性特征，说明不同阶段计价的表现形式。
3. 简述我国工程项目总投资的构成。
4. 简述工程造价管理的基本内涵。
5. 工程造价管理的原则是什么？
6. 工程造价管理有哪些新方法？
7. 全生命周期成本包括哪些内容？
8. 如何理解工程造价与工程管理的关系？
9. 了解工程造价管理领域相关的应用软件及其功能。
10. 简述工程造价管理软件的发展方向。

第四章　建设工程造价构成

第一节　我国建设项目投资构成及造价构成

一、我国建设项目投资构成

　　建设项目总投资是为完成工程项目建设并达到使用要求或生产条件，在建设期内预计或实际投入的全部费用总和。生产性建设项目总投资包括建设投资、建设期利息和流动资金三部分；非生产性建设项目总投资包括建设投资和建设期利息两部分，其中，建设投资和建设期利息之和对应固定资产投资，固定资产投资与建设项目的工程造价在量上相等。

　　工程造价中的主要构成部分是建设投资，建设投资是为完成工程项目建设，在建设期内投入且形成现金流出的全部费用。根据国家发改委和建设部发布的《建设项目经济评价方法与参数(第三版)》(发改投资〔2006〕1325号)的规定，建设投资包括工程费用、工程建设其他费用和预备费三部分。工程费用是指建设期内直接用于工程建造、设备购置及其安装的建设投资，可以分为建筑安装工程费和设备及工器具购置费；工程建设其他费用是指建设期发生的与土地使用权取得、整个工程项目建设以及未来生产经营有关的、构成建设投资但不包括在工程费用中的费用；预备费是指在建设期内为应对各种不可预见因素或变化而预留的可能增加的费用，包括基本预备费和价差预备费。建设项目总投资的具体构成内容如图4-1所示。

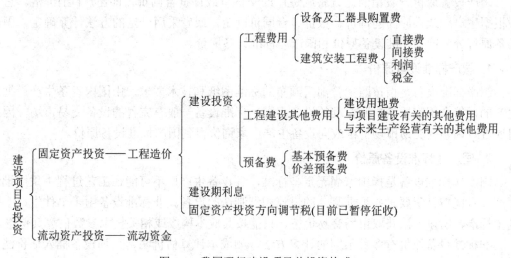

图4-1　我国现行建设项目总投资构成

二、建设项目工程造价构成

工程造价基本构成包括：用于购买工程项目所含各种设备的费用，用于建筑施工和安装施工所需支出的费用，用于委托工程勘察设计应支付的费用，用于购置土地所需的费用，以及用于建设单位自身进行项目筹建和项目管理所花费的费用，等等。总之，工程造价是按照确定的建设内容、建设规模、建设标准、功能要求和使用要求等将工程项目全部建成，在建设期预计或实际支出的建设费用。

第二节　设备及工、器具购置费用的构成和计算

设备及工、器具购置费用是由设备购置费和工具、器具及生产家具购置费组成的，它是固定资产投资中的积极部分。在生产性工程建设中，设备及工、器具购置费用占工程造价比重的增大，意味着生产技术的进步和资本有机构成的提高。

一、设备购置费的构成和计算

设备购置费是指购置或自制的达到固定资产标准的设备、工器具及生产家具等所需的费用。它由设备原价和设备运杂费构成。设备购置费的计算公式为

$$设备购置费 = 设备原价(含备品备件费) + 设备运杂费$$

式中，设备原价指国内采购设备的出厂(场)价格，或者国外采购设备的抵岸价格。设备原价通常包含备品备件费在内，备品备件费指设备购置时随设备同时订货的首套备品备件所发生的费用。设备运杂费指除设备原价之外的关于设备采购、运输、途中包装及仓库保管等方面支出费用的总和。

(一) 国产设备原价的构成及计算

国产设备原价一般指的是设备制造厂的交货价或订货合同价，即出厂(场)价格。它一般根据生产厂或供应商的询价、报价、合同价确定，或者采用一定的方法计算确定。国产设备原价分为国产标准设备原价和国产非标准设备原价。

1. 国产标准设备原价

国产标准设备是指按照主管部门颁布的标准图纸和技术要求，由国内设备生产厂批量生产的，符合国家质量检测标准的设备。国产标准设备一般有完善的设备交易市场，因此可通过查询相关交易市场价格或向设备生产厂家询价得到国产标准设备原价。

2. 国产非标准设备原价

国产非标准设备是指国家尚无定型标准，各设备生产厂不可能在工艺过程中采用批量生产，只能按订货要求并根据具体的设计图纸制造的设备。非标准设备由于单件生产、无定型标准，所以无法获取市场交易价格，只能按其成本构成或相关技术参数估算其价格。

非标准设备原价有多种不同的计算方法，如成本计算估价法、系列设备插入估价法、分部组合估价法、定额估价法等。但无论采用哪种方法都应该使非标准设备计价接近实际

出厂价，并且计算方法要简便。成本计算估价法是一种比较常用的估算非标准设备原价的方法。按成本计算估价法，非标准设备的原价由以下各项组成：

(1) 材料费。其计算公式为

材料费 = 材料净重 × (1 + 加工损耗系数) × 每吨材料综合价

(2) 加工费。加工费包括生产工人工资和工资附加费、燃料动力费、设备折旧费、车间经费等，其计算公式为

加工费 = 设备总重量(吨) × 设备每吨加工费

(3) 辅助材料费(简称辅材费)。辅材费包括焊条、焊丝、氧气、氩气、氮气、油漆、电石等费用。其计算公式为

辅助材料费 = 设备总重量 × 辅助材料费指标

(4) 专用工具费。专用工具费按(1)~(3)项之和乘以一定百分比计算。

(5) 废品损失费。废品损失费按(1)~(4)项之和乘以一定百分比计算。

(6) 外购配套件费。外购配套件费按设备设计图纸所列的外购配套件的名称、型号、规格、数量、重量，根据相应的价格加运杂费计算。

(7) 包装费。包装费按以上(1)~(6)项之和乘以一定百分比计算。

(8) 利润。利润可按(1)~(5)项加第(7)项之和乘以一定利润率计算。

(9) 税金。税金主要指增值税，通常是指设备制造厂销售设备时向购入设备方收取的销项税额。计算公式为

当期销项税额 = 销售额 × 适用增值税率

其中，销售额为(1)~(8)项之和。

(10) 非标准设备设计费。非标准设备设计费按国家规定的设计费收费标准计算。

综上所述，单台非标准设备原价可用下面的公式表达：

单台非标准设备原价 = {[(材料费 + 加工费 + 辅助材料费) × (1 + 专用工具费率) ×
(1 + 废品损失费率) + 外购配套件费] × (1 + 包装费率) —
外购配套件费} × (1 + 利润率) + 外购配套件费 + 销项税额 +
非标准设备设计费

(二) 进口设备原价的构成及计算

进口设备的原价是指进口设备的抵岸价，即设备抵达买方边境、港口或车站，交纳完各种手续费、税费后形成的价格。抵岸价通常由进口设备到岸价(CIF)和进口从属费构成。进口设备的到岸价，即设备抵达买方边境港口或边境车站所形成的价格。在国际贸易中，交易双方所使用的交货类别不同，则交易价格的构成内容也有差异。进口设备从属费用是指进口设备在办理进口手续过程中发生的应计入设备原价的银行财务费、外贸手续费、进口关税、消费税、进口环节增值税及进口车辆的车辆购置税等。

1. 进口设备的交易价格

在国际贸易中，较为广泛使用的交易价格术语有 FOB、CFR 和 CIF。

(1) FOB (Free on Board)，意为装运港船上交货，亦称为离岸价格。FOB 术语是指当货物在装运港被装上指定船时，卖方即完成交货义务。风险转移，以在指定的装运港货物被

装上指定船时为分界点。费用划分与风险转移的分界点相一致。

在 FOB 交货方式下，卖方的基本义务有：在合同规定的时间或期限内，在装运港按照习惯方式将货物交到买方指派的船上，并及时通知买方；自负风险和费用，取得出口许可证或其他官方批准证件，在需要办理海关手续时，办理货物出口所需的一切海关手续；负担货物在装运港至装上船为止的一切费用和风险；自付费用提供证明货物已交至船上的通常单据或具有同等效力的电子单证。买方的基本义务有：自负风险和费用取得进口许可证或其他官方批准的证件，在需要办理海关手续时，办理货物进口以及经由他国过境的一切海关手续，并支付有关费用及过境费；负责租船或订舱，支付运费，并给予卖方关于船名、装船地点和要求交货时间的充分的通知；负担货物在装运港装上船后的一切费用和风险；接受卖方提供的有关单据，受领货物，并按合同规定支付货款。

(2) CFR (Cost and Freight)，意为成本加运费，或称为运费在内价。CFR 术语是指当装运港货物在装运港被装上指定船时卖方即完成交货，卖方必须支付将货物运至指定的目的港所需的运费和费用，但交货后货物灭失或损坏的风险，以及由于各种事件造成的任何额外费用，即由卖方转移到买方。与 FOB 价格相比，CFR 的费用划分与风险转移的分界点是不一致的。

在 CFR 交货方式下，卖方的基本义务有：自负风险和费用，取得出口许可证或其他官方批准的证件，在需要办理海关手续时，办理货物出口所需的一切海关手续；签订从指定装运港承运货物运往指定目的港的运输合同；在买卖合同规定的时间和港口，将货物装上船并支付至目的港的运费，装船后及时通知买方；负担货物在装运港被装上船为止的一切费用和风险；向买方提供通常的运输单据或具有同等效力的电子单证。买方的基本义务有：自负风险和费用，取得进口许可证或其他官方批准的证件，在需要办理海关手续时，办理货物进口以及必要时经由另一国过境的一切海关手续，并支付有关费用及过境费；负担货物在装运港装上船后的一切费用和风险；接受卖方提供的有关单据，受领货物，并按合同规定支付货款；支付除通常运费以外的有关货物在运输途中所产生的各项费用，以及驳运费和码头费在内的卸货费。

(3) CIF (Cost Insurance and Freight)，意为成本加保险费、运费，习惯称到岸价格。在 CIF 术语中，卖方除负有与 CFR 相同的义务外，还应办理货物在运输途中最低险别的海运保险，并应支付保险费。如买方需要更高的保险险别，则需要与卖方明确地达成协议，或者自行做出额外的保险安排。除保险这项义务之外，买方的义务与 CFR 相同。

2. 进口设备到岸价的构成及计算

$$进口设备到岸价(CIF) = 离岸价格(FOB) + 国际运费 + 运输保险费$$
$$= 运费在内价(CFR) + 运输保险费$$

(1) 离岸价格。离岸价格一般指装运港船上交货价(FOB)。进口设备货价分为原币货价和人民币货价，原币货价一律折算为美元表示，人民币货价按原币货价乘以外汇市场美元兑换人民币汇率中间价确定。进口设备货价按有关生产厂商询价、报价、订货合同价计算。

(2) 国际运费。国际运费即从装运港(站)到达我国目的港(站)的运费。我国进口设备大

部分采用海洋运输，小部分采用铁路运输，个别采用航空运输。进口设备国际运费计算公式为

$$国际运费(海、陆、空) = 原币货价(FOB) \times 运费率$$

$$国际运费(海、陆、空) = 单位运价 \times 运量$$

其中，运费率或单位运价参照有关部门或进出口公司的规定执行。

(3) 运输保险费。对外贸易货物运输保险是由保险人(保险公司)与被保险人(出口人或进口人)订立保险契约，在被保险人交付议定的保险费后，保险人根据保险契约的规定，对货物在运输过程中发生的承保责任范围内的损失给予经济上的补偿。这是一种财产保险，计算公式为

$$运输保险费 = \frac{原币货价(FOB) + 国际运费}{1 - 保险费率} \times 保险费率$$

其中，保险费率按保险公司规定的进口货物保险费率计算。

3. 进口从属费的构成及计算

$$进口从属费 = 银行财务费 + 外贸手续费 + 关税 + 消费税 + 进口环节增值税 + 车辆购置税$$

(1) 银行财务费。银行财务费一般是指在国际贸易结算中，中国银行为进出口商提供金融结算服务所收取的费用，可按下式简化计算：

$$银行财务费 = 离岸价格(FOB) \times 人民币外汇汇率 \times 银行财务费率$$

(2) 外贸手续费。外贸手续费指按对外经济贸易部门规定的外贸手续费率计取的费用，外贸手续费率一般取 1.5%，计算公式为

$$外贸手续费 = 到岸价格(CIF) \times 人民币外汇汇率 \times 外贸手续费率$$

(3) 关税。关税由海关对进出国境或关境的货物和物品征收的一种税，计算公式为

$$关税 = 到岸价格(CIF) \times 人民币外汇汇率 \times 进口关税税率$$

到岸价格作为关税的计征基数时，通常又可称为关税完税价格。进口关税税率分为优惠和普通两种。优惠税率适用于与我国签订关税互惠条款的贸易条约或协定的国家的进口设备；普通税率适用于与我国未签订关税互惠条款的贸易条约或协定的国家的进口设备。进口关税税率按我国海关总署发布的进口关税税率计算。

(4) 消费税。消费税仅对部分进口设备(如轿车、摩托车等)征收，一般计算公式为

$$应纳消费税税额 = \frac{到岸价格(CIF) \times 人民币外汇汇率 + 关税}{1 - 消费税税率} \times 消费税税率$$

其中，消费税税率根据规定的税率计算。

(5) 进口环节增值税。进口环节增值税是对从事进口贸易的单位和个人，在进口商品报关进口后征收的税种。我国增值税征收条例规定，进口应税产品均按组成计税价格和增值税税率直接计算应纳税额，即：

$$进口环节增值税额 = 组成计税价格 \times 增值税税率$$

$$组成计税价格 = 关税完税价格 + 关税 + 消费税$$

增值税税率根据规定的税率计算。

(6) 车辆购置税。进口车辆需缴纳进口车辆购置税，其公式为

$$进口车辆购置税 = (关税完税价格 + 关税 + 消费税) \times 车辆购置税率$$

（三）设备运杂费的构成及计算

1. 设备运杂费的构成

设备运杂费是指国内采购设备自来源地、国外采购设备自到岸港运至工地仓库或指定堆放地点发生的采购、运输、运输保险、保管、装卸等费用。通常由下列各项构成：

(1) 运费和装卸费：国产设备由设备制造厂交货地点起，至工地仓库(或施工组织设计指定的需要安装设备的堆放地点)止所发生的运费和装卸费；进口设备由我国到岸港口或边境车站起至工地仓库(或施工组织设计指定的需安装设备的堆放地点)止所发生的运费和装卸费。

(2) 包装费：在设备原价中没有包含的，为运输而进行的包装支出的各种费用。

(3) 设备供销部门的手续费：按有关部门规定的统一费率计算。

(4) 采购与仓库保管费：采购、验收、保管和收发设备所发生的各种费用，包括设备采购人员、保管人员和管理人员的工资、工资附加费、办公费、差旅交通费，设备供应部门办公和仓库所占固定资产使用费，工具用具使用费，劳动保护费，检验试验费，等等。这些费用可按主管部门规定的采购与保管费费率计算。

2. 设备运杂费的计算

设备运杂费按设备原价乘以设备运杂费率计算，其公式为

$$设备运杂费 = 设备原价 × 设备运杂费率$$

其中，设备运杂费率按各部门及省、市有关规定计取。

二、工具、器具及生产家具购置费的构成和计算

工具、器具及生产家具购置费，是指新建或扩建项目初步设计规定的，保证初期正常生产必须购置的没有达到固定资产标准的设备、仪器、工卡模具、器具、生产家具和备品备件等的购置费用，一般以设备购置费为计算基数，按照部门或行业规定的工具、器具及生产家具费率计算，计算公式为

$$工具、器具及生产家具购置费 = 设备购置费 × 定额费率$$

第三节　建筑安装工程费用构成和计算

一、建筑安装工程费用的构成

（一）建筑安装工程费用内容

建筑安装工程费是指为完成工程项目建造、生产性设备及配套工程安装所需的费用。

1. 建筑工程费用内容

(1) 各类房屋建筑工程和列入房屋建筑工程预算的供水、供暖、卫生、通风、煤气等设备费用及其装设、油饰工程的费用，以及列入建筑工程预算的各种管道、电力、电信和电缆导线敷设工程的费用。

(2) 设备基础、支柱、工作台、烟囱、水塔、水池、灰塔等建筑工程，以及各种炉窑的砌筑工程和金属结构工程的费用。

(3) 为施工而进行的场地平整，工程和水文地质勘察，原有建筑物和障碍物的拆除，以及施工临时用水、电、暖、气、路、通信和完工后的场地清理及环境绿化、美化等工作的费用。

(4) 矿井开凿、井巷延伸、露天矿剥离、石油和天然气钻井，修建铁路、公路、桥梁、水库、堤坝、灌渠及防洪等工程的费用。

2. 安装工程费用内容

(1) 生产、动力、起重、运输、传动和医疗、实验等各种需要安装的机械设备的装配费用，与设备相连的工作台、梯子、栏杆等设施的工程费用，附属于被安装设备的管线敷设工程费用，以及被安装设备的绝缘、防腐、保温、油漆等工作的材料费和安装费。

(2) 为测定安装工程质量，对单台设备进行单机试运转和对系统设备进行系统联动无负荷试运转工作的调试费。

(二) 我国现行建筑安装工程费用项目组成

根据住房和城乡建设部、财政部颁布的《关于印发〈建筑安装工程费用项目组成〉的通知》(建标〔2013〕41 号)，我国现行建筑安装工程费用项目按两种不同的方式划分，即按费用构成要素划分和按造价形成划分，其具体构成如图 4-2 所示。

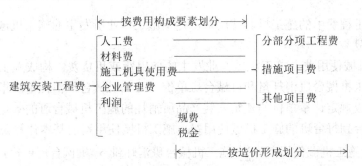

图 4-2　建筑安装工程费用项目构成

二、按费用构成要素划分建筑安装工程费用项目构成和计算

按照费用构成要素划分，建筑安装工程费包括：人工费、材料费(包含工程设备，下同)、施工机具使用费、企业管理费、利润、规费和税金。

(一) 人工费

建筑安装工程费中的人工费，是指支付给直接从事建筑安装工程施工作业的生产工人的各项费用。计算人工费的基本要素有两个，即人工工日消耗量和人工日工资单价。

(1) 人工工日消耗量：在正常施工生产条件下，完成规定计量单位的建筑安装产品所消耗的生产工人的工日数量。它由分项工程所综合的各个工序劳动定额包括的基本用工、其他用工两部分组成。

（2）人工日工资单价：直接从事建筑安装工程施工的生产工人在每个法定工作日的工资、津贴及奖金等。人工费的基本计算公式为

$$人工费 = \sum (工日消耗量 \times 日工资单价)$$

（二）材料费

建筑安装工程费中的材料费，是指工程施工过程中耗费的各种原材料、半成品、构配件、工程设备等的费用，以及周转材料等的摊销、租赁费用。计算材料费的基本要素是材料消耗量和材料单价。

（1）材料消耗量：在正常施工生产条件下，完成规定计量单位的建筑安装产品所消耗的各类材料的净用量和不可避免的损耗量。

（2）材料单价：建筑材料从其来源地运到施工工地仓库直至出库形成的综合平均单价，由材料原价、运杂费、运输损耗费、采购及保管费组成。当采用一般计税方法时，材料单价中的材料原价、运杂费等均应扣除增值税进项税额。材料费的基本计算公式为

$$材料费 = \sum (材料消耗量 \times 材料单价)$$

（3）工程设备：构成或计划构成永久工程一部分的机电设备、金属结构设备、仪器装置及其他类似的设备和装置。

（三）施工机具使用费

建筑安装工程费中的施工机具使用费，是指施工作业所发生的施工机械、仪器仪表使用费或其租赁费。

（1）施工机械使用费：施工机械作业发生的使用费或租赁费。构成施工机械使用费的基本要素是施工机械台班消耗量和机械台班单价。施工机械台班消耗量是指在正常施工生产条件下，完成规定计量单位的建筑安装产品所消耗的施工机械台班的数量；施工机械台班单价是指折合到每台班的施工机械使用费。施工机械使用费的基本计算公式为

$$施工机械使用费 = \sum (施工机械台班消耗量 \times 机械台班单价)$$

施工机械台班单价通常由折旧费、检修费、维护费、安拆费及场外运费、人工费、燃料动力费和其他费用组成。

（2）仪器仪表使用费：工程施工所需使用的仪器仪表的摊销及维修费用。与施工机械使用费类似，仪器仪表使用费的基本计算公式为

$$仪器仪表使用费 = \sum (仪器仪表台班消耗量 \times 仪器仪表台班单价)$$

仪器仪表台班单价通常由折旧费、维护费、校验费和动力费组成。

当采用一般计税方法时，施工机械台班单价和仪器仪表台班单价中的相关子项均需扣除增值税进项税额。

（四）企业管理费

1. 企业管理费的内容

企业管理费是指施工单位组织施工生产和经营管理所发生的费用。企业管理费内容包括：

(1) 管理人员工资：按规定支付给管理人员的计时工资、奖金、津贴补贴、加班加点工资及特殊情况下支付的工资等。

(2) 办公费：企业管理办公用的文具、纸张、账簿、印刷、邮电、书报、办公软件、现场监控、会议、水电、烧水和集体取暖降温(包括现场临时宿舍取暖降温)等费用。当采用一般计税方法时，办公费中增值税进项税额的扣除原则：以购进货物适用的相应税率扣减。其中，购进自来水、暖气、冷气、图书、报纸、杂志等适用的税率为 9%；接受邮政和基础电信服务等适用的税率为 9%；接受增值电信服务等适用的税率为 6%；其他一般为 13%。

(3) 差旅交通费：职工因公出差、调动工作的差旅费、住勤补助费，市内交通费和就餐补助费，职工探亲路费，劳动力招募费，职工退休、退职一次性路费，工伤人员就医路费，工地转移费，以及管理部门使用的交通工具的油料、燃料费用，等等。

(4) 固定资产使用费：管理和试验部门及附属生产单位使用的属于固定资产的房屋、设备、仪器等的折旧、大修、维修或租赁费。当采用一般计税方法时，固定资产使用费中增值税进项税额的扣除原则为：购入的不动产适用的税率为 9%，购入的其他固定资产适用的税率为 13%。设备、仪器的折旧、大修、维修或租赁费以购进货物、接受修理修配劳务或租赁有形动产服务适用的税率扣除，均为 13%。

(5) 工具用具使用费：企业施工生产和管理使用的不属于固定资产的工具、器具、家具、交通工具和检验、试验、测绘、消防用具等的购置、维修和摊销费。当采用一般计税方法时，工具用具使用费中增值税进项税额的扣除原则为：以购进货物或接受修理修配劳务适用的税率扣减，均为 13%。

(6) 劳动保险和职工福利费：由企业支付的职工退职金，按规定支付给离休干部的经费，集体福利费，夏季防暑降温，冬季取暖补贴，上下班交通补贴，等等。

(7) 劳动保护费：企业按规定发放的劳动保护用品的支出。如工作服、手套、防暑降温饮料，以及在有碍身体健康的环境中施工的保健费用等。

(8) 检验试验费：施工企业按照有关标准规定，对建筑和材料、构件和建筑安装物进行一般鉴定、检查所发生的费用，包括自设试验室进行试验所耗用的材料等费用；不包括新结构、新材料的试验费，对构件做破坏性试验及其他特殊要求检验试验的费用和建设单位委托检测机构进行检测的费用（此类检测发生的费用，由建设单位在工程建设其他费用中列支）。但对施工企业提供的具有合格证明的材料进行检测不合格的，该检测费用由施工企业支付。当采用一般计税方法时，检验试验费中增值税进项税额以现代服务业适用的税率 6%扣减。

(9) 工会经费：企业按《工会法》规定的全部职工工资总额比例计提的工会经费。

(10) 职工教育经费：按职工工资总额的规定比例计提，企业为职工进行专业技术和职业技能培训，专业技术人员继续教育、职工职业技能鉴定、职业资格认定以及根据需要对职工进行各类文化教育所发生的费用。

(11) 财产保险费：施工管理用财产、车辆等的保险费用。

(12) 财务费：企业为施工生产筹集资金或提供预付款担保、履约担保、职工工资支付担保等所发生的各种费用。

(13) 税金：企业按规定缴纳的房产税、非生产性车船使用税、土地使用税、印花税、城市维护建设税、教育费附加、地方教育附加等各项税费。

(14) 其他管理费。包括技术转让费、技术开发费、投标费、业务招待费、绿化费、广告费、公证费、法律顾问费、审计费、咨询费、保险费等。

2. 企业管理费的计算方法

企业管理费一般采用取费基数乘以费率的方法计算,取费基数有三种,分别是以直接费为计算基础、以人工费和施工机具使用费合计为计算基础以及以人工费为计算基础。企业管理费费率计算方法如下。

(1) 以直接费为计算基础:

$$企业管理费费率(\%) = \frac{生产工人年平均管理费}{年有效施工天数} \times 人工单价 \times$$

$$人工费占直接费的比例(\%)$$

(2) 以人工费和施工机具使用费合计为计算基础:

$$企业管理费费率(\%) = \frac{生产工人年平均管理费}{年有效施工天数} \times$$

$$(人工单价 + 每一台班施工机具使用费) \times 100\%$$

(3) 以人工费为计算基础。

$$企业管理费费率(\%) = \frac{生产工人年平均管理费}{年有效施工天数 \times 人工单价} \times 100\%$$

工程造价管理机构在确定计价定额中的企业管理费时,应以定额人工费或定额人工费与施工机具使用费之和作为计算基数,其费率根据历年积累的工程造价资料,辅以调查数据确定。

(五) 利润

利润是指施工单位从事建筑安装工程施工所获得的盈利,由施工企业根据企业自身需求并结合建筑市场实际自主确定。工程造价管理机构在确定计价定额中的利润时,应以定额人工费、材料费和施工机具使用费之和,或者以定额人工费或定额人工费与施工机具使用费之和作为计算基数,其费率根据历年积累的工程造价资料,并结合建筑市场实际、项目竞争情况、项目规模与难易程度等确定,以单位(单项)工程测算,利润在税前建筑安装工程费的比重可按不低于 5%且不高于 7%的费率计算。

(六) 规费

1. 规费的内容

规费是指按国家法律、法规规定,由省级政府和省级有关权力部门规定施工单位必须缴纳或计取,应计入建筑安装工程造价的费用。规费主要包括社会保险费和住房公积金。

(1) 社会保险费。包括:

① 养老保险费:企业按规定标准为职工缴纳的基本养老保险费。

② 失业保险费：企业按照国家规定标准为职工缴纳的失业保险费。

③ 医疗保险费：企业按照规定标准为职工缴纳的基本医疗保险费。

④ 工伤保险费：企业按照国务院制定的行业费率为职工缴纳的工伤保险费。

⑤ 生育保险费：企业按照国家规定为职工缴纳的生育保险。根据"十三五"规划纲要，生育保险与基本医疗保险合并的实施方案已在 12 个试点城市行政区域进行试点。

(2) 住房公积金：企业按规定标准为职工缴纳的住房公积金。

2. 规费的计算

社会保险费和住房公积金应以定额人工费为计算基础，根据工程所在地省、自治区、直辖市或行业建设主管部门规定费率计算。社会保险费和住房公积金计算公式为

$$社会保险费和住房公积金 = \sum(工程定额人工费 \times 社会保险费和住房公积金费率)$$

其中，社会保险费和住房公积金费率可以每万元发承包价的生产工人人工费和管理人员工资含量与工程所在地规定的缴纳标准综合分析取定。

(七) 增值税

建筑安装工程费用中的增值税按税前造价乘以增值税税率确定。

1. 采用一般计税方法时增值税的计算

当采用一般计税方法时，建筑业增值税税率为 9%。计算公式为

$$增值税 = 税前造价 \times 9\%$$

其中，税前造价为人工费、材料费、施工机具使用费、企业管理费、利润和规费之和，各费用项目均以不包含增值税可抵扣进项税额的价格计算。

2. 采用简易计税方法时增值税的计算

(1) 简易计税的适用范围。根据《营业税改征增值税试点实施办法》《营业税改征增值税试点有关事项的规定》《关于建筑服务等营改增试点政策的通知》等的规定，简易计税方法主要适用于以下几种情况：

① 小规模纳税人发生应税行为适用简易计税方法计税。小规模纳税人通常是指纳税人提供建筑服务的年应征增值税销售额未超过 500 万元，并且会计核算不健全，不能按规定报送有关税务资料的增值税纳税人。年应税销售额超过 500 万元但不经常发生应税行为的单位也可选择按照小规模纳税人计税。

② 一般纳税人以清包工方式提供的建筑服务，可以选择适用简易计税方法计税。以清包工方式提供建筑服务，是指施工方不采购建筑工程所需的材料或只采购辅助材料，并收取人工费、管理费或者其他费用的建筑服务。

③ 一般纳税人为甲供工程提供的建筑服务，可以选择适用简易计税方法计税。甲供工程是指全部或部分设备、材料、动力由工程发包方自行采购的建筑工程。其中，建筑工程总承包单位为房屋建筑的地基与基础、主体结构提供工程服务，建设单位自行采购全部或部分钢材、混凝土、砌体材料、预制构件的，适用简易计税方法计税。

④ 一般纳税人为建筑工程老项目提供的建筑服务，可以选择适用简易计税方法计税。建筑工程老项目：a.《建筑工程施工许可证》注明的合同开工日期在 2016 年 4 月 30 日前

的建筑工程项目；b.未取得《建筑工程施工许可证》的，建筑工程承包合同注明的开工日期在 2016 年 4 月 30 日前的建筑工程项目。

(2) 简易计税的计算方法。当采用简易计税方法时，建筑业增值税税率为 3%。计算公式为

$$增值税 = 税前造价 × 3\%$$

其中，税前造价为人工费、材料费、施工机具使用费、企业管理费、利润和规费之和，各费用项目均以包含增值税进项税额的含税价格计算。

三、按造价形成划分建筑安装工程费用项目构成和计算

建筑安装工程费按照工程造价形成由分部分项工程费、措施项目费、其他项目费、规费和税金组成。

(一) 分部分项工程费

分部分项工程费是指各专业工程的分部分项工程应予列支的各项费用。各类专业工程的分部分项工程划分遵循国家或行业工程量计算规范的规定。分部分项工程费通常用分部分项工程量乘以综合单价进行计算，计算公式为

$$分部分项工程费 = \sum(分部分项工程量 × 综合单价)$$

其中，综合单价包括人工费、材料费、施工机具使用费、企业管理费和利润，以及一定范围的风险费用。

(二) 措施项目费

1. 措施项目费的构成

措施项目费是指为完成建设工程施工，发生于该工程施工准备和施工过程中的技术、生活、安全、环境保护等方面的费用。措施项目及其包含的内容应遵循各类专业工程的现行国家或行业工程量计算规范。以《房屋建筑与装饰工程工程量计算规范》(GB 50854—2013)中的规定为例，措施项目费可以归纳为以下十四项：

(1) 安全文明施工费。安全文明施工费是指工程项目施工期间，施工单位为保证安全施工、文明施工和保护现场内外环境等所发生的措施项目费用。通常由环境保护费、文明施工费、安全施工费、临时设施费组成。

① 环境保护费：施工现场为达到环保部门要求所需要的各项费用。

② 文明施工费：施工现场文明施工所需要的各项费用。

③ 安全施工费：施工现场安全施工所需要的各项费用。

④ 临时设施费：施工企业为进行建设工程施工所必须搭设的生活和生产用的临时建筑物、构筑物和其他临时设施费用，包括临时设施的搭设、维修、拆除、清理费或摊销费等。

(2) 夜间施工增加费。夜间施工增加费是指因夜间施工所发生的夜班补助费、夜间施工降效、夜间施工照明设备摊销及照明用电等措施费用。内容由以下三项组成：

① 夜间固定照明灯具和临时可移动照明灯具的设置、拆除费用。

② 夜间施工时，施工现场交通标志、安全标牌、警示灯的设置、移动、拆除费用。

③ 夜间照明设备摊销及照明用电、施工人员夜班补助、夜间施工劳动效率降低等费用。

(3) 非夜间施工照明费。非夜间施工照明费是指为保证工程施工正常进行，在地下室等特殊施工部位施工时所采用的照明设备的安拆、维护及照明用电等费用。

(4) 二次搬运费。二次搬运费是指因施工管理需要或因场地狭小等原因，导致建筑材料、设备等不能一次搬运到位，必须发生的二次或以上搬运所需的费用。

(5) 冬雨季施工增加费。冬雨季施工增加费是指因冬雨季天气原因导致施工效率降低加大投入而增加的费用，以及为确保冬雨季施工质量和安全而采取的保温、防雨等措施所需的费用。内容由以下各项组成：

① 冬雨(风)季施工日才增加的临时设施(防寒保温、防雨、防风设施)的搭设、拆除费用。

② 冬雨(风)季施工时，对砌体、混凝土等采用的特殊加温、保温和养护措施费用。

③ 冬雨(风)季施工时，施工现场的防滑处理、对影响施工的雨雪的清除费用。

④ 冬雨(风)季施工时增加的临时设施、施工人员的劳动保护用品、冬雨(风)季施工劳动效率降低等费用。

(6) 地上、地下设施和建筑物的临时保护设施费。在工程施工过程中，对已建成的地上、地下设施和建筑物进行的遮盖、封闭、隔离等必要保护措施所发生的费用。

(7) 已完工程及设备保护费。竣工验收前，对已完工程及设备采取的覆盖、包裹、封闭、隔离等必要保护措施所发生的费用。

(8) 脚手架费。脚手架费是指施工需要的各种脚手架搭、拆、运输费用以及脚手架购置费的摊销(或租赁)费用。通常包括以下内容：

① 施工时可能发生的场内、场外材料搬运费用。

② 搭、拆脚手架、斜道、上料平台费用。

③ 安全网的铺设费用。

④ 拆除脚手架后材料的堆放费用。

(9) 混凝土模板及支架(撑)费。混凝土施工过程中需要的各种钢模板、木模板、支架等的支拆、运输费用及模板、支架的摊销(或租赁)费用。内容由以下各项组成：

① 混凝土施工过程中需要的各种模板制作费用。

② 模板安装、拆除、整理堆放及场内外运输费用。

③ 清理模板黏结物及模内杂物、刷隔离剂等费用。

(10) 垂直运输费。垂直运输费是指现场所用材料、机具从地面运至相应高度以及职工人员上下工作面等所发生的运输费用。内容由以下各项组成：

① 垂直运输机械的固定装置、基础制作、安装费。

② 行走式垂直运输机械轨道的铺设、拆除、摊销费。

(11) 超高施工增加费。当单层建筑物檐口高度超过 20 m，多层建筑物超过 6 层时，可计算超高施工增加费，内容由以下各项组成：

① 建筑物超高引起的人工工效降低以及由于人工工效降低引起的机械降效费。

② 高层施工用水加压水泵的安装、拆除及工作台班费。

③ 通信联络设备的使用及摊销费。

(12) 大型机械设备进出场及安拆费。机械整体或分体自停放场地运至施工现场或由一个施工地点运至另一个施工地点,所发生的机械进出场运输和转移费用及机械在施工现场进行安装、拆卸所需的人工费、材料费、机具费、试运转费和安装所需的辅助设施的费用。内容由安拆费和进出场费组成:

① 安拆费包括施工机械、设备在现场进行安装拆卸所需人工、材料、机具和试运转费用,以及机械辅助设施的折旧、搭设、拆除等费用。

② 进出场费包括施工机械、设备整体或分体自停放地点运至施工现场或由一施工地点运至另一施工地点所发生的运输、装卸、辅助材料等费用。

(13) 施工排水、降水费。施工排水、降水费是指将施工期间有碍施工作业和影响工程质量的水排到施工场地以外,以及防止在地下水位较高的地区开挖深基坑出现基坑浸水,地基承载力下降,在动水压力作用下还可能引起流砂、管涌和边坡失稳等现象而必须采取有效的降水和排水措施费用。该项费用由成井和排水、降水两个独立的费用项目组成:

① 成井。成井的费用主要包括:a. 准备钻孔机械、埋设护筒、钻机就位,泥浆制作、固壁,成孔、出渣、清孔等费用;b. 对接上、下井管(滤管),焊接,安防,下滤料,洗井,连接试抽等费用。

② 排水、降水。排水、降水的费用主要包括:a. 管道安装、拆除,场内搬运等费用;b. 抽水、值班、降水设备维修等费用。

(14) 其他。根据项目的专业特点或所在地区不同,可能会出现其他的措施项目。如工程定位复测费和特殊地区施工增加费等。

2. 措施项目费的计算

按照有关专业工程量计算规范规定,措施项目分为应予计量的措施项目和不宜计量的措施项目两类。

(1) 应予计量的措施项目。基本与分部分项工程费的计算方法基本相同,公式为

$$措施项目费 = \sum(措施项目工程量 \times 综合单价)$$

不同的措施项目,其工程量的计算单位是不同的,分列如下:

① 脚手架费通常按建筑面积或垂直投影面积按"m^2"计算;

② 混凝土模板及支架(撑)费通常是按照模板与现浇混凝土构件的接触面积以"m^2"计算。

③ 垂直运输费可根据不同情况用两种方法进行计算:a. 按照建筑面积以"m^2"为单位计算;b. 按照施工工期日历天数以"天"为单位计算。

④ 超高施工增加费通常按照建筑物超高部分的建筑面积以"m^2"为单位计算。

⑤ 大型机械设备进出场及安拆费通常按照机械设备的使用数量以"台次"为单位计算。

⑥ 施工排水、降水费分两个不同的独立部分计算:a. 成井费用通常按照设计图示尺寸以钻孔深度按"m"计算;b. 排水、降水费用通常按照排、降水日历天数按"昼夜"计算。

(2) 不宜计量的措施项目。对于不宜计量的措施项目,通常用计算基数乘以费率的方法予以计算。

① 安全文明施工费。计算公式为

安全文明施工费 = 计算基数 × 安全文明施工费费率(%)

计算基数应为定额基价(定额分部分项工程费 + 定额中可以计量的措施项目费)、定额人工

费或定额人工费与施工机具使用费之和，其费率由工程造价管理机构根据各专业工程的特点综合确定。

②其余不宜计量的措施项目。包括：夜间施工增加费，非夜间施工照明费，二次搬运费，冬雨季施工增加费，地上、地下设施、建筑物的临时保护设施费，已完工程及设备保护费等。计算公式为

$$措施项目费 = 计算基数 \times 措施项目费费率(\%)$$

公式中的计算基数应为定额人工费或定额人工费与定额施工机具使用费之和，其费率由工程造价管理机构根据各专业工程特点和调查资料综合分析后确定。

(三) 其他项目费

1. 暂列金额

暂列金额是指建设单位在工程量清单中暂定并包括在工程合同价款中的一笔款项。用于施工合同签订时尚未确定或者不可预见的所需材料、工程设备、服务的采购，施工中可能发生的工程变更、合同约定调整因素出现时的工程价款调整，以及发生的索赔、现场签证确认等的费用。

暂列金额由建设单位根据工程特点，按有关计价规定估算，施工过程中由建设单位掌握使用、扣除合同价款调整后如有余额，归建设单位。

2. 暂估价

暂估价是指招标人在工程量清单中提供的用于支付必然发生但暂时不能确定价格的材料、工程设备的单价以及专业工程的金额。

暂估价中的材料、工程设备暂估单价根据工程造价信息或参照市场价格估算，计入综合单价；专业工程暂估价分不同专业，按有关计价规定估算。暂估价在施工中按照合同约定再加以调整。

3. 计日工

计日工是指在施工过程中，施工单位完成建设单位提出的工程合同范围以外的零星项目或工作，按照合同中约定的单价计价形成的费用。

计日工由建设单位和施工单位按施工过程中形成的有效签证来计价。

4. 总承包服务费

总承包服务费是指总承包人为配合、协调建设单位进行的专业工程发包，对建设单位自行采购的材料、工程设备等进行保管以及施工现场管理、竣工资料汇总整理等服务所需的费用。

总承包服务费由建设单位在招标控制价中根据总包范围和有关计价规定编制，施工单位投标时自主报价，施工过程中按签约合同价执行。

(四) 规费和税金

规费和税金的构成和计算，与按费用构成要素划分建筑安装工程费用项目组成部分是相同的。

第四节　工程建设其他费用的构成和计算

工程建设其他费用是指建设期发生的与土地使用权取得、全部工程项目建设以及未来生产经营有关的，除工程费用、预备费、增值税、建设期融资费用、流动资金以外的费用。政府有关部门对建设项目管理监督所发生的，并由其部门财政支出的费用，不得列入相应建设项目的工程造价。

一、建设单位管理费

1. 建设单位管理费的内容

建设单位管理费是指项目建设单位从项目筹建之日起至办理竣工财务决算之日止发生的管理性质的支出。它包括工作人员薪酬及相关费用、办公费、办公场地租用费、差旅交通费、劳动保护费、工具用具使用费、固定资产使用费、招募生产工人费、技术图书资料费(含软件)、业务招待费、竣工验收费和其他管理性质开支。

2. 建设单位管理费的计算

建设单位管理费按照工程费用之和(包括设备工器具购置费和建筑安装工程费用)乘以建设单位管理费费率计算。公式为

$$建设单位管理费 = 工程费用 \times 建设单位管理费费率$$

实行代建制管理的项目，计列代建管理费等同建设单位管理费，不得同时计列建设单位管理费。委托第三方行使部分管理职能的，其技术服务费列入技术服务费项目。

二、用地与工程准备费

用地与工程准备费是指取得土地与工程建设施工准备所发生的费用，包括土地使用费和补偿费、场地准备费、临时设施费等。

(一) 土地使用费和补偿费

建设用地的取得，实质是依法获取国有土地的使用权。根据《中华人民共和国土地管理法》《中华人民共和国土地管理法实施条例》《中华人民共和国城市房地产管理法》的规定，获取国有土地使用权的基本方法有两种：一是出让方式；二是划拨方式。建设土地取得的基本方式还包括租赁和转让方式。

建设用地如通过行政划拨方式取得，则须承担征地补偿费用或对原用地单位或个人的拆迁补偿费；若通过市场机制取得，则不但承担以上费用，还须向土地所有者支付有偿使用费，即土地出让金。

1. 征地补偿费

(1) 土地补偿费。土地补偿费是对农村集体经济组织因土地被征用而造成的经济损失

的一种补偿。征用耕地的补偿费，为该耕地被征用前三年平均年产值的 6～10 倍。征用其他土地的补偿费标准，由省、自治区、直辖市参照征用耕地的土地补偿费标准制定。土地补偿费归农村集体经济组织所有。

(2) 青苗补偿费和地上附着物补偿费。青苗补偿费是因征地时对其正在生长的农作物受到损害而做出的一种赔偿。在农村实行承包责任制后，农民自行承包土地的青苗补偿费应付给本人，属于集体种植的青苗补偿费可纳入当年集体收益。凡在协商征地方案后抢种的农作物、树木等，一律不予补偿。地上附着物是指房屋、水井、树木、涵洞、桥梁、公路、水利设施、林木等地面建筑物、构筑物、附着物等。视协商征地方案前地上附着物价值与折旧情况确定，应根据"拆什么、补什么；拆多少，补多少，不低于原来水平"的原则确定。如附着物产权属个人，则该项补偿费付给个人。地上附着物的补偿标准，由省、自治区、直辖市规定。

(3) 安置补助费。安置补助费应支付给被征地单位和安置劳动力的单位，作为劳动力安置与培训的支出，以及作为不能就业人员的生活补助。征收耕地的安置补助费，按照需要安置的农业人口数计算。需要安置的农业人口数，按照被征收的耕地数量除以征地前被征收单位平均每人占有耕地的数量计算。每一个需要安置的农业人口的安置补助费标准，为该耕地被征收前三年平均年产值的 4～6 倍。但是，每公顷被征收耕地的安置补助费，最高不得超过被征收前三年平均年产值的 15 倍。土地补偿费和安置补助费，尚不能使需要安置的农民保持原有生活水平的，经省、自治区、直辖市人民政府批准，可以增加安置补助费。但是，土地补偿费和安置补助费的总和不得超过土地被征收前三年平均年产值的 30 倍。另外，对于失去土地的农民，还需要向其支付养老保险补偿。

(4) 新菜地开发建设基金。新菜地开发建设基金指征用城市郊区商品菜地时支付的费用。这项费用交给地方财政，作为开发建设新菜地的投资。菜地是指城市郊区为供应城市居民蔬菜，连续三年以上常年种菜地或者养殖鱼、虾等的商品菜地和精养鱼塘。一年只种一茬或因调整茬口安排种植蔬菜的，均不作为需要收取开发基金的菜地。征用尚未开发的规划菜地，不缴纳新菜地开发建设基金。在蔬菜产销放开口，能够满足供应，不再需要开发新菜地的城市，不收取新菜地开发基金。

(5) 耕地开垦费和森林植被恢复费。征用耕地的费用包括耕地开垦费用，涉及森林草原的包括森林植被恢复费用等。

(6) 生态补偿与压覆矿产资源补偿费。水土保持等生态补偿费是指建设项目对水土保持等生态造成影响所发生的除工程费之外的补救或者补偿费用；压覆矿产资源补偿费是指项目工程对被其压覆的矿产资源利用造成影响所发生的补偿费用。

(7) 其他补偿费。其他补偿费是指建设项目涉及的对房屋、市政、铁路、公路、管道、通信、电力、河道、水利、厂区、林区、保护区、矿区等不附属于建设用地但与建设项目相关的建筑物、构筑物或设施的拆除、迁建补偿、搬迁运输补偿等费用。

(8) 土地管理费。土地管理费主要指征地工作中所发生的办公、会议、培训、宣传、差旅、借用人员工资等必要的费用。土地管理费的收取标准，一般是在土地补偿费、青苗补偿费和地上附着物补偿费、安置补助费四项费用之和的基础上提取 2%～4%。如果是征地包干，还应在四项费用之和后再加上粮食价差、副食补贴、不可预见费等费用，在此基础上提取 2%～4% 作为土地管理费。

2. 拆迁补偿费

在城市规划区内国有土地上实施房屋拆迁，拆迁人应当对被拆迁人给予补偿、安置，具体办法有两种：

1) 拆迁补偿

补偿方式可以实行货币补偿，也可以实行房屋产权调换。

货币补偿的金额，根据被拆迁房屋的区位、用途、建筑面积等因素，以房地产市场评估价格确定。

实行房屋产权调换的，拆迁人与被拆迁人按照计算得到的被拆迁房屋的补偿金额和所调换房屋的价格，结清产权调换的差价。

拆迁补偿的具体办法由省、自治区、直辖市人民政府制定。

2) 迁移补偿费

迁移补偿费包括征用土地上的房屋及附属构筑物、城市公共设施等的拆除费、迁建补偿费和搬运运输费，以及企业单位因搬迁造成的减产、停工损失补贴费和拆迁管理费等。

拆迁人应当对被拆迁人或者房屋承租人支付搬迁补助费，对于在规定的搬迁期限届满前搬迁的，拆迁人可以支付提前搬家奖励费；在过渡期限内，被拆迁人或者房屋承租人自行安排住处的，拆迁人应当支付临时安置补助费；被拆迁人或者房屋承租人使用拆迁人提供的周转房的，拆迁人不支付临时安置补助费。

迁移补偿费的标准，由省、自治区、直辖市人民政府规定。

3. 土地使用权出让金、土地转让金

土地使用权出让金为用地单位向国家支付的土地所有权收益，出让金标准一般参考城市基准地价并结合其他因素制定。基准地价由市土地管理局会同市物价局、市国有资产管理局、市房地产管理局等部门综合平衡后报市级人民政府审定通过，它以城市土地综合定级为基础，用某一地价或地价幅度表示某一类别用地在某一土地级别范围的地价，以此作为土地使用权出让价格的基础。

在有偿出让和转让土地时，政府对地价不做统一规定，但应坚持以下原则：地价对目前的投资环境不产生大的影响；地价与当地的社会经济承受能力相适应；地价要考虑已投入的土地开发费用、土地市场供求关系、土地用途、所在区类、容积率和使用年限等。有偿出让和转让使用权，要向土地受让者征收契税；转让土地如有增值，要向转让者征收土地增值税；土地使用者每年应按规定的标准缴纳土地使用费。土地使用权出让或转让，应先由地价评估机构进行价格评估后，再签订土地使用权出让和转让合同。

土地使用权出让合同约定的使用年限届满，土地使用者需要继续使用土地的，应当至迟于届满前一年申请续期，除根据社会公共利益需要收回该幅土地的，应当予以批准。经批准准予续期的，应当重新签订土地使用权出让合同，依照规定支付土地使用权出让金。

(二) 场地准备费及临时设施费

1. 场地准备费及临时设施费的内容

(1) 建设项目场地准备费是指为使工程项目的建设场地达到开工条件，由建设单位组织进行场地平整等准备工作而发生的费用。

(2) 建设单位临时设施费是指建设单位为满足施工建设需要而提供的未列入工程费用的临时水、电、路、信、气、热等工程和临时仓库等建(构)筑物的建设、维修、拆除、摊销费用或租赁费用,以及货场、码头的租赁等费用。

2. 场地准备费及临时设施费的计算

(1) 场地准备及临时设施应尽量与永久性工程统一考虑。建设场地的大型土石方工程应进入工程费用中的总图运输费用中。

(2) 新建项目的场地准备费和临时设施费应根据实际工程量估算,或按工程费用的比例计算。改扩建项目一般只计拆除清理费。场地准备费和临时设施费计算公式为

$$场地准备费和临时设施费 = 工程费用 × 费率 + 拆除清理费$$

(3) 发生拆除清理费时可按新建同类工程造价或主材费、设备费的比例计算。凡可回收材料的拆除工程,采用以料抵工方式冲抵拆除清理费。

(4) 费用不包括已列入建筑安装工程费用中的施工单位临时设施费用。

三、市政公用配套设施费

市政公用配套设施费是指使用市政公用设施的工程项目,按照项目所在地政府有关规定建设或缴纳的市政公用设施建设配套费用。

市政公用配套设施可以是界区外配套的水、电、路、信等,包括绿化、人防等配套设施。

四、技术服务费

技术服务费是指在项目建设全部过程中委托第三方提供项目策划、技术咨询、勘察设计、项目管理和跟踪验收评估等技术服务发生的费用。技术服务费包括可行性研究费、专项评价费、勘察设计费、监理费、研究试验费、特殊设备安全监督检验费、监造费、招标费、设计评审、技术经济标准使用费、工程造价咨询费及其他咨询费。按照国家发展改革委关于《进一步放开建设项目专业服务价格的通知》(发改价格〔2015〕299号)的规定,技术服务费应实行市场调节价。

(一) 可行性研究费

可行性研究费是指在工程项目投资决策阶段,对有关建设方案、技术方案或生产经营方案进行的技术经济论证,以及编制、评审可行性研究报告等所需的费用。包括项目建议书、预可行性研究、可行性研究费等。

(二) 专项评价费

专项评价费是指建设单位按照国家规定委托相关单位开展专项评价及有关验收工作发生的费用。

专项评价费包括环境影响评价费、安全预评价费、职业病危害预评价费、地震安全性

评价费、地质灾害危险性评价费、水土保持评价费、压覆矿产资源评价费、节能评估费、危险与可操作性分析及安全完整性评价费以及其他专项评价及验收费。

1. 环境影响评价费

环境影响评价费是指在工程项目投资决策过程中，对其进行环境污染或影响评价所需的费用，包括编制环境影响报告书(含大纲)、环境影响报告表和评估等所需的费用，以及建设项目竣工验收阶段环境保护验收调查和环境监测、编制环境保护验收报告的费用。

2. 安全预评价费

安全预评价费是指为预测和分析建设项目存在的危害因素种类和危险危害程度，提出先进、科学、合理可行的安全技术和管理对策，继而编制评价大纲、编写安全评价报告书和评估等所需的费用。

3. 职业病危害预评价费

职业病危害预评价费是指建设项目因可能产生职业病危害，而编制职业病危害预评价书、职业病危害控制效果评价书和评估所需的费用。

4. 地震安全性评价费

地震安全性评价费是指通过对建设场地和场地周围的地震活动与地震、地质环境的分析，而进行的地震活动环境评价、地震地质构造评价、地震地质灾害评价，编制地震安全评价报告书和评估所需的费用。

5. 地质灾害危险性评价费

地质灾害危险性评价费是指在灾害易发区，对建设项目可能诱发的地质灾害和建设项目本身可能遭受的地质灾害危险程度进行预测评价，进而编制评价报告书和评估所需的费用。

6. 水土保持评价费

水土保持评价费是指对建设项目在生产建设过程中可能造成水土流失的情况进行预测，编制水土保持方案和评估所需的费用。

7. 压覆矿产资源评价费

压覆矿产资源评价费是指对需要压覆重要矿产资源的建设项目编制压覆重要矿产评价和评估所需的费用。

8. 节能评估费

节能评估费是指对建设项目的能源利用是否科学合理进行分析评估，并编制节能评估报告以及评估所发生的费用。

9. 危险与可操作性分析及安全完整性评价费

危险与可操作性分析及安全完整性评价费是指对生产具有流程性工艺特征的新建、改建、扩建项目进行工艺危害分析和对安全仪表系统的设置水平及可靠性进行定量评估所发生的费用。

10. 其他专项评价及验收费

根据国家法律法规、建设项目所在省、直辖市、自治区人民政府有关规定，以及行业规定需进行的其他专项评价、评估、咨询所需的费用。如重大投资项目社会稳定风险评估、防洪评价、交通影响评价费等。

(三) 勘察设计费

1. 勘察费

勘察费是指勘察人根据发包人的委托，收集已有资料，现场踏勘，制定勘察纲要，进行勘察作业，以及编制工程勘察文件和岩土工程设计文件等收取的费用。

2. 设计费

设计费是指设计人根据发包人的委托，提供编制建设项目初步设计文件、施工图设计文件、非标准设备设计文件、竣工图文件等服务所收取的费用。

(四) 监理费

监理费是指受建设单位委托，工程监理单位为工程建设提供监理服务所发生的费用。

(五) 研究试验费

研究试验费是指为建设项目提供或验证设计参数、数据、资料等进行必要的研究试验，以及设计规定在建设过程中必须进行试验、验证所需的费用，包括自行或委托其他部门的专题研究、试验所需的人工费、材料费、试验设备及仪器使用费等。这项费用按照设计单位根据本工程项目的需要提出的研究试验内容和要求计算。在计算时要注意不应包括以下项目：

(1) 应由科技三项费用(即新产品试制费、中间试验费和重要科学研究补助费)开支的项目。

(2) 应在建筑安装费用中列支的施工企业对建筑材料、构件和建筑物进行一般鉴定、检查所发生的费用及技术革新的研究试验费。

(3) 应由勘察设计费或工程费用中开支的项目。

(六) 特殊设备安全监督检验费

特殊设备安全监督检验费是指对在施工现场安装的列入国家特种设备范围内的设备(设施)进行检验检测和监督检查所发生的应列入项目开支的费用。

(七) 监造费

监造费是指对项目所需设备材料制造过程、质量进行驻厂监督所发生的费用。

设备材料监造是指承担设备监造工作的单位受项目法人或建设单位的委托，按照设备、材料供货合同的要求，坚持客观公正、诚信科学的原则，对工程项目所需设备、材料在制造和生产过程中的工艺流程、制造质量等进行监督，并对委托人(项目法人或建设单位)负责的服务。

(八) 招标费

招标费是指建设单位委托招标代理机构进行招标服务所发生的费用。

（九）设计评审费

设计评审费是指建设单位委托有资质的机构对设计文件进行评审的费用。设计文件包括初步设计文件和施工图设计文件等。

（十）技术经济标准使用费

技术经济标准使用费是指建设项目投资确定与计价、费用控制过程中使用相关技术经济标准所发生的费用。

（十一）工程造价咨询费

工程造价咨询费是指建设单位委托造价咨询机构进行各阶段相关造价业务工作所发生的费用。

五、建设期计列的生产经营费

建设期计列的生产经营费是指为达到生产经营条件，在建设期发生或将要发生的费用，包括专利及专有技术使用费、联合试运转费、生产准备费等。

（一）专利及专有技术使用费

专利及专有技术使用费是指在建设期内为取得专利、专有技术、商标权、商誉、特许经营权等发生的费用。

1. 专利及专有技术使用费的主要内容

（1）工艺包费、设计及技术资料费、有效专利及专有技术使用费、技术保密费和技术服务费等。

（2）商标权、商誉和特许经营权费。

（3）软件费等。

2. 专利及专有技术使用费的计算

专利及专有技术使用费的计算应注意以下问题：

（1）按专利使用许可协议和专有技术使用合同的规定计列。

（2）专有技术的界定应以省、部级鉴定批准为依据。

（3）项目投资中只计需在建设期支付的专利及专有技术使用费。协议或合同规定在生产期支付的使用费应在生产成本中核算。

（4）一次性支付的商标权、商誉及特许经营权费按协议或合同规定计列。协议或合同规定在生产期支付的商标权或特许经营权费应在生产成本中核算。

（5）项目配套的专用设施投资，包括专用铁路线、专用公路、专用通信设施、送变电站、地下管道、专用码头等，如由项目建设单位负责投资但产权不归属本单位的，应作无形资产处理。

（二）联合试运转费

联合试运转费是指新建或新增加生产能力的工程项目，在交付生产前按照设计文件规定的工程质量标准和技术要求，对整个生产线或装置进行负荷联合试运转所发生的费用净支出(试运转支出大于收入的差额部分费用)。试运转支出包括试运转所需原材料、燃料及动力消耗、低值易耗品、其他物料消耗、工具用具使用费、机械使用费、联合试运转人员工资、施工单位参加试运转人员工资、专家指导费，以及必要的工业炉烘炉费等；试运转收入包括试运转期间的产品销售收入和其他收入。联合试运转费不包括应由设备安装工程费用开支的调试及试车费用，以及在试运转中暴露出来的因施工或设备缺陷等原因发生的处理费用。

（三）生产准备费

1. 生产准备费的内容

生产准备费是指在建设期内，建设单位为保证项目正常生产所做的提前准备工作发生的费用，包括：

(1) 人员培训及提前进厂费，包括自行组织培训或委托其他单位培训的人员工资、工资性补贴、职工福利费、差旅交通费、劳动保护费、学习资料费等。

(2) 为保证初期正常生产(或营业、使用)所必需的生产办公、生活家具用具购置费。

2. 生产准备费的计算

(1) 新建项目按设计定员为基数计算，改扩建项目按新增设计定员为基数计算：

$$生产准备费 = 设计定员 × 生产准备费指标(元/人)$$

(2) 可采用综合的生产准备费指标进行计算，也可以按费用内容的分类指标计算。

六、工程保险费

工程保险费是指为转移工程项目建设的意外风险，在建设期内对建筑工程、安装工程、机械设备和人身安全进行投保而发生的费用，包括建筑安装工程一切险、引进设备财产保险和人身意外伤害险等。不同的建设项目可根据工程特点选择不同的投保险种。

根据不同的工程类别，分别以其建筑、安装工程费乘以建筑、安装工程保险费率计算。民用建筑(住宅楼、综合性大楼、商场、旅馆、医院、学校)占建筑工程费的 2%～4%；其他建筑(工业厂房、仓库、道路、码头、水坝、隧道、桥梁、管道等)占建筑工程费的 3%～6%；安装工程(农业、工业、机械、电子、电器、纺织、矿山、石油、化学及钢铁工业、钢结构桥梁)占建筑工程费的 3%～6%。

七、税费

按财政部《基本建设项目建设成本管理规定》(财建〔2016〕504 号)工程其他费中的有关规定，税费统一归纳计列，是指耕地占用税、城镇土地使用税、印花税、车船使用税等和行政性收费，不包括增值税。

第五节　预备费和建设期利息的计算

一、预备费

预备费是指在建设期内因各种不可预见因素的变化而预留的可能增加的费用，包括基本预备费和价差预备费。

（一）基本预备费

1. 基本预备费的内容

基本预备费是指投资估算或工程概算阶段预留的，由于工程实施过程中不可预见的工程变更及洽商、一般自然灾害处理、地下障碍物处理、超规超限设备运输等而可能增加的费用，亦可称为工程建设不可预见费。基本预备费一般由以下四部分构成：

（1）工程变更及洽商。在批准的初步设计范围内，技术设计、施工图设计及施工过程中所增加的工程费用；设计变更、工程变更、材料代用、局部地基处理等增加的费用。

（2）一般自然灾害处理。一般自然灾害造成的损失和预防自然灾害所采取的措施费用。实行工程保险的工程项目，该费用应适当降低。

（3）不可预见的地下障碍物处理的费用。

（4）超规超限设备运输增加的费用。

2. 基本预备费的计算

基本预备费是按工程费用和工程建设其他费用二者之和为计取基础，乘以基本预备费费率进行计算的。

$$基本预备费 = (工程费用 + 工程建设其他费用) \times 基本预备费费率$$

基本预备费费率的取值应执行国家及有关部门的规定。

（二）价差预备费

1. 价差预备费的内容

价差预备费是指为在建设期内利率、汇率或价格等因素的变化而预留的可能增加的费用，亦称为价格变动不可预见费。价差预备费的内容包括：人工、设备、材料、施工机具的价差费，建筑安装工程费及工程建设其他费用调整、利率、汇率调整等增加的费用。

2. 价差预备费的测算方法

价差预备费一般根据国家规定的投资综合价格指数，按估算年份价格水平的投资额为基数，采用复利方法计算。计算公式为

$$PF = \sum_{t=1}^{n} I_t [(1 + f)^m (1 + f)^{0.5} (1 + f)^{t-1} - 1]$$

式中：PF——价差预备费；

n——建设期年分数；

I_t——建设期中第 t 年的静态投资计划额，包括工程费用、工程建设其他费用及基本预备费；

f——年涨价率；

m——建设前期年限(从编制估算到开工建设，单位：年)。

年涨价率，政府部门有规定的按规定执行，没有规定的，由可行性研究人员预测。

二、建设期利息

建设期利息主要是指在建设期内发生的为工程项目筹措资金的融资费用及债务资金利息。

建设期利息的计算，根据建设期资金用款计划，在总贷款分年均衡发放前提下，可按当年借款在年中支用考虑，即当年借款按半年计息，上年借款按全年计息。计算公式为

$$q_j = \left(P_{j-i} + \frac{1}{2} A_j \right) \cdot i$$

式中：q_j——建设期第 j 年应计利息；

P_{j-i} ——建设期第 $(j-i)$ 年末累计贷款本金与利息之和；

A_j——建设期第 j 年贷款金额；

i——年利率。

利用国外贷款的利息计算中，年利率应综合考虑贷款协议中向贷款方加收的手续费、管理费、承诺费，以及国内代理机构向贷款方收取的转贷费、担保费和管理费等。

复习思考题

1. 我国建设工程项目投资包括哪些具体的内容？
2. 简述建设项目工程造价的构成。
3. 简述设备及工具、器具购置费的构成。
4. 简述建筑安装工程费用的构成。
5. 简述工程建设其他费用的构成。
6. 简述预备费和建设期利息的构成。

第五章 工程造价计价方法及依据

第一节 工程计价方法

一、工程计价基本原理

建设项目是兼具单件性与多样性的集合体。每一个建设项目的建设都需要按业主的特定需要进行单独设计、单独施工，不能批量生产和按整个项目确定价格，只能采用特殊的计价程序和计价方法，即将整个项目进行分解，划分为可以按有关技术经济参数测算价格的基本构造单元(如定额项目、清单项目)，这样就可以计算出基本构造单元的费用。一般来说，分解结构层次越多，基本子项也越细，计算也更精确。

任何一个建设项目都可以分解为一个或几个单项工程，任何一个单项工程都可以由一个或几个单位工程所组成。作为单位工程的各类建筑工程和安装工程仍然是一个比较复杂的综合实体，还需要进一步分解。就建筑工程来说，又可以按照施工顺序细分为土石方工程、地基处理与边坡支护工程、桩基工程、砌筑工程、混凝土及钢筋混凝土工程、金属结构工程、木结构工程、门窗工程、屋面及防水工程等分部工程。分解成分部工程后，从工程计价的角度出发，还需要把分部工程按照不同的施工方法、不同的构造及不同的规格，进行更为细致的分解，划分为更简单细小的部分，即分项工程。分解到分项工程后，还可以根据需要进一步将其划分为定额项目或清单项目，这样就可以得到基本构造单元了。

工程造价计价的主要思路就是将建设项目细分至最基本的构造单元，找到了适当的计量单位及当时当地的单价，就可以采取一定的计价方法，进行分部组合汇总，计算出相应工程造价。工程计价的基本原理就在于项目的分解与组合，可以用公式的形式表达如下：

$$分部分项工程费 = \sum[基本构造单元工程量(定额项目或清单项目) \times 相应单价]$$

工程造价的计价可分为工程计量和工程计价两个环节。

1. 工程计量

工程计量工作包括工程项目的划分和工程量的计算。

(1) 单位工程基本构造单元的确定，即划分工程项目。编制工程概预算时，主要是按照工程定额进行项目划分；编制工程量清单时，主要是按照工程量清单计量规范规定的清单项目进行项目的划分。

(2) 工程量的计算就是按照工程项目的划分和工程量计算规则，就施工图设计文件和施工组织设计对分项工程实物量进行计算的。工程实物量是计价的基础，不同的计价依据有不同的计算规则规定。

目前，工程量计算规则包括两大类：一是各类工程定额规定的计算规则；二是各专业工程计量规范附录中规定的计算规则。

2. 工程计价

工程计价包括工程单价的确定和工程总价的计算。

(1) 工程单价。工程单价是指完成单位工程基本构造单元的工程量所需要的基本费用，包括工料单价和综合单价。

① 工料单价也称直接工程费单价，包括人工、材料、机械台班费用，是各种人工消耗量、各种材料消耗量、各类机械台班消耗量与其相应单价的乘积。其计算公式可表示为

$$工料单价 = \sum (人材机消耗量 \times 人材机单价)$$

② 综合单价包括人工费、材料费、机械台班费，还包括企业管理费、利润和风险因素。综合单价根据国家、地区、行业定额或企业定额消耗量和相应生产要素的市场价格来确定。

(2) 工程总价。工程总价是指经过规定的程序或办法逐级汇总形成的相应工程造价。

根据采用单价的不同，总价的计算程序有所不同。

采用工料单价时，在工料单价确定后，乘以相应定额项目工程量并汇总得出相应工程直接工程费，再按照相应的取费程序计算其他各项费用，汇总后形成相应工程造价。采用综合单价时，在综合单价确定后，乘以相应项目工程量，经汇总即可得出分部分项工程费，再按相应的办法计取措施项目、其他项目、规费项目、税金项目费，各项目费汇总后得出相应工程造价。

二、工程计价标准和依据

工程计价标准和依据主要包括计价活动的相关规章规程、工程量清单计价和计量规范、工程定额和工程造价信息。

从目前我国现状来看，工程定额主要用于在项目建设前期各阶段对于建设投资的预测和估计，在工程建设交易阶段，工程定额通常只能作为建设产品价格形成的辅助依据。工程量清单计价依据主要适用于合同价格形成以及后续的合同价格管理阶段。计价活动的相关规章规程则根据其具体内容可能适用于不同阶段的计价活动。造价信息是计价活动所必需的依据。

1. 计价活动的相关规章规程

现行计价活动相关的规章规程主要包括建筑工程发包与承包计价管理办法、建设项目投资估算编审规程、建设项目设计概算编审规程、建设项目施工图预算编审规程、建设工程招标控制价编审规程、建设项目工程结算编审规程、建设项目全过程造价咨询规程、建设工程造价咨询成果文件质量标准、建设工程造价鉴定规程等。

2. 工程量清单计价和计量规范

工程量清单计价和计量规范由《建设工程工程量清单计价规范》(GB 50500—2013)、《房屋建筑与装饰工程量计算规范》(GB 50854—2013)、《仿古建筑工程量计算规范》(GB 50855—2013)、《通用安装工程量计算规范》(GB 50856—2013)、《市政工程量计算规范》(GB 50857—2013)、《园林绿化工程量计算规范》(GB 50858—2013)、《矿山工程量计算规范》(GB 50859—2013)、《构筑物工程量计算规范》(GB 50860—2013)、《城市轨道交通工程量计算规范》(GB 50861—2013)、《爆破工程量计算规范》(GB 50862—2013)等组成。

3. 工程定额

工程定额主要指国家、省、有关专业部门制定的各种定额，包括工程消耗量定额和工程计价定额等。

4. 工程造价信息

工程造价信息主要包括价格信息、工程造价指数和已完成的工程信息等。

三、工程计价基本程序

(一) 工程概预算编制的基本程序

工程概预算的编制是国家通过颁布统一的计价定额或指标，对建筑产品价格进行计价的活动。国家以假定的建筑安装产品为对象，制定统一的预算和概算定额，然后按概预算定额规定的分部分项子目，逐项计算工程量，套用概预算定额单价(或单位估价表)确定直接工程费，最后按规定的取费标准确定措施费、间接费、利润和税金，经汇总后即为工程概预算价值。工程概预算编制的基本程序如图 5-1 所示。

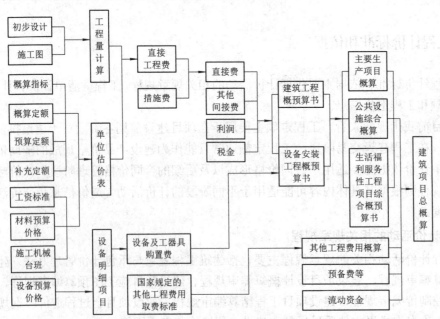

图 5-1　工程概预算编制程序

工程概预算单位价格的形成过程，就是依据概预算定额所确定的消耗量乘以定额单价或市场价，经过不同层次的计算形成相应造价的过程。下面用公式进一步明确工程概预算编制的基本方法和程序：

$$每一计量单位建筑产品的基本构造要素(假定建筑产品)的直接工程费单价 = 人工费 + 材料费 + 机械使用费$$

其中：

$$人工费 = \sum(人工工日数量 \times 人工单价)$$

$$材料费 = \sum(材料用量 \times 材料单价) + 检验试验费$$

$$机械使用费 = \sum(机械台班用量 \times 机械台班单价)$$

$$单位工程直接费 = \sum(假定建筑产品工程量 \times 直接工程费单价) + 措施费$$

$$单位工程概预算造价 = 单位工程直接费 + 间接费 + 利润 + 税金$$

$$单项工程概预算造价 = 单位工程概预算造价 + 设备、工器具购置费$$

$$建设项目全部工程概预算造价 = \sum(单项工程的概预算造价 + 预备费 + 有关的其他费用)$$

(二) 工程量清单计价的基本程序

工程量清单计价的过程可以分为两个阶段：工程量清单的编制和工程量清单的应用。工程量清单的编制程序如图 5-2 所示，工程量清单的应用过程如图 5-3 所示。

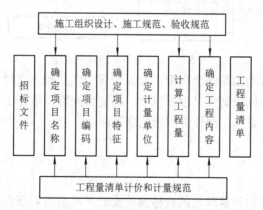

图 5-2 工程量清单的编制程序

工程量清单计价的基本原理可以描述为：按照工程量清单计价规范规定，在各相应专业工程计量规范规定的工程量清单项目设置和工程量计算规则基础上，针对具体工程的施工图纸和施工组织设计计算出各个清单项目的工程量，根据规定的方法计算出综合单价，并汇总各清单合价得出工程总价。

$$分部分项工程费 = \sum(分部分项工程量 \times 相应分部分项综合单价)$$

$$措施项目费 = \sum 各措施项目费$$

$$其他项目费 = 暂列金额 + 暂估价 + 计日工 + 总承包服务费$$

$$单位工程报价 = 分部分项工程费 + 措施项目费 + 其他项目费 + 规费 + 税金$$

$$单项工程报价 = \sum 单位工程报价$$

$$建设项目总报价 = \sum 单项工程报价$$

公式中，综合单价是指完成一个规定清单项目所需的人工费、材料和工程设备费、施工机具使用费和企业管理费、利润，以及一定范围内的风险费用。风险费用是隐含于已标价工程量清单综合单价中，用于化解发承包双方在工程合同中约定内容和范围内的市场价格波动风险的费用。

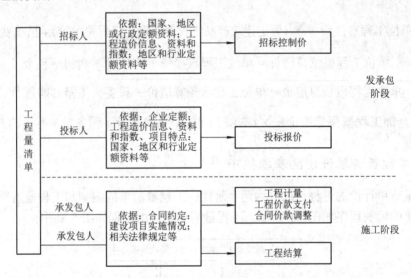

图 5-3　工程量清单的应用过程

工程量清单计价活动涵盖施工招标、合同管理，以及竣工交付全过程，主要包括：编制招标工程量清单、招标控制价、投标报价，确定合同价，进行工程计量与价款支付、合同价款的调整、工程结算和工程计价纠纷处理等活动。

四、工程定额体系

工程定额是完成规定计量单位的合格建筑安装产品所消耗资源的数量标准。工程定额是一个综合概念，是建设工程造价计价和管理中各类定额的总称，包括许多种类的定额，可以按照不同的原则和方法对它进行分类。

1. 按定额反映的生产要素消耗内容分类

按定额反映的生产要素消耗内容分类，可以把工程定额划分为劳动消耗定额、材料消耗定额和机械消耗定额三种。

(1) 劳动消耗定额。劳动消耗定额简称劳动定额(也称人工定额)，是在正常的施工技术和组织条件下，完成规定计量单位合格的建筑安装产品所消耗的人工工日的数量标准。劳动定额的主要表现形式是时间定额，但同时也表现为产量定额。时间定额与产量定额互为倒数。

(2) 材料消耗定额。材料消耗定额简称材料定额，是指在正常的施工技术和组织条件下，完成规定计量单位合格的建筑安装产品所消耗的原材料、成品、半成品、构配件、燃料，以及水、电等动力资源的数量标准。

(3) 机械消耗定额。机械消耗定额是以一台机械一个工作班为计量单位，所以又称为机械台班定额。机械消耗定额是指在正常的施工技术和组织条件下，完成规定计量单位合格的建筑安装产品所消耗的施工机械台班的数量标准。机械消耗定额的主要表现形式是机械时间定额，同时也以产量定额来表现。

2. 按定额的编制程序和用途分类

按定额的编制程序和用途分类，可以把工程定额分为施工定额、预算定额、概算定额、概算指标、投资估算指标五种。

(1) 施工定额。施工定额是完成一定计量单位的某一施工过程或基本工序所需消耗的人工、材料和机械台班数量标准。施工定额是施工企业(建筑安装企业)组织生产和加强管理在企业内部使用的一种定额，属于企业定额的性质。施工定额是以某一施工过程或基本工序作为研究对象，表示生产产品数量与生产要素消耗综合关系编制的定额。为了适应组织生产和管理的需要，施工定额的项目划分很细，是工程定额中分项最细、定额子目最多的一种定额，也是工程定额中的基础性定额。

(2) 预算定额。预算定额是指在正常的施工条件下，完成一定计量单位合格分项工程和结构构件所需消耗的人工、材料、施工机械台班数量及其费用的标准。预算定额是一种计价性定额。从编制程序上看，预算定额是以施工定额为基础综合扩大编制的，同时它也是编制概算定额的基础。

(3) 概算定额。概算定额是完成单位合格扩大分项工程或扩大结构构件所需消耗的人工、材料和施工机械台班的数量及其费用标准，是一种计价性定额。概算定额是编制扩大初步设计概算、确定建设项目投资额的依据，概算定额的项目划分粗细，与扩大初步设计的深度相适应，一般是在预算定额的基础上综合扩大而成的，每一综合分项概算定额都包含了数项预算定额。

(4) 概算指标。概算指标是以单位工程为对象，反映完成一个规定计量单位建筑安装产品的经济消耗指标。概算指标是概算定额的扩大与合并，是以更为扩大的计量单位来编制的。概算指标的内容包括人工、机械台班、材料定额三个基本部分，同时还列出了各结构分部的工程量及单位建筑工程(以体积计或面积计)的造价，是一种计价定额。

(5) 投资估算指标。投资估算指标是以建设项目、单项工程、单位工程为对象，反映建设总投资及其各项费用构成的经济指标。它是在项目建议书和可行性研究阶段编制投资估算、计算投资需要量时使用的一种定额。它的概略程度与可行性研究阶段相适应。投资估算指标往往根据历史的预、决算资料和价格变动等资料编制，但其编制基础仍然离不开预算定额、概算定额。

上述各种定额的相互联系如表5-1所示。

表 5-1　各种定额间关系的比较

	施工定额	预算定额	概算定额	概算指标	投资估算指标
对象	施工过程或基本工序	分项工程或结构构件	扩大的分项工程或扩大的结构构件	单位工程	建设项目、单项工程、单位工程
用途	编制施工预算	编制施工图预算	编制扩大初步设计概算	编制初步设计概算	编制投资估算
项目划分	最细	细	较粗	粗	很粗
定额水平	平均先进	平均			
定额性质		计价性定额			

3. 按专业划分

由于工程建设涉及众多的专业，不同的专业所含的内容也不同，因此就确定的人工、材料和机械台班消耗数量标准的工程定额来说，也需按不同的专业分别进行编制和执行。

(1) 建筑工程定额按专业对象分为建筑及装饰工程定额、房屋修缮工程定额、市政工程定额、铁路工程定额、公路工程定额、矿山井巷工程定额等。

(2) 安装工程定额按专业对象分为电气设备安装工程定额、机械设备安装工程定额、热力设备安装工程定额、通信设备安装工程定额、化学工业设备安装工程定额、工业管道安装工程定额、工艺金属结构安装工程定额等。

4. 按主编单位和管理权限分类

按主编单位和管理权限分类，可以把工程定额分为全国统一定额、行业统一定额、地区统一定额、企业定额、补充定额五种。

(1) 全国统一定额。全国统一定额是由国家建设行政主管部门综合全国工程建设中技术和施工组织管理的情况编制，并在全国范围内适用的定额。

(2) 行业统一定额。行业统一定额是考虑到各行业部门专业工程技术特点，以及施工生产和管理水平编制的。一般只在本行业和相同专业性质的范围内使用。

(3) 地区统一定额。地区统一定额包括省、自治区、直辖市定额。地区统一定额主要是考虑地区性特点和全国统一定额水平作适当调整和补充编制的。

(4) 企业定额。企业定额是施工单位根据本企业的施工技术、机械装备和管理水平编制的人工、施工机械台班和材料等的消耗标准编制的。企业定额在企业内部使用，是企业综合素质的一个标志。企业定额水平一般应高于国家现行定额，才能满足生产技术发展、企业管理和市场竞争的需要。在工程量清单计价方式下，企业定额作为施工企业进行建设工程投标报价的计价依据，正发挥着越来越大的作用。

(5) 补充定额。补充定额是指随着设计、施工技术的发展，现行定额不能满足需要的情况下，为了补充缺陷所编制的定额。补充定额只能在指定的范围内使用，可以作为以后修订定额的基础。

上述各种定额虽然适用于不同的情况和用途，但它们是一个互相联系的、有机的整体，在实际工作中配合使用。

第二节　工程造价计价依据

工程量清单是载明建设工程分部分项工程项目、措施项目和其他项目的名称和相应数量，以及规费、税金项目等内容的明细清单。其中，由招标人根据国家标准、招标文件、设计文件，以及施工现场实际情况编制的称为招标工程量清单，而作为投标文件组成部分的已标明价格并经承包人确认的称为已标价工程量清单。招标工程量清单应由具有编制能力的招标人或受其委托、具有相应资质的工程造价咨询人或招标代理人编制。采用工程量清单方式招标，招标工程量清单必须作为招标文件的组成部分，其准确性和完整性由招标人负责。招标工程量清单应以单位(项)工程为单位编制，由分部分项工程量清单，措施项目清单，其他项目清单，规费项目、税金项目清单组成。

一、工程量清单计价与计量规范

工程量清单计价和计量规范由《建设工程工程量清单计价规范》(GB 50500—2013)、《房屋建筑与装饰工程量计算规范》(GB 50854—2013)、《仿古建筑工程量计算规范》(GB 50855—2013)、《通用安装工程量计算规范》(GB 50856—2013)、《市政工程量计算规范》(GB 50857—2013)、《园林绿化工程量计算规范》(GB 50858—2013)、《矿山工程量计算规范》(GB 50859—2013)、《构筑物工程量计算规范》(GB 50860—2013)、《城市轨道交通工程量计算规范》(GB 50861—2013)、《爆破工程量计算规范》(GB 50862—2013)等组成。

《建设工程工程量清单计价规范》(GB 50500—2013)(以下简称《计价规范》)包括总则、术语、一般规定、工程量清单编制、招标控制价、投标报价、合同价款约定、工程计量、合同价款调整、合同价款期中支付、竣工结算与支付、合同解除的价款结算与支付、合同价款争议的解决、工程造价鉴定、工程计价资料与档案、工程计价表格及11个附录。

各专业工程量计量规范包括总则、术语、工程计量、工程量清单编制、附录。

(一) 工程量清单计价的适用范围

计价规范适用于建设工程发承包及其实施阶段的计价活动。使用国有资金投资的建设工程发承包，必须采用工程量清单计价；非国有资金投资的建设工程，宜采用工程量清单计价；不采用工程量清单计价的建设工程，应执行计价规范中除工程量清单等专门性规定外的其他规定。

国有资金投资的项目包括全部使用国有资金(含国家融资资金)投资或国有资金投资为主的工程建设项目。

国有资金投资的工程建设项目包括：使用各级财政预算资金的项目；使用纳入财政管理的各种政府性专项建设资金的项目；使用国有企事业单位自有资金，并且国有资产投资者实际拥有控制权的项目。

国家融资资金投资的工程建设项目包括：使用国家发行债券所筹资金的项目；使用国家对外借款或者担保所筹资金的项目；使用国家政策性贷款的项目；国家授权投资主体融资的项目；国家特许的融资项目。

国有资金(含国家融资资金)为主的工程建设项目是指国有资金占投资总额 50% 以上，或虽不足 50%，但国有投资者实质上拥有控股权的工程建设项目。

(二) 工程量清单计价的作用

1. 提供一个平等的竞争条件

采用施工图预算来投标报价，由于设计图纸的缺陷，不同施工企业的人员理解不同，计算出的工程量也不同，报价就更相去甚远，也容易产生纠纷。而工程量清单报价就为投标者提供了一个平等竞争的条件，相同的工程量，由企业根据自身的实力来填写不同的单价。投标人自主报价，将企业的优势体现到投标报价中，可在一定程度上规范建筑市场秩序，确保工程质量。

2. 满足市场经济条件下竞争的需要

招投标过程就是竞争的过程，招标人提供工程量清单，投标人根据自身情况确定综合单价，利用单价与工程量逐项计算每个项目的合价，再分别填入工程量清单表内，计算出投标总价。单价成了决定性的因素，定高了不能中标，定低了又要承担过大的风险。单价的高低直接取决于企业管理水平和技术水平的高低，这种局面促成了企业整体实力的竞争，有利于我国建设市场的快速发展。

3. 有利于提高工程计价效率，能真正实现快速报价

采用工程量清单计价方式，避免了传统计价方式下招标人与投标人在工程量计算上的重复工作，各投标人以招标人提供的工程量清单为统一平台，结合自身的管理水平和施工方案进行报价，促进了各投标人企业定额的完善和工程造价信息的积累和整理，体现了现代工程建设中快速报价的要求。

4. 有利于工程款的拨付和工程造价的最终结算

中标后，业主要与中标单位签订施工合同，中标价就是确定合同价的基础，投标清单上的单价就成了拨付工程款的依据。业主根据施工企业完成的工程量，可以很容易地确定进度款的拨付额。工程竣工后，根据设计变更、工程量增减等，业主也很容易确定工程的最终造价，可在某种程度上减少业主与施工单位之间的纠纷。

5. 有利于业主对投资的控制

采用现在的施工图预算形式，业主对因设计变更、工程量的增减所引起的工程造价变化不敏感，往往等到竣工结算时才知道这些变更对项目投资有影响，但此时常常是为时已晚。而采用工程量清单报价的方式则可对投资变化一目了然，当设计变更时，能马上知道它对工程造价的影响，业主就能根据投资情况来决定是否变更或进行方案比较，以确定最恰当的处理方法。

二、分部分项工程项目清单

分部分项工程是"分部工程"和"分项工程"的总称。"分部工程"是单位工程的组成部分，是按结构部位、路段长度及施工特点或施工任务将单位工程划分为若干分部的工程。例如，房屋建筑与装饰工程分为土石方工程、桩基工程、砌筑工程、混凝土及钢筋混凝土

工程、楼地面装饰工程、天棚工程等分部工程。"分项工程"是分部工程的组成部分，是按不同施工方法、材料、工序及路段长度等将分部工程划分为若干个分项或项目的工程。例如，现浇混凝土基础分为带型基础、独立基础、满堂基础、桩承台基础、设备基础等分项工程。分部分项工程项目项目清单必须载明项目编码、项目名称、项目特征、计量单位和工程量。分部分项工程项目清单必须根据各专业工程计量规范规定的项目编码、项目名称、项目特征、计量单位和工程量计算规则进行编制。其格式如表5-2所示，在分部分项工程量清单的编制过程中，由招标人负责前六项内容填列，金额部分在编制招标控制价或投标报价时填列。

表5-2 分部分项工程量清单与计价表

工程名称： 标段： 第 页 共 页

序号	项目编码	项目名称	项目特征	计量单位	工程量	金额		
						综合单价	合价	其中暂估价

(一) 项目编码

项目编码是分部分项工程和措施项目清单名称的阿拉伯数字标识。分部分项工程量清单项目编码以五级编码设置，用十二位阿拉伯数字表示。一、二、三、四级编码为全国统一，即一至九位应按计量规范的规定设置；第五级即十至十二位为清单项目编码，应根据拟建工程的工程量清单项目名称设置，不得有重号，这三位清单项目编码由招标人针对招标工程项目具体编制，并应自001起顺序编制。

各级编码代表的含义如下：

(1) 第一级表示工程分类顺序码(分二位)。

(2) 第二级表示专业工程顺序码(分二位)。

(3) 第三级表示分部工程顺序码(分二位)。

(4) 第四级表示分项工程项目名称顺序码(分三位)。

(5) 第五级表示工程量清单项目名称顺序码(分三位)。

项目编码结构如图5-4所示(以房屋建筑与装饰工程为例)。

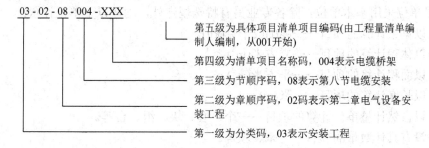

图5-4 工程量清单项目编码结构

当同一标段(或合同段)的一份工程量清单中含有多个单位工程且工程量清单是以单位工程为编制对象时，在编制工程量清单时应特别注意对项目编码十至十二位的设置不得有重码的规定。例如，二个标段(或合同段)的工程量清单中含有三个单位工程，每一单位工程中都有项目特征相同的实心砖墙砌体，在工程量清单中又需反映三个不同单位工程的实心砖墙砌体工程量时，则第一个单位工程的实心砖墙的项目编码应为 010401003001，第二个单位工程的实心砖墙的项目编码应为 010401003002，第三个单位工程的实心砖墙的项目编码应为 010401003003，并分别列出各单位工程实心砖墙的工程量。

（二）项目名称

分部分项工程量清单的项目名称应按各专业工程计量规范附录的项目名称，并结合拟建工程的实际情况确定。附录表中的"项目名称"为分项工程项目名称，是形成分部分项工程量清单项目名称的基础。即在编制分部分项工程量清单时，以附录中的分项工程项目名称为基础，考虑该项目的规格、型号、材质等特征要求，结合拟建工程的实际情况，使其工程量清单项目名称具体化、细化，以反映影响工程造价的主要因素。例如"墙面一般抹灰"这一分项工程在形成工程量清单项目名称时可以细化为"外墙面抹灰""内墙面抹灰"等。

清单项目名称应表达详细、准确，各专业工程计量规范中的分项工程项目名称如有缺陷，招标人可作补充，并报当地工程造价管理机构(省级)备案。

（三）项目特征

项目特征是构成分部分项工程项目、措施项目自身价值的本质特征。项目特征是对项目的准确描述，是确定一个清单项目综合单价不可缺少的重要依据，是区分清单项目的依据，是履行合同义务的基础。分部分项工程量清单的项目特征应按各专业工程计量规范附录中规定的项目特征，结合技术规范、标准图集、施工图纸，按照工程结构、使用材质及规格或安装位置等，予以详细而准确的表述和说明。凡项目特征中未描述到的其他独有特征，由清单编制人视项目具体情况确定，以准确描述清单项目为准。

在各专业工程计量规范附录中还有关于各清单项目"工作内容"的描述。工作内容是指完成清单项目可能发生的具体工作和操作程序，但应注意的是，在编制分部分项工程量清单时，工作内容通常无需描述，因为在计价规范中，工程量清单项目与工程量计算规则、工作内容有一一对应关系，当采用计价规范这一标准时，工作内容均有规定。

（四）计量单位

计量单位采用基本单位，除各专业另有特殊规定外，均按以下单位计量：
(1) 以重量计算的项目——吨(t)或千克(kg)。
(2) 以体积计算的项目——立方米(m^3)。
(3) 以面积计算的项目——平方米(m^2)。
(4) 以长度计算的项目——米(m)。
(5) 以自然计量单位计算的项目——个、套、块、组、台等。
(6) 没有具体数量的项目——宗、项等。

各专业有特殊计量单位的，另外加以说明，当计量单位有两个或两个以上时，应根据所编工程量清单项目的特征要求，选择最适宜表现该项目特征并方便计量的单位。

计量单位的有效位数应遵守下列规定：
(1) 以"吨"为单位的，保留小数点后三位，第四位小数四舍五入。

(2) 以"立方米""平方米""米""kg"为单位的，应保留两位小数，第三位小数四舍五入。

(3) 以"个""件""根""组""系统"等为单位的，应取整数。

（五）工程量

工程量主要通过工程量计算规则计算得到。工程量计算规则是指对清单项目工程量的计算规定。除另有说明外，所有清单项目的工程量应以实体工程量为准，并以完成后的净值计算；投标人投标报价时，应在单价中考虑施工中的各种损耗和需要增加的工程量。根据工程量清单计价与计量规范的规定，工程量计算规则可以分为房屋建筑与装饰工程、仿古建筑工程、通用安装工程、市政工程、园林绿化工程、构筑物工程、矿山工程、城市轨道交通工程、爆破工程九大类。

以房屋建筑与装饰工程为例，其计量规范中规定的实体项目包括：土石方工程、地基处理与边坡支护工程，桩基工程，砌筑工程，混凝土及钢筋混凝土工程，金属结构工程，木结构工程，门窗工程，屋面及防水工程，保温、隔热、防腐工程，楼地面装饰工程，墙、柱面装饰与隔断、幕墙工程，天棚工程，油漆、涂料、裱糊工程，其他装饰工程，拆除工程等。分别制定了它们的项目的设置和工程量计算规则。

随着工程建设中新材料、新技术、新工艺等的不断涌现，计量规范附录所列的工程量清单项目不可能包含所有项目。在编制工程量清单时，当出现计量规范附录中未包括的清单项目时，编制人应作补充。在编制补充项目时应注意以下三个方面：

(1) 补充项目的编码应按计量规范的规定确定。具体做法为：补充项目的编码由计量规范的代码与 B 和三位阿拉伯数字组成，并应从 001 起顺序编制，例如，房屋建筑与装饰工程如需补充项目，则其编码应从 01B001 开始起顺序编制；同一招标工程的项目不得重码。

(2) 在工程量清单中应附补充项目的项目名称、项目特征、计量单位、工程量计算规则和工作内容。

(3) 将编制的补充项目报省级或行业工程造价管理机构备案。

三、措施项目清单

（一）措施项目列项

措施项目是指为完成工程项目施工，发生于该工程施工准备和施工过程中的技术、生活、安全、环境保护等方面的项目。

措施项目清单应根据相关工程现行国家计量规范的规定编制，并应根据拟建工程的实际情况列项。例如，《房屋建筑与装饰工程量计算规范》(GB 50854—2013)中规定的措施项目，包括脚手架工程，混凝土模板及支架(撑)，垂直运输，超高施工增加，大型机械设备进出场及安拆，施工排水、降水，安全文明施工及其他措施项目。

（二）措施项目清单的标准格式

1. 措施项目清单的类别

措施项目费用的发生与使用时间、施工方法或者两个以上的工序相关，如：安全文明施工，夜间施工，非夜间施工照明，二次搬运，冬雨季施工，地上、地下设施、建筑物的临时保护设施，已完工程及设备保护等。

但是有些措施项目则是可以计算工程量的项目，如脚手架工程，混凝土模板及支架(撑)，垂直运输，超高施工增加，大型机械设备进出场及安拆，施工排水、降水，等等，这类措施项目按照分部分项工程量清单的方式采用综合单价，更有利于措施费的确定和调整。措施项目中不能计算工程量的项目(总价措施项目)，以"项"为计量单位进行编制，如表 5-3 所示；可以计算工程量的项目(单价措施项目)，宜采用分部分项工程项目清单的方式编制，列出项目编码、项目名称、项目特征、计量单位和工程量，如表 5-4 所示。

表 5-3　措施项目清单与计价表(一)

工程名称：　　　　　　　　　标段：　　　　　　　　　第 页 共 页

序号	项目编码	项目 名 称	计算基础	费率(%)	金额(元)
		安全文明施工			
		夜间施工			
		夜间施工照明			
		二次搬运			
		冬雨季施工			
		地上、地下设施、建筑物的临时保护设施			
		已完成工程及设备保护			
		各专业工程的措施项目			
		……			
		合　　计			

注：

① 本表适用于以"项"计价的措施项目。

② 根据建设部、财政部发布的《建筑安装工程费用组成》(建标〔2003〕206 号)的规定，计算基础可为直接费、人工费或人工费＋机械费。

表 5-4　措施项目清单与计价表(二)

工程名称：　　　　　　　　　标段：　　　　　　　　　第 页 共 页

序号	项目编码	项目名称	项目特征描述	计量单位	工程量	金额(元)	
						综合单价	合价
			本页小计				
			合　　计				

注：本表适用于以综合单价形式计价的措施费用。

2. 措施项目清单的编制

措施项目清单的编制需考虑多种因素，除工程本身的因素外，还涉及水文、气象、环境、安全等因素。措施项目清单应根据拟建工程的实际情况列项。若出现清单计价规范中未列的项目，可根据工程实际情况补充。

措施项目清单的编制依据主要有：

(1) 施工现场情况、地勘水文资料、工程特点。

(2) 常规施工方案。

(3) 与建设工程有关的标准、规范、技术资料。

(4) 拟定的招标文件。

(5) 建设工程设计文件及相关资料。

四、其他项目清单

其他项目清单是指在分部分项工程量清单、措施项目清单所包含的内容以外，因招标人的特殊要求而发生的与拟建工程有关的其他费用项目和相应数量的清单。工程建设标准的高低、工程的复杂程度、工程的工期长短、工程的组成内容、发包人对工程管理的要求等都直接影响其他项目清单的具体内容。其他项目清单包括暂列金额、暂估价(包括材料暂估单价、工程设备暂估单价、专业工程暂估价)、计日工、总承包服务费。其他项目清单宜按照表 5-5 的格式编制，出现未包含在表格中内容的项目，可根据工程实际情况补充。

表 5-5　其他项目清单与计价表

序号	项目名称	计量单位	金额(元)	备　注
1	暂列金额			
2	暂估价			
2.1	材料(工程设备)暂估单价			
2.2	专业工程暂估价			
3	计日工			
4	总承包服务费			
	合　计			—

(一) 暂列金额

暂列金额是指招标人在工程量清单中暂定并包括在合同价款中的一笔款项。它用于工程合同签订时尚未确定或者不可预见的所需材料、工程设备、服务的采购，施工中可能发生的工程变更、合同约定调整因素出现时的合同价款调整，以及发生的索赔、现场签证确认等的费用。不管采用何种合同形式，其理想的标准是，一份合同的价格就是其最终的竣工结算价格，或者至少两者应尽可能接近。我国规定对政府投资工程实行概算管理，经项目审批部门批复的设计概算是工程投资控制的刚性指标，即使是商业性开发项目也有成本的预先控制问题，否则，无法相对准确地预测投资的收益和科学合理地进行投资控制。但工程建设自身的特性决定了工程的设计需要根据工程进展不断地进行优化和调整，业主需求可能会随工程建设进展出现变化，工程建设过程还会存在一些不能预见、不能确定的因素。消化这些因素必然会影响合同价格的调整，暂列金额正是因这类不可避免的价格调整而设立的，以便达到合理确定和有效控制工程造价的目标。设立暂列金额并不能保证合同结算价格就不会再出现超过合同价格的情况，是否超出合同价格完全取决于工程量清单编制人对暂列金额预测的准确性，以及工程建设过程是否出现了其他事先未预测到的事件。

　　暂列金额应根据工程特点，按有关计价规定估算。暂列金额可按照表 5-6 的格式列示。

表 5-6　暂列金额明细表

工程名称：　　　　　　　　　　　标段：　　　　　　　　　　第　页　共　页

序号	项目名称	计量单位	暂定金额(元)	备　注
1				
2				
3				
4				
5				
合　计				—

　　注：此表由招标人填写，如不能详列，也可只列暂定金额总额，投标人应将上述暂列金额计入投标总价中。

（二）暂估价

　　暂估价是指招标人在工程量清单中提供的用于支付必然发生但暂时不能确定价格的材料、工程设备的单价及专业工程的金额，包括材料暂估单价、工程设备暂估单价和专业工程暂估价。暂估价类似于 FIDIC 合同条款中的 Prime Cost Items，在招标阶段预见肯定要发生、只是因为标准不明确或者需要由专业承包人完成、暂时无法确定的价格。暂估价数量和拟用项目应当结合工程量清单中的"暂估价表"予以补充说明。为方便合同管理，需要纳入分部分项工程量清单项目综合单价中的暂估价应只是材料、工程设备暂估单价，以方便投标人组价。

　　专业工程的暂估价一般应是综合暂估价，应当包括除规费和税金以外的管理费、利润等取费。总承包招标时，专业工程设计深度往往是不够的，一般需要交由专业设计人设计。国际上，出于提高可建造性考虑、一般由专业承包人负责设计，以发挥其专业技能和专业施工经验的优势。这类专业工程交由专业分包人完成是国际工程的良好实践，目前在我国工程建设领域也已经比较普遍了。公开透明地合理确定这类暂估价的实际开支金额的最佳途径，就是通过施工总承包人与工程建设项目招标人共同组织的招标。

　　暂估价中的材料、工程设备暂估单价应根据工程造价信息或参照市场价格估算，列出明细表；专业工程暂估价应分不同专业，按有关计价规定估算，列出明细表。暂估价的列示格式如表5-7、表5-8所示。

表5-7　材料(工程设备)暂估单价表

工程名称：　　　　　　　　　　标段：　　　　　　　　　　第　页　共　页

序号	材料(工程设备)名称、规格、型号	计量单位	数量		暂估(元)		确认(元)		差额±(元)		备注
			暂估	确认	单价	合价	单价	合价	单价	合价	
合计											

　　注：① 此表由招标人填写"暂估单价"，并在备注栏说明暂估价的材料、工程设备拟用在哪些清单项目上，投标人应当将上述材料、工程设备暂估价计入工程量清单综合单价报价中。

表5-8　专业工程暂估价及结算价表

工程名称：　　　　　　　　　　标段：　　　　　　　　　　第　页　共　页

序号	工程名称	工程内容	暂估金额(元)	结算金额(元)	差额±(元)	备注
合计						

　　注：此表"暂估金额"由招标人填写，投标人应将"暂估金额"计入投标总价中。结算时按合同约定的结算金额填写。

(三) 计日工

　　计日工是在施工过程中，承包人完成发包人提出的工程合同范围以外的零星项目或工作，按合同中约定的单价计价的一种方式。计日工是为了解决现场发生的零星工作的计价而设立的。国际上常见的标准合同条款中，大多数都设立了计日工(Daywork)计价机制。计日工对完成零星工作所消耗的人工工时、材料数量、施工机械台班进行计量，并按照计日工表中填报的适用项目的单价进行计价支付。计日工适用的所谓零星项目或工作一般是指合同约定之外的或者因变更而产生的、工程量清单中没有相应项目的额外工作，尤其是那些难以事先商定价格的额外工作。

　　计日工应列出项目名称、计量单位和暂估数量。计日工可按照表5-9所示的格式列示。

表 5-9　计日工表

工程名称：　　　　　　　　标段：　　　　　　　　第　页　共　页

编号	项目名称	单位	暂定数量	实际数量	综合单价(元)	合价(元)	
						暂定	实际
一	人工						
1							
2							
……							
人工小计							
二	材料						
1							
2							
……							
材料小计							
三	施工机具						
1							
2							
……							
施工机具小计							
四	企业管理费和利润						
总　计							

注：此表项目名称、暂定数量由招标人填写，编制招标控制价时，单价由招标人按有关规定确定；投标时，单价由投标人自主报价，计入投标总价中。

（四）总承包服务费

总承包服务费是指总承包人为配合协调发包人进行的专业工程发包，对发包人自行采购的材料、工程设备等进行保管以及施工现场管理、竣工资料汇总整理等服务所需的费用。招标人应预计该项费用并按投标人的投标报价向投标人支付该项费用。

总承包服务费应列出服务项目及其内容等。总承包服务费按照表 5-10 的格式列示。

表 5-10　总承包服务费计价表

工程名称：　　　　　　　　标段：　　　　　　　　第　页　共　页

序号	项目名称	项目价值(元)	服务内容	计算基础	费率(%)	金额(元)
1	发包人发包专业工程					
2	发包人提供材料					
……						
合计		—		—	—	

注：此表项目名称、服务内容由招标人填写，编制招标控制价时，费率及金额由招标人按有关规定确定；投标时，费率及金额由投标人自主报价，计入投标总价中。

五、规费、税金项目清单

规费项目清单应按照下列内容列项：社会保险费，包括养老保险费、失业保险费、医疗保险费、工伤保险费、生育保险费；住房公积金；工程排污费。若规费项目清单中出现计价规范中未列出的项目，应根据省级政府或省级有关权力部门的规定列项。

税金项目清单应包括下列内容：营业税；城市维护建设税；教育费附加；地方教育附加。若出现计价规范未列的项目，应根据税务部门的规定列项。

规费、税金项目计价如表 5-11 所示。

表 5-11 规费、税金项目计价

工程名称：　　　　　　　　　　标段：　　　　　　　第 页 共 页

序号	项目名称	计算基础	计算基数	计算费率(%)	金额(元)
1	规费	定额人工费			
1.1	社会保障费	定额人工费			
(1)	养老保险费	定额人工费			
(2)	失业保险费	定额人工费			
(3)	医疗保险费	定额人工费			
(4)	工伤保险费	定额人工费			
(5)	生育保险费	定额人工费			
1.2	住房公积金	定额人工费			
1.3	工程排污费	由工程所在地环境保护部门收取费用，按实计入			
2	税金	分部分项工程费＋措施项目费＋其他项目费规费－按规定不计税的工程设备金额			
	合　计				—

编制(造价人员)：　　　　　　　　　　复核人(造价工程师)：

第三节　建筑安装工程人工、材料及机械台班定额消耗量

一、施工过程分解及工时

(一) 施工过程及其分类

1. 施工过程的含义

施工过程就是在建设工地范围内所进行的生产过程。其最终目的是要建造、恢复、改建、移动或拆除工业、民用建筑物和构筑物的全部或一部分。

建筑安装施工过程与其他物质生产过程一样，也包括一般所说的生产力三要素，即：劳动者、劳动对象、劳动工具。也就是说，施工过程是由不同工种、不同技术等级的建筑安装工人完成的，并且必须有一定的劳动对象(建筑材料、半成品、配件、预制品等)和一定的劳动工具(手动工具、小型机具和机械等)。

每个施工过程的结束，会得到一定的产品，这种产品或者是改变了劳动对象的外表形态、内部结构或性质(制作和加工的结果)，或者是改变了劳动对象在空间的位置(运输和安装的结果)。

2. 施工过程的分类

研究施工过程，首先是对施工过程进行分类，其目的是对施工过程的组成部分进行分解，并按其不同的劳动分工、工艺特点、复杂程度来区别和认识施工过程的性质和包含的全部内容。施工过程分类还可以使我们在技术上有可能采用不同的现场观察方法，研究和测定工时消耗和材料消耗的特点，从而取得详尽、精确的资料，查明达不到定额或大量超额的具体原因，以便进一步调整和修订定额。根据需要可对施工过程进行以下不同的分类。

(1) 根据施工过程组织上的复杂程度，施工过程可以分解为工序、工作过程和综合工作过程。

① 工序。工序是在组织上不可分割的、在操作过程中技术上属于同类的施工过程。工序的特征是：劳动者不变，劳动对象、劳动工具和工作地点也不变。在工作中如果有一项改变，就已经由这一项工序转入到另一项工序了。如钢筋制作，它由平直钢筋、钢筋除锈、切断钢筋、弯曲钢筋等工序组成。

从施工的技术操作和组织观点来看，工序是工艺方面最简单的施工过程。但是如果从劳动过程的观点看，工序又可以分解为较小的组成部分——操作和动作。每一个操作和动作都是完成施工工序的一部分，如图 5-5 所示。

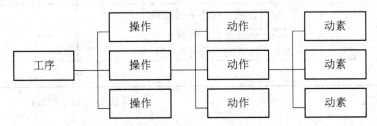

图 5-5　施工工序的组成

例如，弯曲钢筋的工序可分解为下列操作：把钢筋放在工作台上，将旋钮旋紧，弯曲钢筋，放松旋钮，将弯好的钢筋搁在一边。操作本身又包括了最小的组成部分——动作。如把"钢筋放在工作台上"这个操作，就可以分解为以下"动作"：走向放钢筋处，拿起钢筋，拿了钢筋返回工作台，再将钢筋移到支座前面……而动作又是由许多动素组成的，动素是人体动作的分解。

在编制施工定额时，工序是基本的施工过程，是主要的研究对象。测定定额时只要分解和标定到工序即可。如果进行某项先进技术或新技术的工时研究，就要分解到操作甚至动作为止，从中研究出可以改进操作或节约工时的方法。

工序可以由一个人来完成，也可以由小组或施工队内的几名工人协同完成；可以由手动完成，也可以由机械操作完成。在机械化的施工工序中，又可以包括由工人自己完成的各项操作和由机器完成的工作两部分。

② 工作过程。工作过程是由同一工人或同一小组所完成的在技术操作上相互有机联系的工序的综合体。其特点是人员编制不变，工作地点不变，而材料和工具则可以变换。例如，砌墙和勾缝，抹灰和粉刷。

③ 综合工作过程。综合工作过程是同时进行的，在组织上有机地联系在一起的，并且最终能获得一种产品的施工过程的总和。例如，浇灌混凝土结构的施工过程，是由调制、运送、浇灌和捣实等工作过程组成的。

(2) 按照工艺特点，施工过程可以分为循环施工过程和非循环施工过程两类。各个组成部分按一定顺序一次循环进行，并且每经过一次重复都可以生产出同一种产品的施工过程，称为循环施工过程，反之，若施工过程的工序或其组成部分不是以同样的次序重复，或者生产出来的产品各不相同，这种施工过程则称为非循环的施工过程。

(二) 工作时间分类

研究施工中的工作时间最主要的目的是确定施工的时间定额和产量定额，其前提是对工作时间按其消耗性质进行分类，以便研究工时消耗的数量及特点。

工作时间是指工作班延续时间。对工作时间消耗的研究，可以分为两个系统进行，即工人工作时间消耗和工人所使用的机器工作时间消耗。

1. 工人工作时间消耗的分类

工人在工作班内消耗的工作时间，按其消耗的性质，基本可以分为两大类：必需消耗的时间和损失时间。工人工作时间的分类如图 5-6 所示。

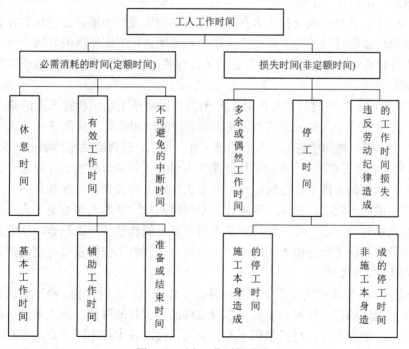

图 5-6　工人工作时间分类

(1) 必需消耗的时间(定额时间)。必需消耗的时间，是工人在正常施工条件下，为完成一定产品(工作任务)所消耗的时间。这部分时间属于定额时间，是制定定额的主要依据。从图中可以看出，必需消耗的时间包括有效工作时间、不可避免的中断时间和休息时间。

① 有效工作时间。有效工作时间是从生产效果来看与产品生产直接有关的时间消耗，包括基本工作时间、辅助工作时间、准备与结束工作时间的消耗。

基本工作时间是工人完成能生产一定产品的施工工艺过程所消耗的时间。这些工艺可以使材料改变外形，如钢筋煨弯等；可以改变材料的结构与性质，如混凝土制品的养护干燥等；可以使预制构配件安装组合成型；也可以改变产品外部及表面的性质，如粉刷、油漆等。基本工作时间所包括的内容依工作性质不同而不同。基本工作时间的长短和工作量大小成正比例。

辅助工作时间是为保证基本工作顺利完成所消耗的时间。在辅助工作时间里，不能使产品的形状大小、性质或位置发生变化。辅助工作时间的结束，往往就是基本工作时间的开始。辅助工作一般是手工操作。但如果在机手并动的情况下，辅助工作是在机械运转过程中进行的，为避免重复则不应再计辅助工作时间的消耗。辅助工作时间长短与工作量大小有关。

准备或结束工作时间是执行任务前或任务完成后所消耗的工作时间。如工作地点、劳动工具和劳动对象的准备工作时间；工作结束后的整理工作时间等。准备和结束工作时间的长短与所担负的工作量大小无关，但和工作内容有关。所以，又可以把这项时间消耗分为班内的准备与结束工作时间和任务的准备与结束工作时间。

② 不可避免的中断时间。不可避免的中断时间是由于施工工艺特点引起的工作中断所必需的时间。与施工过程工艺特点有关的工作中断时间，包括在定额时间内，但应尽量缩短此项时间消耗。与工艺特点无关的工作中断所占用时间，是由于劳动组织不合理引起的，属于损失时间，不能计入定额时间。

③ 休息时间。休息时间是指工人在工作过程中为恢复体力所必需的短暂休息和生理需要的时间消耗。休息时间是为了保证工人精力充沛地进行工作所需的时间，所以在定额时间中必须进行计算。休息时间的长短和劳动条件有关，劳动繁重紧张、劳动条件差(如高温)，则休息时间需要长。

(2) 损失时间。损失时间是和产品生产无关，而和施工组织和技术上的缺点有关，与工人在施工过程中的个人损失或某些偶然因素有关的时间消耗。从图 5-6 工人工作时间分类中可以看出，损失时间中包括多余或偶然工作、停工、违背劳动纪律所引起的工时损失。

① 多余或偶然工作时间。多余工作就是工人进行了任务以外的工作而又不能增加产品数量的工作；如重砌质量不合格的墙体。多余工作的工时损失，一般都是由于工程技术人员和工人的差错而引起的，因此，不应计入定额时间中。偶然工作也是工人在任务外进行的工作，但能够获得一定产品，如抹灰工不得不补上偶然遗留的墙洞等。从偶然工作的性质看，在定额中不应考虑它所占用的时间，但是由于偶然工作能获得一定的产品，拟定定额时要适当考虑它的影响。

② 停工时间。停工时间是指工作班内停止工作造成的工时损失。停工时间按其性质可分为施工本身造成的停工时间和非施工本身造成的停工时间两种。施工本身造成的停工时间，是由于施工组织不善、材料供应不及时、工作面准备工作做得不好、工作地点组织不良等情况引起的停工时间。非施工本身造成的停工时间，是由于水源、电源中断引起的停

工时间。前一种情况在拟定定额时不应该计算,后一种情况则应在定额中给予合理的考虑。

③ 违反劳动纪律造成的工作时间损失。违背劳动纪律造成的工作时间损失是指工人在工作班开始和午休后的迟到、午饭前和工作班结束前的早退、擅自离开工作岗位、工作时间内聊天或办私事等造成的工时损失;由于个别工人违背劳动纪律而影响其他工人无法工作的时间损失也包括在内。不应允许此项工时损失存在,因此在定额中是不能考虑的。

2. 机械工作时间消耗的分类

在机械化施工过程中,对工作时间消耗的分析和研究,除了要对工人工作时间的消耗进行分类研究之外,还需要分类研究机械工作时间的消耗。

机械工作时间的消耗,按其性质可作如图 5-7 所示的分类。

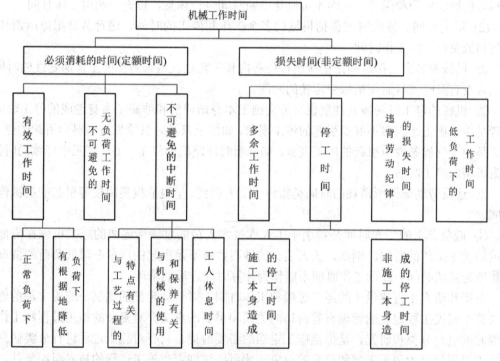

图 5-7 机械工作时间分类

从图中可以看到,机械工作时间也分为必须消耗的时间和损失时间两大类。

(1) 必须消耗的时间(定额时间)。必须消耗的时间,包括有效工作、不可避免的无负荷工作和不可避免的中断三项时间消耗。

① 有效工作时间,包括正常负荷下、有根据地降低负荷下工作的工时消耗。正常负荷下的工作时间,是机械在与机械说明书规定的计算负荷相符的情况下进行工作的时间。有根据地降低负荷下的工作时间,是在个别情况下由于技术上的原因,机械在低于其计算负荷下工作的时间。例如,汽车运输重量轻而体积大的货物时,不能充分利用汽车的载重吨位因而不得不降低其计算负荷。

② 不可避免的无负荷工作时间。不可避免的无负荷工作时间是由施工过程的特点和机械结构的特点造成的机械无负荷工作时间。例如,筑路机在工作区末端调头等,都属于此项工作时间的消耗。

③ 不可避免的中断工作时间。不可避免的中断工作时间是与工艺过程的特点、机械的使用和保养、工人休息时间有关，所以它又可以分为三种。

与工艺过程的特点有关的不可避免中断工作时间，有循环的和定期的两种。循环的不可避免中断是指在机械工作中的每一个循环中重复一次，如汽车装货和卸货时的停车。定期的不可避免中断是指经过一定时期重复一次，如当把灰浆泵由一个工作地点转移到另一工作地点时的工作中断。

与机械有关的不可避免中断工作时间，是由于工人进行准备与结束工作或辅助工作时，机械停止工作而引起的中断工作时间。它是与机械的使用与保养有关的不可避免中断时间。

工人休息时间前面已经作了说明。这里要注意的是，应尽量利用与工艺过程有关的特点和与机械的使用和保养有关的不可避免中断时间进行休息，以充分利用工作时间。

(2) 损失时间。损失时间包括机械的多余工作和停工的时间、违背劳动纪律所消耗的时间和低负荷下的工作时间。

① 机械的多余工作时间是机械进行任务内和工艺过程内未包括的工作而延续的时间。如工人没有及时供料而使机械空运转的时间。

② 机械的停工时间按其性质也可分为施工本身造成的和非施工本身造成的停工时间。前者是由于施工组织得不好而引起的停工现象，如由于未及时供给机械燃料而引起的停工。后者是由于气候条件所引起的停工现象，如暴雨时压路机的停工。上述停工中延续的时间，均为机械的停工时间。

③ 违反劳动纪律所消耗的时间是指由于工人迟到、早退或擅离岗位等引起的机械停工时间。

④ 低负荷下的工作时间是指由于工人或技术人员的过错所造成的施工机械在降低负荷的情况下工作的时间。例如，工人装车的砂石数量不足引起的汽车在降低负荷的情况下工作所延续的时间。此项工作时间不能作为计算时间定额的基础。

分析和研究工程建设中的施工过程和工作时间，对劳动定额的编制、施工定额的管理以及整个建设工程定额的管理有着密切的关系和重要的意义。对复杂的施工过程和工作班延续时间进行分类和研究，是拟定施工定额的必要前提。只有对施工过程进行分类研究，把施工过程划分为便于考察和研究的对象，才可以详细考察施工过程的技术组织条件，观察其工时消耗的性质和特点；只有把工作班延续时间按其消耗性质加以区别和分类，才能划分必需消耗时间和损失时间的界限，为拟定定额建立科学的计算依据，也才能明确哪些工时消耗应计入定额，哪些则不应计入定额。

(三) 测定时间消耗的基本方法——计时观察法

1. 计时观察法的含义

计时观察法是研究工作时间消耗的一种技术测定方法。它以研究工时消耗为对象，以观察测时为手段，通过密集抽样和粗放抽样等技术进行直接的时间研究。计时观察法运用于建筑施工中，是以现场观察为特征，所以也称为现场观察法。计时观察法适宜于研究人工手动过程和机手并动过程的工时消耗。

在施工中运用计时观察法的主要目的在于，查明工作时间消耗的性质和数量；查明和确定各种因素对工作时间消耗数量的影响；找出工时损失的原因和研究缩短工时、减少损失的可能性。

2. 计时观察前的准备工作

(1) 确定需要进行计时观察的施工过程。计时观察之前的第一个准备工作，是研究并确定有哪些施工过程需要进行计时观察。如只是为了获得拟定定额的原始资料，则一般划分到工序为止；若是研究先进的生产技术，则应划分到操作。

(2) 对施工过程进行预研究。对于已确定的施工过程的性质应进行充分的研究，目的是正确地安排计时观察和收集可靠的原始资料。

定时点是上下两个相衔接的组成部分之间的分界点。确定定时点是保证计时观察的精确性不容忽略的因素。确定产品计算单位，要能具体地反映产品的数量，并具有最大限度的稳定性。

(3) 选择施工的正常条件。绝大多数企业和施工队、组，在合理组织施工的条件下所处的施工条件，称为施工的正常条件。选择施工的正常条件是技术测定中的一项重要内容，也是确定定额的依据。

(4) 选择观察对象。观察对象就是对其进行计时观察的施工过程和完成该施工过程的工人。选择计时观察对象，必须注意所选择的施工过程要完全符合正常施工条件，所选择的建筑安装工人，应具有与技术等级相符的工作技能和熟练程度，所承包的工作与其技术等级相等，同时应该能够完成或超额完成现行的劳动定额。

(5) 调查所测定施工过程的影响因素。施工过程的影响因素包括技术、组织及自然因素。例如：产品和材料的特征(规格、质量、性能等)；工具和机械性能、型号；劳动组织和分工；施工技术说明(工作内容、要求等)，并附施工简图和工作地点平面布置图。

(6) 其他准备工作。除了以上工作外，还必须准备好必要的用具和表格。如测时用的秒表或电子计时器，测量产品数量的工、器具，记录和整理测时资料用的各种表格等。如果有条件并且也有必要，还可配备电子摄像和电子记录设备。

3. 计时观察方法的分类

对施工过程进行观察、测时，计算实物和劳务产量，记录施工过程所处的施工条件和确定影响工时消耗的因素，是计时观察法的三项主要内容和要求。计时观察法种类很多，其中最主要的有三种，如图 5-8 所示。

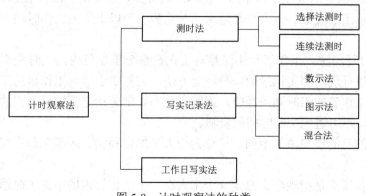

图 5-8　计时观察法的种类

(1) 测时法。测时法是对某一被测产品，记录其每一道工序作业时间，并求其各工序时间消耗的平均值，再将完成该产品所有工序时间消耗的平均值累计，即得到完成该产品的定额工时。测时法主要适用于研究以循环形式不断重复进行的作业，观测研究其施工过程循环组成部分的工作时间消耗。该方法不适用于研究工人休息、准备工作与结束工作时间及其他非循环工作时间。

按记录时间的方法不同，测时法又分为选择法测时和连续法测时两种。

① 选择法测时。选择法测时是指间隔选择施工过程中非紧密连接的组成部分(工序或操作)测定工时，精确度达 0.5 s。

选择法测时也称为间隔测时法。若采用选择法测时，当被观察的某一循环工作的组成部分开始时，则观察者立即开动秒表，当该组成部分终止时，则立即停止秒表，然后把秒表上指示的延续时间记录到选择法测时记录(循环整理)表上，并把秒针拨回到零点。当下一组成部分开始时，再开动秒表，如此观察，并依次记录下延续时间。

采用选择法测时应特别注意掌握定时点。当记录时间时，施工过程仍在进行的工作组成部分应不予观察。当所测定的各工序或操作的延续时间较短时，连续测定比较困难，用选择法测时比较方便、简单。

② 连续法测时。连续法测时是连续测定一个施工过程各工序或操作的延续时间。连续法测时每次要记录各工序或操作的终止时间，并计算出本工序的延续时间。

连续法测时比选择法测时准确、完善，但观察技术也较之复杂。它的特点是，在工作进行中和非循环组成部分出现之前一直不停止秒表，秒针走动过程中，观察者根据各组成部分之间的定时点，记录它的终止时间。由于这个特点，在观察时，要使用双针秒表，以便使其辅助针停止在某一组成部分的结束时间上。

(2) 写实记录法。写实记录法是一种研究非循环施工过程中全部工作时间消耗的方法。按记录时间的方法不同可分为数示法、图示法和混合法三种。

① 数示法。数示法即测定时直接用数字记录时间的方法，适用于组成部分极少，而且比较稳定的施工过程。

② 图示法。图示法是用图表的形式记录工时消耗的方法，适用于观察三个以内的工人共同完成某一产品的施工过程。此种方法较数示法有许多优点，主要是记录技术简单，时间记录清晰，原始记录整理方便，因此，在实际中使用较为普遍。

③ 混合法。混合法吸收了数示法和图示法的优点，它以横坐标表示工序延续时间，横线上部数字表示工人人数。该方法是适于同时观测三个以上工人工作时同工种班组的写实记录法。

(3) 工作日写实法。工作日写实法是对工人在整个工作班内的工时利用情况，按照时间消耗的顺序进行现场写实记录的一种测定方法。它侧重于研究工作日的工时利用情况，总结推广先进工作者的工时利用经验，同时还可为制定劳动定额提供必需的准备和结束时间、休息时间、不可避免中断时间的资料。

根据写实的目的和对象的不同，可分为个人工作日写实、班组工作日写实、机械工作日写实三种。

个人工作日写实是指观察、测定一个工人在一个工作日内的全部工时消耗，这种方法最为常用。班组工作日写实是指观察、测定一个班组的工人在一个工作日内的全部工时消耗。它可以是相同工种为完成同一工作的班组工人，也可以是不同工种完成不同工作的几个工人。前者是为了取得同种工人的工时消耗资料，后者是为了取得确定小组定员及改进劳动组织的资料。机械工作日写实是指在一个机械台班内，对机械设备的运转情况进行观察、测定的一种方法。其目的在于最大限度地发挥机械的效能。

个人工作日写实使用图示法写实记录表或数示法写实记录表，班组工作日写实使用混合法写实记录表，机械工作日写实使用数示法或混合法写实记录表。

工作日写实的研究对象是工作日内全部工时的利用和损失时间，因此，对于写实结果，需要在工作日写实的基础上，按定额时间和非定额时间进行分类整理。整理原始资料时，应按时间分类要求汇总编写，然后再计算每一类消耗时间占总消耗时间的百分比。

二、劳动定额

(一) 劳动定额的概念及形式

劳动定额也称人工定额，它是建筑安装工人在正常的施工技术组织条件下，在平均先进水平上制定的，完成单位合格产品所必需消耗的活劳动的数量标准。

劳动定额按其表现形式和用途不同，可分为时间定额和产量定额。

1. 时间定额

时间定额是指某种专业、某种技术等级的工人班组或个人，在合理的劳动组织、合理的使用材料和合理的施工机械配合条件下，完成某种单位合格产品所必需的工作时间。时间定额包括准备与结束时间、基本生产时间、辅助生产时间、不可避免的中断时间以及工人必要的休息时间。

时间定额以工日为计量单位。一个工人工作一个 8 小时工作班为 1 个工日。其计算方法如下：

$$单位产品的时间定额(工日) = \frac{班组成员工日数总和}{班组完成产品数量总和}$$

2. 产量定额

产量定额是指在合理的使用材料和合理的施工机械配合条件下，某一工种、某一等级的工人在单位工日内完成的合格产品的数量。

产量定额通常以自然单位或物理单位来表示。如立方米、平方米、米、台、套、块、根等。其计算方法如下：

$$单位时间的产量定额 = \frac{生产的产品数量总和}{消耗的工日数总和}$$

产量定额与时间定额互为倒数，即：

$$产量定额 = \frac{1}{时间定额} \quad 或 \quad 时间定额 = \frac{1}{产量定额}$$

时间定额与产量定额是同一个劳动定额的两种不同的表达方式，但其用途各不相同。时间定额便于综合，便于计算劳动量、编制施工计划和计算工期；产量定额具有形象化的优点，便于分配施工任务、考核工人的劳动生产率和签发施工任务单。

现举例说明时间定额和产量定额的不同用途。

【例 5-1】 某工程有 150 m^3 一砖外墙，每天有 15 名瓦工投入施工，时间定额为 0.65 工日/m^3，试计算完成该项工程的定额施工天数。

解　　　　　　　　完成该砌砖工程的总工日数 = 0.65 × 150 = 97.5 (工日)

$$完成该项工程定额施工天数 = \frac{97.5}{15} = 6.5(天)$$

【例 5-2】 某工程一砖外墙由 15 名瓦工投入施工，需 6.5 天完成砌筑任务。产量定额为 1.538 m^3/工日，试计算瓦工应完成的砖墙砌筑工程量。

解　　　　　　瓦工应完成的工程量 = 15 × 6.5 × 1.538 = 150(m^3)

（二）人工消耗量的确定方法

在全面分析了各种影响因素的基础上，通过计时观察资料，我们可以获得定额的各种必需消耗时间，将这些时间进行归纳，有的是经过换算，有的是根据不同的工时规范附加，最后把各种定额时间加以综合和类比就是整个工作过程人工消耗的时间定额。时间定额和产量定额是人工定额的两种表现形式，拟定出时间定额，也就可以计算出产量定额。

1. 确定工序作业时间

(1) 拟定基本工作时间。它在必需消耗的工作时间中占的比重最大。在确定基本工作时间时，必须细致、精确。基本工作时间消耗一般应根据计时观察资料来确定。其做法是，首先确定工作过程每一组成部分的工时消耗，然后再综合出工作过程的工时消耗。

(2) 拟定辅助工作时间。其确定方法与基本工作时间相同。如果在计时观察时不能取得足够的资料，也可采用工时规范或经验数据来确定。如具有现行的工时规范，可以直接利用工时规范中规定的辅助工作时间的百分比来计算。举例见表 5-12。

表 5-12　木作工程各类辅助工作时间的百分率参考表

工作项目	占工序作业时间(%)	工作项目	占工序作业时间(%)
磨刨刀	12.3	磨线刨	8.3
磨槽刨	5.9	锉锯	8.2
磨凿子	3.4		

2. 确定规范时间

规范时间内容包括工序作业时间以外的准备与结束时间、不可避免中断时间以及休息时间。

(1) 确定准备与结束时间。准备与结束时间分为工作日和任务两种。任务的准备与结束时间通常不能集中在某一个工作日中，而要采取分摊计算的方法，分摊在单位产品的时间定额里。如果在计时观察资料中不能取得足够的准备与结束时间的资料，也可根据工时规范或经验数据来确定。

(2) 确定不可避免中断时间。在确定不可避免的中断时间时，必须注意由工艺特点所引起的不可避免中断才可列入工作过程的时间定额。不可避免中断时间也需要根据测时资料通过整理分析获得，也可以根据工时规范或经验数据确定。

(3) 确定休息时间。休息时间应根据工作班作息制度、经验资料、计时观察资料，以及对工作的疲劳程度作全面分析来确定。同时，应尽可能利用不可避免中断时间作为休息时间。

规范时间均可利用工时规范或经验数据确定，常用的参考数据如表 5-13 所示。

表 5-13　准备与结束时间、休息时间、不可避免中断时间占工作班时间的百分率参考

序号	时间分类 工种	准备与结束时间 占工作时间的 比例(%)	休息时间占 工作时间的 比例(%)	不可避免中断时间 占工作时间的 比例(%)
1	材料运输及材料加工	2	13～16	2
2	人力土方工程	3	13～16	2
3	架子工程	4	12～15	2
4	砖石工程	6	10～13	4
5	抹灰工程	6	10～13	3
6	手工木作工程	4	7～10	3
7	机械木作工程	3	4～7	3
8	模板工程	5	7～10	3
9	钢筋工程	4	7～10	4
10	现浇混凝土工程	6	10～13	3
11	预制混凝土工程	4	10～13	2
12	防水工程	5	25	3

3. 拟定定额时间

确定的基本工作时间、辅助工作时间、准备与结束工作时间、不可避免中断时间与休息时间之和，就是劳动定额的时间定额。根据时间定额可以计算出产量定额。时间定额和产量定额互为倒数。

利用工时规范，可以计算劳动定额的时间定额，计算公式为

$$定额时间 = 工序作业时间 + 规范时间 = \frac{工序作业时间}{1 - 规范时间\%}$$

其中：

$$工序作业时间 = 基本工作时间 + 辅助工作时间 = \frac{基本工作时间}{1 - 辅助时间\%}$$

$$规范时间 = 准备与结束工作时间 + 不可避免的中断时间 + 休息时间$$

【例 5-3】　通过计时观察法对人工砌筑一砖外墙工作过程中各工序的时间进行测定，该工作过程所属的工序及相应的时间消耗情况如下：

砌砖　　　　每砌筑 1000 块标准砖所需基本时间为 250 min/人

铺砂浆　　　每铺设 1 m³ 砂浆所需基本时间为 180 min/人

刮灰缝　　　每砌筑 1 m³ 墙体所需刮灰缝的基本时间为 30 min/人

弹灰线　　　每砌筑 1 m³ 墙体所需弹灰线的基本时间为 20 min/人

测时资料表明：辅助工作时间占工序作业时间的 2%，准备与结束工作时间、不可避免的中断时间、休息时间分别占工序作业时间的 2%、1%、15%。试确定时间定额和产量定额。

解 假定 1 m^3 墙体需砌标准砖 0.53 千块，需铺砂浆 0.23 m^3，则人工砌筑 1 m^3 一砖外墙这一工作过程的基本工作时间消耗为

$$\frac{250 \times 0.53 + 180 \times 0.23 + 30 + 20}{60 \times 8} = 0.466 (工日/m^3)$$

$$工序作业时间 = \frac{0.466}{1-2\%} = 0.476 (工日/m^3)$$

$$时间定额 = \frac{0.476}{1-2\%-1\%-15\%} = 0.58 (工日/m^3)$$

$$产量定额 = \frac{1}{0.58} = 1.72 (m^3/工日)$$

三、材料消耗定额

(一) 材料消耗定额的概念及材料分类

材料消耗定额是指在节约和合理使用材料的条件下，生产单位合格产品所必须消耗的一定品种、规格的原材料、成品、半成品、配件等的数量标准。

合理确定材料消耗定额，必须研究和区分材料在施工过程中的类别。

1. 根据材料消耗的性质划分

施工中材料的消耗可分为必需消耗的材料和损失的材料两类性质。

必需消耗的材料是指在合理用料的条件下生产合格产品所需消耗的材料。它包括：直接用于建筑和安装工程的材料、不可避免的施工废料和不可避免的材料损耗。

必需消耗的材料属于施工正常消耗，是确定材料消耗定额的基本数据。其中，直接用于建筑和安装工程的材料，编制材料净用量定额；不可避免的施工废料和材料损耗，编制材料损耗定额。

2. 根据材料消耗与工程实体的关系划分

施工中的材料可分为实体材料和非实体材料两类。

(1) 实体材料。实体材料是指直接构成工程实体的材料。它包括工程直接性材料和辅助材料。工程直接性材料主要是指一次性消耗、直接用于工程上构成建筑物或结构本体的材料，如钢筋混凝土柱中的钢筋一次性消耗，水泥、砂、碎石等；辅助性材料是指在施工过程中必需的，却并不构成建筑物或结构本体的材料。如土石方爆破工程中期的炸药、引信、雷管等。直接性材料用量大，辅助材料用量少。

(2) 非实体材料。非实体材料是指在施工中必须使用但又不能构成工程实体的施工措施性材料。非实体材料主要是指周转性材料，如模板、脚手架等。

(二) 材料消耗量的确定方法

材料净用量和材料损耗量的计算数据，可通过现场观测、实验室试验、统计和理论计

算等方法获得。

1. 现场观测法

现场观测法可以提供材料损耗量的数据，也可以提供材料净用量的数据。通过现场观察、测定，取得产品产量和材料消耗的情况，为编制材料消耗定额提供技术根据。

现场观测要选择典型的工程项目，其施工技术、组织及产品质量均要符合技术规范的要求；材料的品种、型号、质量也应符合设计要求；产品检验合格，操作工人能合理使用材料和保证产品质量。

现场观测前需要充分做好准备工作，如选用标准的衡量工具和运输工具，采取减少材料损耗措施等。现场观测中要区分不可避免的材料损耗和可以避免的材料损耗。

2. 实验室试验法

实验室试验法主要是提供材料净用量的数据。实验室试验法不能取得在施工现场实际条件下各种客观因素对材料耗用量产生影响的数据，这是该法的不足之处。

实验室试验必须符合国家有关材料标准规范，计量要使用标准容器和称量设备，质量符合施工与验收规范要求，以保证获得可靠的定额编制依据。

通过试验，能够对材料的结构、化学成分和物理性能以及按强度等级控制的混凝土、砂浆配合比作出科学的结论，为编制材料消耗定额提供计算依据。

3. 统计法

统计法主要是通过现场进料、用料的大量统计资料进行分析计算，获得材料消耗的数据。

统计法对积累的各分部分项工程所耗用材料的统计分析，是根据各分部分项工程拨付材料数量、剩余材料数量及总共完成产品数量来进行计算的。

采用统计法计算数据，要保证统计和测算耗用材料与相应产品一致。施工现场的某些材料，往往难以区分用在各个不同部位上的准确数量。因此，施工时要有意识地加以区分，才能得到有效的统计数据，有利于材料消耗定额的确定。

4. 理论计算法

理论计算法是一般常用的方法，根据施工图纸，运用一定的数学公式，直接计算单位产品的材料净用量。它适宜不易产生损耗，且容易确定废料的规格材料，如块料、锯材、油毡、玻璃、钢材、预制构件等的消耗定额。这些材料只要根据设计图纸、材料规格及施工规范等就可以通过理论计算确定出它们的消耗量，不可避免的损耗也有一定规律可循。

现以砖砌体材料用量的计算为例说明如下：

$$1\ m^3\ 砖砌体中砖的净用量(块) = \frac{2 \times 墙厚的砖数}{墙厚 \times (砖厚 + 灰缝) \times (砖长 + 灰缝)}$$

$$1\ m^3\ 砖砌体中砂浆的净用量(m^3) = 1 - 砖数 \times 砖体积$$

$$砖、砂浆损耗量 = 净用量 \times 损耗率$$

标准砖尺寸及体积：

$$长 \times 宽 \times 厚 = 0.24 \times 0.115 \times 0.053 = 0.001\ 462\ 8\ m^3$$

墙厚：半砖墙为 0.115 m；一砖墙为 0.24 m；一砖半墙为 0.365 m；灰缝厚为 0.01 m；等等。

墙厚的砖数：半砖墙为 0.5；一砖墙为 1；一砖半墙为 1.5；等等。

【例 5-4】 试计算 1 m³ 一砖半墙体(标准砖)的材料净用量。

解 根据上述公式和数据，1 m³ 一砖半墙砌体的材料净用量为

$$标准砖净用量 = \frac{2 \times 1.5}{0.365 \times (0.24 + 0.01) \times (0.053 + 0.01)} \approx 522（块）$$

$$砂浆净用量 = 1 - 522 \times 0.001\,462\,8 = 0.237(m^3)$$

以上四种确定材料消耗定额的方法，各有其优缺点，在实际工作中应注意相互结合和验证。

四、机械台班消耗定额

(一) 机械台班消耗定额的概念及形式

机械台班消耗定额是指在正常施工生产和合理使用施工机械的条件下，完成单位合格产品所必须消耗的某种施工机械的工作时间标准。其计量单位以台班表示，每台班按 8 h 计算。

机械台班消耗定额与劳动定额相同，可分为时间定额和产量定额两种形式。

1. 机械时间定额

机械时间定额是指在正常施工生产条件下，某种机械完成单位合格产品所必须消耗的工作时间，其计算公式为

$$机械时间定额 = \frac{1}{机械台班产量定额\,(台班)}$$

配合机械的工人小组人工时间定额为

$$人工时间定额 = \frac{台班内小组成员工日数}{机械台班产量定额}$$

【例 5-5】 斗容量 1 m³ 反铲挖土机，挖二类土，深度 2 m 以内，装车小组为 2 人，其台班产量为 500 m³，求该挖土机的时间定额和配合机械的工人人工时间定额。

解 (1)　　　　　挖土机时间定额 $= \frac{1}{5} = 0.2$(台班/100 m³)

(2)　　　　　人工时间定额 $= \frac{2}{5} = 0.4$(工日/100 m³)

2. 机械台班产量定额

机械台班产量定额是指在合理的施工组织和正常的施工生产条件下，某种机械在每台班内完成合格产品的数量。其计算公式为

$$机械台班产量定额 = \frac{1}{机械时间定额}$$

或　　　　　　$$机械台班产量定额 = \frac{台班内小组成员工日数}{人工时间定额}$$

【例 5-6】 斗容量 1 m³ 反铲挖土机，挖三类土，深度 4 m，每 100 m³ 时间定额 0.391 台班，求该机械的产量定额。

解
$$机械台班产量定额 = \frac{1}{0.391} = 2.56 \,(100\text{m}^3 / 台班)$$

【例 5-7】 用 6 t 塔式起重机吊装混凝土构件，由 1 名司机，7 名起重工和 2 名电焊工组成的劳动小组完成。已知机械时间定额为 0.025 台班/块，求相应的机械台班产量定额和配合人工时间定额。

解 （1）
$$机械台班产量定额 = \frac{10}{0.25} = 40 \,(块 / 台班)$$

（2）
$$人工时间定额 = \frac{10}{40} = 0.25 \,(工日 / 块)$$

（二）机械台班消耗量的确定方法

1. 拟定机械工作的正常条件

机械工作与人工操作相比，劳动生产率在很大程度上受到施工条件的影响，编制定额时应重视机械工作的正常条件。拟定机械工作的正常条件主要是指拟定工作地点的合理组织和工人的合理编制。

（1）工作地点的合理组织。工作地点的合理组织是指对机械和材料在施工地点的放置位置、工人从事操作的场所等作出科学合理的平面布置和空间安排。要求机械和操纵机械的工人在最小范围内移动，但又不阻碍机械运转和工人操作；应使机械的开关和操纵装置尽可能集中地装置在操纵工人的近旁，以节省工作时间和减轻劳动强度；应最大限度发挥机械的效能，减少工人的手工操作。

（2）拟定工人的合理编制。拟定工人的合理编制是根据施工机械的性能和设计能力、工人的专业分工和劳动工效，合理确定操纵和维护机械的工人编制及配合机械施工的工人编制。合理的工人编制要求保持机械的正常生产率和工人正常的劳动工效。工人编制往往要通过计时观察、理论计算和经验资料来合理确定。

2. 确定机械纯工作 1 h 正常生产率

机械纯工作时间是指机械的必需消耗时间，包括在正常负荷下和有根据地降低负荷下的工作时间、不可避免的无负荷工作时间和必要的中断时间，不包括低负荷下的工作时间。

机械纯工作 1 h 正常生产率是指在正常施工组织条件下，具有必需的知识和技能的技术工人操纵机械 1 h 的生产率。施工机械可分为循环动作和连续动作两种类型，对两种类型机械纯工作 1 h 的正常生产率应分别测定和研究。

（1）循环动作机械纯工作 1 h 的正常生产率。对于按照同样次序、定期重复着固定的工作组成部分的循环动作机械，例如单斗挖土机、起重机等，其纯工作 1 h 的生产率，取决于机械纯工作 1 h 的循环次数和每一次循环中所生产的产品数量。计算公式为
$$R = N \cdot M$$
式中：R 为机械纯工作 1 h 的生产率；N 为机械工作 1 h 的循环次数；M 为机械每一次循环中生产的产品数量。

以上数据可通过技术测定求得。

【例 5-8】 某工程用塔式起重机吊装构件，由 1 名司机、8 名起重工和 1 名电焊工组

成的劳动小组共同完成。每次吊装 1 块构件，机械循环的各组成部分平均延续时间，经计时观测如下：

挂钩时的停车	50 s
将构件吊至所需高度	32 s
塔吊回转悬臂	34 s
将构件卸于安装处	24 s
摘钩时的停车	40 s
回转悬臂落下吊钩空回至构件堆放处	60 s
总计	240 s

解
$$N = \frac{60 \times 60}{240} = 15(次)，\quad M = 1 (块/次)$$

$$R = N \cdot M = 15 \ 次 \times 1 \ 块/次 = 15 \ (块)$$

(2) 连续动作机械纯工作 1 h 的正常生产率。连续动作机械，如混凝土搅拌机，其纯工作 1 h 的正常生产率 R，一般是通过试验或实际观测在一定时间 P 内完成的合格产品数量 M 来确定的。计算公式为

$$R = \frac{M}{P}$$

3. 确定机械时间利用系数

机械时间利用系数是指机械在工作班内对工作时间的利用率。确定机械的时间利用系数，首先是计算工作班正常状况下准备与结束工作、机械启动、机械维护等工作所必需消耗的时间以及机械有效工作的开始与结束时间，然后再计算出机械在工作班内的纯工作时间。这些时间可以通过工作日写实法观察分析得到。

机械时间利用系数计算公式为

$$K = \frac{E}{T}$$

式中：K 为机械时间利用系数；E 为机械在一个工作班内的纯工作时间；T 为一个工作班的法定工作时间(一般为 8 h)。

如例 5-8，若塔吊在 8 h 工作班内纯工作时间为 7.2 h，则机械时间利用系数为

$$K = \frac{E}{T} = \frac{7.2}{8} = 0.9$$

4. 计算机械台班消耗定额

(1) 机械台班产量定额。用机械纯工作 1 h 的生产率 R 乘以每班法定工作时间 T，再乘以机械时间利用系数 K，即得机械台班产量定额，即

$$N = R \cdot T \cdot K = 8 \cdot R \cdot K$$

式中，N 为机械台班产量定额。

如例 5-8，若塔吊纯工作 1 h 的生产率为 15 块，时间利用系数为 0.9，则塔吊台班产量定额为

$$N = 8 \cdot R \cdot K = 8 \times 15 \times 0.9 = 108(块/台班)$$

但对于一次循环时间大于 1 h 的机械施工过程，就不需要计算纯工作 1 h 的生产率，可直接用下式计算台班产量定额，即

$$N = \frac{M \cdot K \cdot T}{P}$$

式中：M 为机械一次循环中生产的产品数量；T 为一个工作班的法定工作时间；K 为机械时间利用系数；P 为机械一次循环时间。

(2) 机械时间定额。根据机械时间定额与产量定额的反比关系，按下列公式计算时间定额

$$机械时间定额 = \frac{1}{机械台班产量定额(台班)}$$

第四节　建筑安装工程基础单价及工程单价

一、人工日工资单价的组成和确定方法

人工日工资单价是指施工企业平均技术熟练程度的生产工人在每个工作日(国家法定工作时间内)按规定从事施工作业应得的日工资总额。合理确定人工日工资单价是正确计算人工费和工程造价的前提和基础。

(一) 人工日工资单价组成内容

人工日工资单价由计时工资或计件工资、奖金、津贴补贴以及特殊情况下支付的工资组成。

(1) 计时工资或计件工资，是指按计时工资标准和工作时间或对已做工作按计件单价支付给个人的劳动报酬。

(2) 奖金，是指对超额劳动和增收节支支付给个人的劳动报酬，如节约奖、劳动竞赛奖等。

(3) 津贴补贴，是指为了补偿职工特殊或额外的劳动消耗和因其他原因支付给个人的津贴，以及为了保证职工工资水平不受物价影响支付个人的物价补贴，如流动施工津贴、特殊地区施工津贴、高温(寒)作业临时津贴、高空津贴等。

(4) 特殊情况下支付的工资，是指根据国家法律、法规和政策规定，因病、工伤、产假、计划生育假、婚丧假、事假、探亲假、定期休假、停工学习、执行国家或社会义务等原因按计时工资标准或计件工资标准的一定比例支付的工资。

(二) 人工日工资单价确定方法

(1) 年平均每月法定工作日。由于人工日工资单价是每一个法定工作日的工资总额，因此需要对年平均每月法定工作日进行计算。计算公式为

$$年平均每月法定工作日 = \frac{全年日历日 - 法定假日}{12}$$

式中，法定假日指双休日和法定节日。

（2）日工资单价的计算。确定了年平均每月法定工作日后，将上述工资总额进行分摊，即形成了人工日工资单价。计算公式为

$$日工资单价 = \frac{生产工人平均月工资(计时、计件) + 平均月（奖金 + 津贴补贴 + 特殊情况下支付的工资）}{年平均每月法定工作日}$$

（3）日工资单价的管理。虽然施工企业投标报价时可以自主确定人工费，但由于工人日工资单价在我国具有一定的政策性，因此工程造价管理机构确定日工资单价应根据工程项目的技术要求，通过市场调查并参考实物工程量人工单价综合分析确定，发布的最低日工资单价不得低于工程所在地人力资源和社会保障部门所发布的最低工资标准：普工 1.3 倍、一般技工 2 倍、高级技工 3 倍。

（三）影响人工日工资单价的因素

影响人工日工资单价的因素很多，归纳起来有以下方面：

（1）社会平均工资水平。建筑安装工人人工日工资单价必然和社会平均工资水平趋同，社会平均工资水平取决于经济发展水平。由于经济增长，社会平均工资也会增长，从而影响人工日工资单价的提高。

（2）生活消费指数。生活消费指数的提高会影响人工日工资单价的提高，以减少生活水平的下降，或维持原来的生活水平。生活消费指数的变动取决于物价的变动，尤其取决于生活消费品物价的变动。

（3）人工日工资单价的组成内容。例如，《关于印发〈建筑安装工程费用项目组成〉的通知》(建标〔2013〕44 号)将职工福利费和劳动保护费从人工日工资单价中删除，这也必然影响人工日工资单价的变化。

（4）劳动力市场供需变化。劳动力市场如果需求大于供给，人工日工资单价就会提高；如果供给大于需求，市场竞争激烈，人工日工资单价就会下降。

（5）政府推行的社会保障和福利政策也会影响人工日工资单价的变动。

二、材料单价的组成和确定方法

（一）材料单价的概念及构成

在建筑安装工程中，材料费占整个建筑安装工程造价的比例很大，约占总造价的 60%～70%。因此，正确确定建筑安装工程材料单价，有利于合理确定建筑安装工程造价，有利于施工企业和建设单位开展经济核算，有利于推行建筑安装工程招标投标承包制。

材料单价是指材料从其来源地运到施工工地仓库，直至出库形成的综合平均单价。材料单价一般由材料原价(或供应价格)、材料运杂费、运输损耗费、采购及保管费组成。此外，在计价时，材料费中还应包括单独列项计算的检验试验费。

（二）材料单价的编制依据和确定方法

1. 材料原价(或供应价格)

材料原价是指国内采购材料的出厂价格，国外采购材料抵达买方边境、港口或车站并交纳完各种手续费、税费(不含增值税)后形成的价格。在确定原价时，凡同一种材料因来源地、交货地、供货单位、生产厂家不同，而有几种价格(原价)时，根据不同来源地供货数量比例，采取加权平均的方法确定其综合原价。其计算公式为

$$加权平均原价 = \frac{K_1 C_1 + K_2 C_2 + ... + K_n C_n}{K_1 + K_2 + ... + K_n}$$

式中：K_1，K_2，$...K_n$ 为各不同供应地点的供应量或各不同使用地点的需要量；C_1，C_2，$...C_n$ 为各不同供应地点的原价。

若材料供货价格为含税价格，则材料原价应以购进货物适用的税率(13%或9%)或征收率(3%)扣除增值税进项税额。

2. 材料运杂费

材料运杂费是指国内采购材料自来源地、国外采购材料自到岸港运至工地仓库或指定堆放地点发生的费用(不含增值税)。含外埠中转运输过程中所发生的一切费用和过境、过桥费用，包括调车和驳船费、装卸费、运输费及附加工作费等。

同一品种的材料有若干个来源地，应采用加权平均的方法计算材料运杂费。其计算公式为

$$加权平均运杂费 = \frac{K_1 T_1 + K_2 T_2 + ... + K_n T_n}{K_1 + K_2 + ... + K_n}$$

式中：K_1，K_2，$...K_n$ 为各不同供应地点的供应量或各不同使用地点的需要量；T_1，T_2，$...T_n$ 为各不同运距的运费。

若运输费用为含税价格，则需要按"两票制"和"一票制"两种支付方式分别调整。

（1）"两票制"支付方式。所谓"两票制"材料，是指材料供应商就收取的货物销售价款和运杂费向建筑业企业分别提供货物销售和交通运输两张发票的材料。在这种方式下，运杂费以接受交通运输与服务适用税率9%扣除增值税进项税额。

（2）"一票制"支付方式。所谓"一票制"材料，是指材料供应商就收取的货物销售价款和运杂费合计金额向建筑业企业仅提供一张货物销售发票的材料。在这种情况下，运杂费采用与材料原价相同的方式扣除增值税进项税额。

3. 运输损耗

在材料的运输中应考虑一定的场外运输损耗费用。这是指材料在运输装卸过程中不可避免的损耗。运输损耗的计算公式为

$$运输损耗 = (材料原价 + 运杂费) \times 运输损耗率(\%)$$

4. 采购及保管费

采购及保管费是指组织采购、供应和保管材料过程中所需要的各项费用，包含采购费、仓储费、工地管理费和仓储损耗。

采购及保管费一般按照材料到库价格以费率取定。材料采购及保管费计算公式为

采购及保管费 = 材料运到工地仓库价格 × 采购及保管费率(%)

或

采购及保管费 = (材料原价 + 运杂费 + 运输损耗费) × 采购及保管费率(%)

综上所述，材料单价的一般计算公式为

材料单价 = [(材料原价 + 运杂费) × (1 + 运输损耗率(%))] × (1 + 采购及保管费率(%))

由于我国幅员广阔，建筑材料产地与使用地点的距离，各地差异很大，采购、保管、运输方式也不尽相同，因此材料单价原则上按地区范围编制。

(三) 影响材料单价变动的因素

影响材料单价变动的因素有以下方面：

(1) 市场供需变化。材料原价是材料单价中最基本的组成。如果市场供大于求，价格就会下降；反之，价格就会上升，从而也就会影响材料单价的涨落。

(2) 材料生产成本的变动直接涉及材料单价的波动。

(3) 流通环节的多少和材料供应体制也会影响材料单价。

(4) 运输距离和运输方法的改变会影响材料运输费用的增减，从而也会影响材料单价。

(5) 国际市场行情会对进口材料价格产生影响。

三、施工机械台班单价的组成和确定方法

(一) 施工机械台班单价的概念及构成

施工机械台班单价，是指一台施工机械，在正常运转条件下一个工作班中所发生的全部费用，每台班按 8 小时工作制计算。正确制定施工机械台班单价是合理确定和控制工程造价的重要方面。

根据《建设工程施工机械台班费用编制规则》(建标〔2015〕34 号)的规定，建筑安装工程施工中常用的机械共划分为 12 大类：土石方及筑路机械、打夯机械、起重机械、水平运输机械、垂直运输机械、砼及砂浆机械、加工机械、泵类机械、焊接机械、动力机械、地下工程机械、其他机械。

施工机械台班单价由七项费用组成，即折旧费、检修费、维护费、安拆费及场外运费、人工费、燃料动力费、其他费用。

(二) 施工机械台班单价的确定方法

1. 折旧费的组成及确定

折旧费是指施工机械在规定的耐用总台班内，陆续收回其原值的费用。其计算公式为

$$台班折旧费 = \frac{机械预算价格 \times (1 - 残值率)}{耐用总台班}$$

(1) 机械预算价格。机械预算价格按机械出厂(或到岸完税)价格及机械以交货地点或口岸运至使用单位机械管理部门的全部运杂费计算。

① 国产施工机械的预算价格。国产施工机械预算价格按照机械原值、相关手续费和一次运杂费以及车辆购置税之和计算。

机械原值应按下列途径询价、采集：编制期施工企业购进施工机械的成交价格；编制期施工机械展销会发布的成交价格；编制期施工机械生产厂、经销商的销售价格；其他能反映编制期施工机械价格水平的市场价格。

相关手续费和一次运杂费应按实际费用综合取定，也可按其占施工机械原值的百分率确定。

车辆购置税的计算。车辆购置税计算公式为

$$车辆购置税 = 计取基数 \times 车辆购置税率$$

② 进口施工机械的预算价格。进口施工机械的预算价格按照到岸价格、关税、消费税、相关手续费和国内一次运杂费、银行财务费、车辆购置税之和计算。

进口施工机械原值应按下列方法取定：进口施工机械原值应按"到岸价格 + 关税"取定，到岸价格应按编制期施工企业签订的采购合同、外贸与海关等部门的有关规定及相应的外汇汇率计算取定；进口施工机械原值应按不含标准配置以外的附件及备用零配件的价格取定。

关税、消费税及银行财务费应执行编制期国家有关规定，并参照实际发生的费用计算，也可按占施工机械原值的百分率取定。

相关手续费和国内一次运杂费应按实际费用综合取定，也可按其占施工机械原值的百分率确定。

车辆购置税应按下列公式计算：

$$车辆购置税 = 计税价格 \times 车辆购置税率$$

其中：计税价格＝到岸价格 + 关税 + 消费税，车辆购置税率应执行编制期间国家有关规定计算。

(2) 残值率。残值率是指机械报废时回收残余价值占施工机械预算价格的百分数。残值率应按编制期国家有关规定确定：目前各类施工机械均按 5% 计算。

(3) 耐用总台班。耐用总台班是指施工机械从开始投入使用至报废前使用的总台班数。

年工作台班指施工机械在一个年度内使用的台班数量。年工作台班应在编制期制度工作日基础上扣除检修、维护天数及考虑机械利用率等因素综合取定。

机械耐用总台班的计算公式为

$$耐用总台班 = 折旧年限 \times 年工作台班 = 检修间隔台班 \times 检修周期$$

检修间隔台班是指机械自投入使用起至第一次检修止或自上一次检修后投入使用起至下一次检修止，应达到的使用台班数。

检修周期是指机械正常的施工作业条件下，将其寿命期(即耐用总台班)按规定的检修次数划分为若干个周期。其计算公式为

$$检修周期 = 检修次数 + 1$$

2. 检修费的组成及确定

检修费是指施工机械设备在耐用总台班内，按规定的检修间隔进行必要的检修，以恢复其正常功能所需的费用。检修费则是机械使用期限内全部检修费之和在台班费用中的分

摊额，它取决于一次检修费、检修次数和耐用总台班的数量。其计算公式为

$$台班检修费 = \frac{一次检修费 \times 检修次数}{耐用总台班} \times 除税系数$$

(1) 一次检修费，是指施工机械一次检修发生的工时费、配件费、辅料费、油燃料费等。一次检修费应按施工机械的相关技术指标和参数为基础，结合编制期市场价格综合确定。可按其占预算价格的百分率取定。

(2) 检修次数，是指施工机械在其耐用总台班内的检修次数。检修次数应按施工机械的相关技术指标取定。

(3) 除税系数，是指考虑一部分检修可以尝试购买服务，从而需扣除维护费中包括的增值税进项税额，公式如下：

$$除税系数 = \frac{自行检修比例 + 委外检修比例}{1 + 税率}$$

自行检修比例、委外检修比例是指施工机械自行检修、委托专业修理修配部门检修占检修费比例。具体比值应结合本地区(部门)施工机械检修实际综合取定。税率按增值税修理修配劳务使用税率计取。

3. 维护费的组成及确定

维护费是指施工机械在规定的耐用总台班内，按规定的维护间隔进行各级维护和临时故障排除所需的费用。保障机械正常运转所需替换与随机配备工具附具的摊销和维护费用、机械运转及日常保养维护所需润滑与擦拭的材料费用及机械停滞期间的维护费用等。各项费用分摊到台班中，即为维护费。其计算公式为

$$台班维护费 = \frac{\sum(各级维护一次费用 \times 除税系数 \times 各级维护次数) + 临时故障排除费}{耐用总台班}$$

当维护费计算公式中各项数值难以确定时，也可采用下列公式

$$台班维护费 = 台班检修费 \times K$$

式中，K 为维护费系数，指维护费占检修费的百分数。

(1) 各级维护一次费用应按施工机械的相关技术指标，结合编制期市场价格综合取定。

(2) 各级维护应按施工机械的相关技术指标取定。

(3) 临时故障排除费可按各级维护费用之和的百分数取定。

(4) 替换设备及工具附具台班摊销费应按施工机械的相关技术指标，结合编制期市场价格综合取定。

(5) 除税系数。除税系数计算公式为

$$除税系数 = \frac{自行维护比例 + 委外维护比例}{1 + 税率}$$

4. 安拆费及场外运输费的组成及确定

安拆费是指施工机械在现场进行安装与拆卸所需人工、材料、机械和试运转费用以及机械辅助设施的折旧、搭设、拆除等费用；场外运费指施工机械整体或分体自停放地点运

至施工现场或由一施工地点运至另一施工地点的运输、装卸、辅助材料及架线等费用。

安拆费及场外运费根据施工机械不同分为计入台班单价、单独计算和不需计算三种类型。

(1) 安拆简单、移动需要起重及运输机械的轻型施工机械,其安拆费及场外运费计入台班单价。安拆费及场外运费应按下列公式计算:

$$\frac{台班安拆费}{及场外运费} = \frac{一次安拆费及场外运费 \times 年平均安拆次数}{年工作台班}$$

式中,各变量说明如下:

① 一次安拆费应包括施工现场机械安装和拆卸一次所需的人工费、材料费、机械费、安全监测部门的检测费及试运转费。

② 一次场外运费应包括运输、装卸、辅助材料、回程等费用。

③ 年平均安拆次数按施工机械的相关技术指标,结合具体情况综合确定。

④ 运输距离均按平均 30 km 计算。

(2) 单独计算的情况包括:

① 安拆复杂、移动需要起重及运输机械的重型施工机械,其安拆费及场外运费单独计算。

② 利用辅助设施移动的施工机械,其辅助设施(包括轨道和枕木)等的折旧、搭设和拆除等费用可单独计算。

(3) 不需计算的情况包括:

① 不需安拆的施工机械,不计算一次安拆费。

② 不需相关机械辅助运输的自行移动机械,不计算场外运费。

③ 固定在车间的施工机械,不计算安拆费及场外运费。

(3) 自升式塔式起重机、施工电梯安拆费的超高起点及其增加费,各地区、部门可根据具体情况确定。

5. 人工费的组成及确定

人工费指机上司机(司炉)和其他操作人员的人工费。计算公式为

$$台班人工费 = 人工消耗量 \times (1 + \frac{年制度工作日 - 年工作台班}{年工作台班}) \times 人工单价$$

式中,各变量说明如下:

(1) 人工消耗量指机上司机(司炉)和其他操作人员工日消耗量。

(2) 年制度工作日应执行编制期国家有关规定。

(3) 人工单价应执行编制期工程造价管理机构发布的信息价格。

6. 燃料动力费的组成及确定

燃料动力费是指施工机械在运转作业中所耗用的燃料及水、电等费用。

其计算公式为

$$台班燃料动力费 = \sum(台班燃料动力消耗量 \times 燃料动力单价)$$

(1) 燃料动力消耗量应根据施工机械技术指标等参数及实测资料综合确定。可采用下

列公式：

$$台班燃料动力消耗量 = \frac{实测数 \times 4 + 定额平均值 + 调查平均值}{6}$$

(2) 燃料动力单价应执行编制期工程造价管理机构发布的不含税信息价格。

7. 其他费用的组成及确定

其他费用是指施工机械按照国家规定应缴纳的车船税、保险费及检测费等。其计算公式为

$$台班其他费 = \frac{年车船税 + 年保险费 + 年检测费}{年工作台班}$$

(1) 年车船税、年检测费用应执行编制期国家及地方政府有关部门的规定。

(2) 年保险费应执行编制期国家及地方政府有关部门强制性保险的规定，非强制性保险不应计算在内。

(三) 影响施工机械台班单价变动的因素

影响机械台班单价变动的因素有以下方面：

(1) 施工机械的价格。它不仅是影响折旧费的重要因素，也是影响机械台班单价的重要因素。

(2) 机械使用年限。它不仅影响折旧费的提取，也影响到大修理费和经常修理费的开支。

(3) 机械的使用效率和管理水平。

(4) 政府征收税费的规定等。

第五节　工程计价定额

工程计价定额是指工程定额中直接用于工程计价的定额或指标，包括预算定额、概算定额和估算指标等。工程计价定额主要用来在建设项目的不同阶段作为确定和计算工程造价的依据。

一、预算定额

(一) 预算定额的概念

预算定额是指在正常的施工条件下，完成一定计量单位合格分项工程和结构购进所需消耗的人工、材料和施工机具台班数量及其相应费用标准。是计算建筑安装产品价格的基础。工程基本构造要素，就是通常所说的分项工程和结构构件。预算定额在各地区的具体价格的表现是单位估价表和综合预算定额，它们是计算建筑产品价格的直接依据。

我国在过去长期实行的工程概预算制度中，预算定额是工程建设中一项重要的技术经济文件，由建设行政主管部门或其授权的工程造价管理机构编制和发布，在确定和控制工程造价方面发挥着十分重要的作用。但是，在目前市场经济条件下进行工程造价改革，推行工程量清单计价，预算定额更多地表现为现在的消耗量定额。

（二）预算定额的作用

预算定额的作用有：

(1) 预算定额是编制施工图预算，确定和控制建筑安装工程造价的基础。

(2) 预算定额是对设计方案进行技术经济比较、技术经济分析的依据。

(3) 预算定额是工程结算的依据。

(4) 预算定额是施工企业进行经济活动分析的依据。

(5) 预算定额是编制标底、投标报价的基础。

(6) 预算定额是编制概算定额和概算指标的基础。

（三）预算定额的编制原则、依据

1. 预算定额的编制原则

(1) 按社会平均水平确定预算定额的原则。预算定额的平均水平是指在正常的施工条件、合理的施工组织和工艺条件、平均劳动熟练程度及劳动强度下，完成单位分项工程基本构造要素所需的劳动时间。预算定额的水平以施工定额水平为基础，两者有着密切的联系。但是，预算定额绝不是简单地套用施工定额的水平，它包含了更多的可变因素，需要保留合理的幅度差。另外，预算定额是平均水平，施工定额是平均先进水平，所以两者相比，预算定额水平要相对低一些。

(2) 简明适用原则。贯彻简明适用原则编制预算定额，是为了便于掌握执行定额的操作性。为此，编制预算定额时，对于那些主要的、常用的、价值量大的项目，分项工程划分宜细。次要的不常用的、价值量较小的项目则可以放粗一些。要注意补充那些因采用新技术、新结构、新材料和先进经验而出现的新的定额项目。

2. 预算定额的编制依据

编制预算定额的主要依据有：

(1) 现行劳动定额和施工定额。

(2) 现行设计规范、施工及验收规范、质量评定标准和安全操作规程。

(3) 具有代表性的典型工程施工图及有关标准图。

(4) 新技术、新结构、新材料和先进的施工方法等。

(5) 有关科学实验、技术测定的统计、经验资料。

(6) 现行的预算定额、材料单价及有关文件规定等。

（四）预算定额编制中的主要工作

1. 确定预算定额的计量单位

预算定额和施工定额计量单位往往不同。施工定额的计量单位一般按工序或施工过程确定；而预算定额的计量单位，主要是根据分部分项工程的形体和结构构件特征及其变化确定。由于工作内容具有综合性，预算定额的计量单位亦具有综合的性质，所选择的计量单位要根据工程量计算规则规定并确切反映定额项目所包含的工作内容。

预算定额的计量单位关系到预算工作的繁简和准确性，因此，要正确地确定各分部分项工程的计量单位。预算定额的计量单位一般依据以下建筑结构构件形体的特点来确定：

(1) 凡建筑结构构件的断面有一定形状和大小，但是长度不定时，可按长度以米为计量单位。如踢脚线、楼梯栏杆、木装饰条、管道线路安装等。

(2) 凡建筑结构构件的厚度有一定规格，但是长度和宽度不定时，可按面积以平方米为计量单位。如地面、墙面和天棚抹灰等。

(3) 凡建筑结构构件的长度、厚(高)度和宽度都变化时，可按体积以立方米为计量单位。如土方、钢筋混凝土构件等。

(4) 钢结构由于重量与价格差异很大，形状又不固定，可采用重量以吨为计量单位。

(5) 凡建筑结构构件无一定规格，而其构造又较复杂时，可按个、台、座、组为计量单位。如铸铁水斗、卫生洁具安装等。

预算定额中各项人工、机械和材料的计量单位选择，比较固定。人工和机械按"工日""台班"计量(国外多按"小时""台时"计量)；各种材料的计量单位应与产品计量单位一致，精确度要求高、材料贵重，多取三位小数。如钢材吨以下取三位小数，木材立方米以下取三位小数。一般材料取两位小数。

2. 按典型设计图纸和资料计算工程数量

计算工程量的目的，是通过分别计算典型设计图纸所包括的施工过程的工程量，以便在编制预算定额时，可以利用施工定额或劳动定额的人工、机械和材料消耗指标确定预算定额所含工序的消耗量。

3. 确定预算定额各项目人工、材料和机械台班消耗指标

确定预算定额人工、材料、机械台班消耗指标时，必须先按施工定额的分项逐项计算出消耗指标，然后再按预算定额的项目加以综合。但是，这种综合不是简单的合并和相加，而需在综合过程中增加两种定额之间适当的水平差。预算定额的水平，首先取决于这些消耗量的合理确定。

4. 编制定额表和拟定有关说明

定额项目表的一般格式是：横向排列为各分项工程的项目名称，竖向排列为该分项工程的人工、材料和施工机械消耗量指标。有的项目表下部还有附注，以说明设计有特殊要求时，怎样进行调整和换算。

预算定额的说明包括定额总说明、分部工程说明及各分项工程说明。涉及各分部需说明的共性问题，列入总说明；属某一分部需说明的事项，列章节说明。说明要求简明扼要，但是必须分门别类注明，尤其是对特殊的变化。说明力求使用起来简便，避免争议。

(五) 预算定额消耗量的编制方法

人工、材料和机械台班消耗量指标，应根据定额编制原则和要求，采用理论与实际相结合、图纸计算与施工现场测算相结合、编制人员与现场工作人员相结合等方法进行计算和确定，使定额既符合政策要求，又与客观情况一致，便于贯彻执行。

1. 预算定额的人工工日消耗量的计算

人工的工日数可以有两种确定方法：一种以劳动定额为基础确定；一种以现场观察测

定资料为基础计算。遇到劳动定额缺项时，采用现场工作日写实等测时方法确定和计算定额的人工耗用量。

预算定额的人工工日消耗量是指在正常施工条件下，生产单位合格产品所必需消耗的人工工日数量，是由分项工程所综合的各个工序劳动定额包括的基本用工、其他用工两部分组成的。

(1) 基本用工。基本用工指完成单位合格产品所必需消耗的技术工种用工。可以按技术工种相应劳动定额的工时定额计算，以不同工种列出定额工日。基本用工包括：

① 完成定额计量单位的主要用工。按综合取定的工程量和相应劳动定额进行计算。其计算公式为

$$基本用工 = \sum（综合取定的工程量 \times 劳动定额）$$

例如：工程实际中的砖基础，有 1 砖厚、1 砖半厚、2 砖厚之分，用工各不相同，在预算定额中由于不区分厚度，需要按照统计的比例加权平均，即由公式中的综合取定的工程量得出用工。

② 按劳动定额规定应再增加计算的用工量。例如，砖基础埋深超过 1.5 m，超过部分要增加用工。预算定额中应按一定比例给予增加。

由于预算定额是以施工定额子目综合扩大的，包括的工作内容较多，施工的效果视具体部位而不一样，需要另外增加用工，列入基本用工内。

(2) 其他用工。其他用工通常包括：

① 超运距用工。超运距是指劳动定额中已包括的材料、半成品场内水平搬运距离与预算定额所考虑的现场材料、半成品堆放地点到操作地点的水平运输距离之差。

$$超运距 = 预算定额取定运距 - 劳动定额已包括的运距$$

需要指出，实际工程现场运距超过预算定额取定运距时，可另行计算现场二次搬运费。

② 辅助用工。辅助用工指技术工种劳动定额内不包括而在预算定额内又必须考虑的用工。例如，机械土方工程配合用工、材料加工(筛砂、洗石、淋化石灰)，电焊点火用工等。其计算公式为

$$辅助用工 = \sum（材料加工数量 \times 相应的加工劳动定额）$$

③ 人工幅度差。人工幅度差即预算定额与劳动定额的差额，主要是指在劳动定额中未包括而在正常施工情况下不可避免但又很难准确计量的用工和各种工时损失。内容包括：各工种间的工序搭接及交叉作业互相配合所发生的停歇用工；施工机械在单位工程之间转移及临时水电线路移动所造成的停工；质量检查和隐蔽工程验收工作的影响；班组操作地点转移用工；工序交接时对前一工序不可避免的修整用工；施工中不可避免的其他零星用工。

人工幅度差计算公式为

$$人工幅度差 = (基本用工 + 辅助用工 + 超运距用工) \times 人工幅度差系数$$

人工幅度差系数一般为 10%～15%。在预算定额中，人工幅度差的用工量列入其他用工中。

2. 预算定额的材料消耗量的计算

材料消耗量计算方法主要有：

(1) 凡有标准规格的材料，按规范要求计算定额计量单位耗用量，如砖、块料面层等。

(2) 凡设计图纸标注尺寸及下料要求的材料，按设计图纸尺寸计算材料净用量，如门窗制作用材料等。

(3) 换算法。各种胶结、涂料等材料的配合比用料，可以根据要求条件换算，得出材料用量。

(4) 测定法。测定法包括试验室试验法和现场观察法，是指各种强度等级的混凝土及砌筑砂浆配合比的耗用原材料数量的计算，需按规范要求试配经过试压合格以后并经必要的调整后得出的水泥、砂子、石子、水的用量。当新材料、新结构不能用其他方法计算定额耗用量时，需用现场测定方法来确定，根据不同条件可以采用写实记录法和观察法，得出定额的消耗量。

材料损耗量是指在正常施工条件下不可避免的材料损耗，如现场材料运输损耗及施工操作过程中的损耗等。其关系式为

$$材料损耗率 = \frac{损耗量}{净用量} \times 100\%$$

$$材料损耗量 = 材料净用量 \times 损耗率(\%)$$

$$材料消耗量 = 材料净用量 + 损耗量$$

或　　　　　　$$材料消耗量 = 材料净用量 \times [1 + 损耗率(\%)]$$

3. 预算定额的机械台班消耗量的计算

预算定额的机械台班消耗量是指在正常施工条件下，生产单位合格产品(分部分项工程或结构构件)必须消耗的某种型号施工机械的台班数量。

(1) 根据施工定额确定机械台班消耗量的计算。这种方法是指施工定额或劳动定额中机械台班产量加机械幅度差计算预算定额的机械台班消耗量。

机械台班幅度差一般包括正常施工组织条件下不可避免的机械空转时间，施工技术原因的中断及合理停滞时间，因供电供水故障及水电线路移动检修而发生的运转中断时间，因气候变化或机械本身故障影响工时利用的时间，施工机械转移及配套机械相互影响损失的时间，配合机械施工的工人因与其他工种交叉造成的间歇时间，因检查工程质量造成的机械停歇的时间，工程收尾和工作量不饱满造成的机械停歇时间等。

大型机械幅度差系数为：土方机械 25%，打桩机械 33%，吊装机械 30%。砂浆、混凝土搅拌机由于按小组配用，以小组产量计算机械台班产量，不另增加机械幅度差。其他分部工程中(如钢筋加工、木材、水磨石等)各项专用机械的幅度差为 10%。

综上所述，预算定额的机械台班消耗量按下式计算：

　　　预算定额机械耗用台班 = 施工定额机械耗用台班 × (1 + 机械幅度差系数)

占比重不大的零星小型机械按劳动定额小组成员计算出机械台班使用量，以"机械费"或"其他机械费"表示，不再列台班数量。

(2) 以现场测定资料为基础确定机械台班消耗量。如果遇到施工定额(劳动定额)缺项者，则需要依据单位时间完成的产量测定。

(3) 混凝土、砂浆搅拌机等按台班产量确定台班数量。

（六）预算定额基价编制

预算定额基价就是预算定额分项工程或结构构件的单价，包括人工费、材料费和机械台班使用费，也称工料单价或直接工程费单价。

预算定额基价一般是指通过编制单位估价表、地区单位估价表及设备安装价目表所确定的工料单价，用于编制施工图预算。在预算定额中列出的"预算价值"或"基价"，应视作该定额编制时的工程单价。

预算定额基价的编制方法，简单说就是工、料、机的消耗量和工、料、机单价的结合过程。其中，人工费由预算定额中每一分项工程用工数，乘以地区人工工日单价计算得到；材料费由预算定额中每一分项工程的各种材料之和算出；机械费由预算定额中每一分项工程的各种机械台班预算价格之和算出。

分项工程预算定额基价的计算公式为

$$分项工程预算定额基价 = 人工费 + 材料费 + 机械使用费$$

$$人工费 = \sum (现行预算定额中人工工日用量 \times 人工工日单价)$$

$$材料费 = \sum (现行预算定额中各种材料消耗量 \times 相应材料单价)$$

$$机械台班使用费 = \sum (现行预算定额中机械台班消耗量 \times 相应机械台班单价)$$

预算定额基价的构成及其相互关系，如图 5-9 所示。

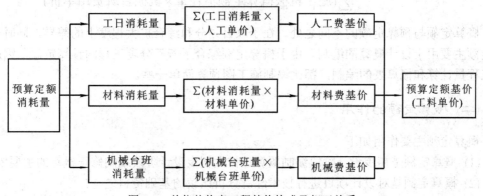

图 5-9　单位估价表工程基价构成及相互关系

从图 5-9 中可以看出，预算定额中的人工、材料、机械台班(简称"三量")和地区日工资单价、材料单价、机械台班单价(简称"三价")分别相乘就得出预算定额的基价(工料单价)。

预算定额基价是根据现行定额和当地的价格水平编制的，具有相对稳定性。但是为了适应市场价格的变动，在编制预算时，必须根据工程造价管理部门发布的调价文件对固定的工程预算单价进行修正。修正后的工程单价乘以根据图纸计算出来的工程量，就可以获得符合实际市场情况的工程的直接工程费。

二、概算定额

(一) 概算定额的概念

概算定额是指在预算定额基础上，确定完成合格的单位扩大分项工程或单位扩大结构构件所需消耗的人工、材料和机械台班的数量标准，所以概算定额又称做扩大结构定额。

概算定额是预算定额的合并与扩大。它将预算定额中有联系的若干个分项工程项目综合为一个概算定额项目。如砖基础概算定额项目，就是以砖基础为主，综合了平整场地、挖地槽、铺设垫层、砌砖基础、铺设防潮层、回填土及运土等预算定额中分项工程项目。又如砖墙定额，就是以砖墙为主，综合了砌砖、钢筋混凝土过梁制作、运输、安装、勒脚、内外墙面抹灰、内墙面刷白等预算定额的分项工程项目。

概算定额与预算定额的相同之处在于，它们都是以建(构)筑物各个结构构件和分部分项工程为单位表示的，内容也包括人工、材料和机械台班使用量定额三个基本部分，并列有基准价。

概算定额表达的主要内容、主要方式及基本使用方法都与预算定额相近。概算定额基价的计算公式为

$$定额基价 = 定额单位人工费 + 定额单位材料费 + 定额单位机械费$$
$$= \sum(人工概算定额消耗量 \times 人工工资单价) +$$
$$\sum(材料概算定额消耗量 \times 材料单价) +$$
$$\sum(施工机械概算定额消耗量 \times 机械台班费用单价)$$

概算定额与预算定额的不同之处，在于项目划分和综合扩大程度上的差异，同时，概算定额主要用于设计概算的编制。由于概算定额综合了若干分项工程的预算定额，因此概算工程量计算和概算表的编制，都比编制施工图预算简单一些。

(二) 概算定额的作用

概算定额主要作用如下：

(1) 概算定额是初步设计阶段编制概算、扩大初步设计阶段编制修正概算的主要依据。

(2) 概算定额是对设计项目进行技术经济分析比较的基础资料之一。

(3) 概算定额是建设工程主要材料计划编制的依据。

(4) 概算定额是编制概算指标的依据。

(三) 概算定额的编制依据

由于概算定额的使用范围不同，因而其编制依据也略有不同。其编制依据一般有以下几种：

(1) 现行的设计规范、施工验收技术规范和各类工程预算定额。

(2) 具有代表性的标准设计图纸和其他设计资料。

(3) 现行的人工工资标准、材料价格、机械台班单价及其他的价格资料。

（四）概算定额的编制步骤

概算定额的编制一般分四个阶段进行，即准备阶段、编制初稿阶段、测算阶段和审查定稿阶段。

1. 准备阶段

准备阶段主要是确定编制机构和人员组成，进行调查研究，了解现行概算定额执行情况和存在的问题，明确编制的目的，制定概算定额的编制方案和确定概算定额的项目。

2. 编制初稿阶段

编制初稿阶段是根据已经确定的编制方案和概算定额项目，收集和整理各种编制依据，对各种资料进行深入细致的测算和分析，确定人工、材料和机械台班的消耗量指标，最后编制概算定额初稿。概算定额水平与预算定额水平之间应有一定的幅度差，幅度差一般在 5%以内。

3. 测算阶段

测算阶段的主要工作是测算概算定额水平，即测算新编制概算定额与原概算定额及现行预算定额之间的水平。测算的方法既要分项进行测算，又要通过编制单位工程概算以单位工程为对象进行综合测算。

4. 审查定稿阶段

概算定额经测算比较定稿后，可报送国家授权机关审批。

三、概算指标

（一）概算指标的概念

建筑安装工程概算指标通常是以整个建筑物和构筑物为对象，以建筑面积、体积或成套设备装置的台或组为计量单位而规定的人工、材料、机械台班的消耗量标准和造价指标。

从上述概念中可以看出，建筑安装工程概算定额与概算指标的主要区别有两个方面。

1. 确定各种消耗量指标的对象不同

概算定额是以单位扩大分项工程或单位扩大结构构件为对象的，而概算指标则是以整个建筑物(如 100 m^2 或 1000 m^2 建筑物)和构筑物为对象的。因此概算指标比概算定额更加综合与扩大。

2. 确定各种消耗量指标的依据不同

概算定额是以现行预算定额为基础，通过计算之后才综合出各种消耗量指标的，而概算指标中各种消耗量指标的确定，则主要来自各种预算或结算资料。

（二）概算指标的作用

概算指标主要用于投资估价、初步设计阶段。其作用主要有：

(1) 在初步设计阶段，概算指标是编制建筑工程设计概算的依据，这是指在没有条件计算工程量时只能使用概算指标。

(2) 概算指标可以作为编制投资估算的参考资料。

(3) 概算指标中的主要材料指标可以作为匡算主要材料用量的依据。

(4) 概算指标是设计单位进行设计方案比较、建设单位选址的一种依据。

(5) 概算指标是编制固定资产投资计划，确定投资额和主要材料计划的主要依据。

（三）概算指标的编制依据

概算指标的编制依据有：

(1) 标准设计图纸和各类工程典型设计。

(2) 国家颁发的建筑标准、设计规范、施工规范等。

(3) 各类工程造价资料。

(4) 现行的概算定额和预算定额及补充定额。

(5) 人工工资标准、材料预算价格、机械台班预算价格及其他价格资料。

（四）概算指标的编制步骤

以房屋建筑工程为例，概算指标可按以下步骤进行编制：

(1) 首先成立编制小组，拟订工作方案，明确编制原则和方法，确定指标的内容及表现形式，确定基价所依据的人工工资单价、材料预算价格、机械台班单价。

(2) 收集整理编制指标所必需的标准设计、典型设计以及有代表性的工程设计图纸、设计预算等资料，充分利用有使用价值的已经积累的工程造价资料。

(3) 编制阶段主要是选定图纸，并根据图纸资料计算工程量和编制单位工程预算书，以及按着编制方案确定的指标项目对照人工及主要材料消耗指标，填写概算指标的表格。

例如，每平方米建筑面积造价概算指标编制方法如下：

(1) 编写资料审查意见及填写设计资料名称、设计单位、设计日期、建筑面积及构造情况，提出审查和修改意见。

(2) 在计算工程量的基础上，编制单位工程预算书，据以确定每百平方米建筑面积的构造情况以及人工、材料、机械消耗指标和单位造价的经济指标。其具体方法如下：

① 计算工程量就是根据审定的图纸和预算定额计算出建筑面积及各分部分项工程量，然后按编制方案规定的项目进行归并，并以每平方米建筑面积为计算单位，换算出所对应的工程量指标。

② 根据计算出的工程量和预算定额等资料，编出预算书，求出每百平方米建筑面积的预算造价及人工、材料、施工机械费用和材料消耗量指标。

③ 构筑物是以座为单位编制概算指标，因此，在计算完工程量，编出预算书后，不必进行换算，预算书确定的价值就是每座构筑物概算指标的经济指标。

④ 最后，经过核对审核、平衡分析、水平测算，审查定稿。

四、投资估算指标

（一）投资估算指标的概念

投资估算指标是指确定和控制建设项目全过程各项投资支出的技术经济指标。其范围涉及建设前期、建设实施期及竣工验收交付使用期等各个阶段的费用支出，内容因行业不同而不同，一般可分为建设项目综合指标、单项工程指标和单位工程指标三个层次。

1. 建设项目综合指标

建设项目综合估算指标是指按规定应列入建设项目总投资的从立项筹建开始至竣工验收交付使用的全部投资额，包括单项工程投资、工程建设其他费和预备费等。

建设项目综合指标一般以项目的综合生产能力单位投资表示，如"元/t""元/kW"，或以使用功能表示，如医院床位："元/床"。

2. 单项工程指标

单项工程指标是指按规定应列入能独立发挥生产能力或使用效益的单项工程内的全部投资额，包括建筑工程费、安装工程费、设备及生产工器具购置费和其他费用。

3. 单位工程指标

单位工程指标是指按规定应列入能独立设计、施工的工程项目的费用，即建筑安装工程费用。单位工程指标一般按如下方式表示：

房屋：区别不同结构形式，以"元/m²"表示。

道路：区别不同构造层、面层，以"元/m"表示。

水塔：区别不同结构、容积，以"元/座"表示。

管道：区别不同材质、管径，以"元/m"表示。

(二) 投资估算指标的作用

工程建设投资估算指标是编制建设项目建议书、可行性研究报告等前期工作阶段投资估算的依据，也可以作为编制固定资产长远规划投资额的参考。投资估算指标为完成项目建设的投资估算提供依据和手段，它在固定资产的形成过程中起着投资预测、投资控制、投资效益分析的作用，是合理确定项目投资的基础。估算指标中的主要材料消耗量也是一种扩大了的材料消耗指标，可以作为计算建设项目主要材料消耗量的基础。估算指标的正确制定和合理使用对于提高投资估算的准确度，对建设项目的合理评估、正确决策具有重要的作用。

第六节　工程造价信息

一、工程造价信息的概念、特点和分类

(一) 工程造价信息的概念

工程造价信息是一切有关工程造价的特征、状态及其变动的消息的组合。在工程承发包市场和工程建设过程中，工程造价总是在不停地变化着，并呈现出种种不同特征。人们对工程承发包市场和工程建设过程中工程造价的动态变化，是通过工程造价信息来认识和掌握的。

在工程承发包市场和工程建设中，工程造价是最灵敏的调节器和指示器，无论是政府工程造价主管部门还是工程承发包双方，都要通过接收工程造价信息来了解工程建设市场动态，预测工程造价发展，决定政府的工程造价政策和工程承发包价。因此，工程造价主管部门和工程承发包双方都要接收、加工、传递和利用工程造价信息，工程造价信息作为一种社会资源在工程建设中的地位日趋明显，特别是随着我国工程量清单计价制度的开始推行以及工程价格从政府计划的指令性价格向市场定价的转化，在市场定价的过程中，信息起着举足轻重的作用，因此工程造价信息资源开发的意义更为重要。

（二）工程造价信息的特点

(1) 区域性。建筑材料具有重量大、体积大、产地远离消费地点的特点，因而运输量大，费用也较高。尤其不少建筑材料本身的价值或生产价格并不高，但所需要的运输费用却很高，这都在客观上要求尽可能地就近使用建筑材料。因此，这类建筑信息的交换和流通往往限制在一定的区域内。

(2) 多样性。建设工程具有多样性的特点，要使工程造价管理的信息资料满足不同特点项目的需求，信息在内容和形式上应具有多样性的特点。

(3) 专业性。工程造价信息的专业性集中反映在建设工程的专业化上，例如水利、电力、铁道、公路等工程，所需的信息有它的专业特殊性。

(4) 系统性。工程造价信息是由若干具有特定内容和同类性质的、在一定时间和空间内形成的一连串信息。一切工程造价的管理活动和变化总是在一定条件下受各种因素的制约和影响。工程造价管理工作也同样是多种因素相互作用的结果，并且从多方面反映出来，因而从工程造价信息源发出来的信息都不是孤立的、紊乱的，而是大量的、系统性的。

(5) 动态性。工程造价信息需要经常不断地收集和补充新的内容，进行信息更新，真实反映工程造价的动态变化。

(6) 季节性。由于建筑生产受自然条件影响较大，施工内容的安排必须充分考虑季节因素，这使得工程造价的信息也不能完全避免季节性的影响。

（三）工程造价信息的分类

为便于对信息进行管理，有必要将各种信息按一定的原则和方法进行区分和归集，并建立起一定的分类系统和排列顺序。因此，在工程造价管理领域，也应该按照不同的标准对信息进行分类。

1. 工程造价信息分类的原则

对工程造价信息进行分类必须遵循以下基本原则：

(1) 稳定性。信息分类应选择分类对象最稳定的本质属性或特征作为信息分类的基础和标准；信息分类体系应建立在对基本概念和划分对象的透彻理解和准确把握的基础上。

(2) 兼容性。信息分类体系必须考虑到项目各参与方所应用的编码体系的情况，项目信息的分类体系应能满足不同项目参与方高效信息交换的需要。同时，与有关国际、国内标准的一致性也是信息兼容性应考虑的内容。

(3) 可扩展性。信息分类体系应具备较强的灵活性，可以在使用过程中进行扩展，以保证增加新的信息类型时，不至于打乱已建立的分类体系，同时，一个通用的信息分类体系还应为具体环境中信息分类体系的拓展和细化创造条件。

(4) 综合实用性。信息分类应从系统工程的角度出发，放在具体的应用环境中进行整体考虑。这体现在信息分类的标准与方法的选择上，应综合考虑项目的实施环境和信息技术工具。

2. 工程造价信息的具体分类

工程造价信息可以按以下方式分类：

(1) 按管理组织的角度来分，可以分为系统化工程造价信息和非系统化工程造价信息。

(2) 按形式划分，可以分为文件式工程造价信息和非文件式工程造价信息。

(3) 按信息来源划分，可以分为横向的工程造价信息和纵向的工程造价信息。

(4) 按反映经济层面划分，可分为宏观工程造价信息和微观工程造价信息。

(5) 按动态性划分，可分为过去的工程造价信息、现在的工程造价信息和未来的工程造价信息。

(6) 按稳定程度划分，可以分为固定工程造价信息和流动工程造价信息。

二、工程造价信息的主要内容

从广义上说，所有对工程造价的计价和控制过程起作用的资料都可以称为工程造价信息。例如，各种定额资料、标准规范、政策文件等。但最能体现信息动态性变化特征，并且在工程价格的市场机制中起重要作用的工程造价信息主要包括价格信息、工程造价指数和已完工程信息三类。

(一) 价格信息

价格信息包括各种建筑材料、装修材料、安装材料、人工工资、施工机械等的最新市场价格。这些信息是比较初级的，一般没有经过系统的加工处理，也可以称其为数据。

1. 人工价格信息

根据《关于开展建筑工程实物工程量与建筑工种人工成本信息测算和发布工作的通知》(建办标函〔2006〕765号)，我国自2007年起开展建筑工程实物工程量与建筑工种人工成本信息(也称人工价格信息)的测算和发布工作。其成果是引导建筑劳务合同双方合理确定建筑工人工资水平的基础，是建筑企业合理支付工人劳动报酬和调解、处理建筑工人劳动工资纠纷的依据，也是工程招投标中评定成本的依据。

(1) 建筑工程实物工程量人工价格信息。这种价格信息是按照建筑工程的不同划分标准确定的，反映了单位实物工程量的人工价格信息。根据工程的不同部位，体现作业的难易，结合不同工种作业情况将建筑工程划分为：土石方工程、架子工程、砌筑工程、模板工程、钢筋工程、混凝土工程、防水工程、抹灰工程、木作与木装饰工程、油漆工程、玻璃工程、金属制品制作及安装、其他工程等十三项。

(2) 建筑工种人工成本信息。这种价格信息是按照建筑工人的工种分类，反映不同工种的单位人工日工资单价的信息。建筑工种是根据《中华人民共和国劳动法》和《中华人民共和国职业教育法》的有关规定，对从事技术复杂、通用性广、涉及国家财产、人民生命安全和消费者利益的职业(工种)的劳动者实行就业准入的规定，结合建筑行业实际情况确定的。

2. 材料价格信息

在材料价格信息的发布中，应披露材料类别、规格、单价、供货地区、供货单位以及发布日期等信息。

3. 机械价格信息

机械价格信息包括设备市场价格信息和设备租赁市场价格信息两部分。相对而言，后者对于工程计价更为重要，发布的机械价格信息应包括机械种类、规格型号、供货厂商名称、租赁单价、发布日期等内容。

(二) 工程造价指数

工程造价指数(造价指数信息)是反映一定时期价格变化对工程造价影响程度的指数，包括各种单项价格指数、设备工器具价格指数、建筑安装工程造价指数、建设项目或单项工程造价指数。

(三) 已完工程信息

已完或在建工程的各种造价信息，可以为拟建工程或在建工程造价提供依据。这种信息也可称为工程造价资料。

复习思考题

1. 简述工程造价计价的基本原理。
2. 简述工程计价的基本程序。
3. 简述我国建设工程定额的分类与作用。
4. 简述建筑安装工程人工、材料和机械台班消耗量的确定方法。
5. 人工工日单价的构成内容有哪些？
6. 什么是材料的预算价格？它由哪些部分组成？
7. 机械台班单价由哪些费用构成？
8. 简述预算定额的概念、作用和编制原则。
9. 简述预算定额人工、材料和机械台班消耗量的确定方法。
10. 简述工程单价的概念及形式。
11. 概括说明在施工定额基础上编制预算定额的基本原理。
12. 简述概算定额和概算指标的概念及作用。
13. 从研究对象、作用等方面，比较施工定额、预算定额、概算定额、概算指标和投资估算指标。

第六章　工程造价专业人才教育理念与岗位需求分析

工程造价专业是教育部根据国民经济和社会发展的需要而新增设的热门专业之一，是以经济学、管理学为理论基础，以工程项目管理理论和方法为主导的社会科学与自然科学相交的边缘学科。工程造价专业培养掌握建设工程技术、经济法规和现代管理基本理论和知识，具有建设工程计量、计价与管理基本技能，具备从事工程咨询、施工、开发、管理能力和创新能力的高级工程经济管理人才。

第一节　工程造价专业人才教育的理念

工程造价专业培养的是懂技术、懂经济、会经营、善管理的复合型高级工程造价人才；要求工程造价专业人员既要掌握设计、构造、技术方面的知识，还要掌握材料及市场信息和动态；对工程运行背景和整体环境有充分认识，并能对工程造价进行整体掌控；要能系统地掌握工程造价管理的基本理论和技能；熟悉有关产业的经济政策和法规；具有较高的外语和计算机应用能力；能够编制有关工程定额；具备从事建设工程招标投标，编写各类工程估价(概预算)经济文件，进行建设项目投资分析、造价确定与控制等工作基本技能；具有编制建设工程设备和材料采购、物资供应计划的能力；具有建设工程成本核算、分析和管理的能力，并受到科学研究的初步训练。

工程造价专业培养德智体美全面发展，具备扎实的高等教育文化理论基础，适应我国和地方区域经济建设发展需要，具备管理学、经济学和土木工程技术的基本知识，掌握现代工程造价管理科学的理论、方法和手段，获得造价工程师、咨询(投资)工程师的基本训练，具有工程建设项目投资决策和全过程各阶段工程造价管理能力，有实践能力和创新精神的应用型高级工程造价管理人才。教育部根据国民经济和社会发展的需要而新增设的热门专业之一，是以经济学、管理学为理论基础，以工程项目管理理论和方法为主导的社会科学与自然科学相交的边缘学科。

第二节　工程造价专业人才岗位需求分析

改革开放以来，我国国民经济持续快速发展，固定资产投资高速增长。2013年，我国国内生产总值(GDP)近57万亿元人民币。早在2011年，国内生产总值就达到了58 786亿美元，超过日本的54 742亿美元，成为全球第二大经济体。

在过去相当长的一段时间内，我国经济增长中投资所占的贡献份额大约为 50%～60%，其中固定资产投资最高。国内生产总值中，全社会固定资产投资所占比重高达 34.9%。2003—2011 年全社会固定资产投资累计完成 144.9 万亿元，年均增长 25.6%；其中，基础设施投资 25.7 万亿元，2004—2011 年年均增长 21.9。投资规模之大、增速之快为历史所少有。青藏铁路、京沪高铁等一批关系国计民生的重大项目建成投产，西气东输、南水北调、长江三峡等重大工程进展顺利。期间 GDP 年均增长率达 10.7%。经济的飞速发展，庞大的固定资产投资以及大型项目的建设，使得我国建设领域内对工程造价人才的需要持续增长。

当前，我国已进入现代化发展的中前期，各种基础设施项目和房屋建筑的建设任务极为繁重。同时，我国城市化水平仅为 36%左右，而发达国家普遍超过 70%，如果在 21 世纪中叶要达到发达国家水平，则每年需要有 1600 万人口转入城市，这需要相应规模的城市基础设施、商业设施，特别是住宅建筑。因此，我国的城市建设、城镇建设、工程建设、建筑业、房地产业、城市公用事业和勘察设计业正面临着新的历史性的发展机遇，对工程造价人才尤其是具有现代经济管理知识、行业管理知识、专业技术知识，以及懂计量、懂开发的工程造价人才有着广泛的需求。这也为我国的工程管理专业人才提供了极好的施展才华的机会。近年来，外国投资的涌入和我国公司陆续进入国际市场，都将极大地促进我国工程建筑业和房地产业的发展，对工程造价人才的需求又有了新的增长。

一、 工程造价岗位人才的核心能力

具体来说，工程造价专业人员，即专业造价工程师，应当具备下列核心能力。

(1) 掌握工程造价基本原理和方法。专业造价工程师能够根据施工图准确计算工程量，根据综合基价和清单规范编制分项工程综合单价，最后计算出工程造价。这是行业对造价专业人才的基本要求，是造价专业人员应具备的基础能力。

(2) 根据工程造价及工程的实际情况进行造价分析。随着我国建筑业与国际接轨，亚洲银行与世界银行的贷款项目越来越多，国际通行的工程量清单计价模式逐渐取代了我国造价行业传统的综合计价模式。这一变化，对造价从业者提出了新的要求：一是根据工程量计算及套用换算综合基价，分析工程造价是否合理；二是掌握工程造价的基本方法和程序，学会进行综合单价分析，学会报价；三是了解造价行情，熟悉工程价格信息，对常见项目的报价心中有数。以上三条也是造价人员应具备的基本素质之一。

(3) 灵活多变的投标策略。传统的工程承发包模式和定额价模式下的工程造价只关注建筑工程成本大小，简单地按既定的计价标准来计算工程的价格。而现行新的工程承发包模式和清单计价模式下的工程造价则不同，它更多地关注承包商的利润多少，而且可以用更大的空间去灵活决定价格的高低。具体而言，传统的工程承发包模式和定额计价模式是"先上车，后补票"，先以预算价承包工程，工程完工后再据实际结算，"多退少补"，工程造价仅仅是工程承包的一个技术性的环节，预算人员对工程承包过程没有直接的作用，不参与承包企业的经营决策过程；而新的承包模式和新的计价模式是"先买票，后上车"，工程实行单价包干或总价包干，一旦中标，工程价格就严格按合同价执行，此时报价的高低是决定投标企业能否中标、承包后能获利多少的关键因素。因此，工程造价人员不仅是在做单纯的技术工作，而且是要直接参与到企业的经营决策中，因此必须根据承包企业的目标灵活地选择报价策略，才有可能达到目的。这就要求工程造价人员具有丰富的实践经验及较强的总体把握能力，能够准确地分析工程造价的构成，抓住工程造价中的关键所在，并判断出其中的决定因素，灵活地调整工程价格，尽量做到有的放矢。因此，较高的工程造价的控制能力、灵活的报价策略也是造价人员应具备的基本素质之一。

(4) 合同谈判能力。造价做得准确与否，企业利润的高低最终是由合同反映出来的。合同谈判的目的在于双赢。因此，造价人员不仅具有对工程造价的确定和控制能力，还应具有好的口才、巧妙的策略、丰富的知识、优秀的谈话风格等高超的合同谈判能力。

(5) 处理索赔能力。在激烈的市场竞争，对工程质量要求越来越高，而工程的中标价格却越来越低，工程的利润也越来越薄。为了维护企业的合法权益，保证企业的应得利润，在工程合同履行过程中，对于并非自己的过错而由对方承担责任的情况造成的实际损失，应向对方提出经济补偿和(或)工期顺延的要求。这就要求造价人员熟悉工程合同条款，懂得施工过程的各个工艺流程，对发生争议的施工内容，提出主张，能够准确书写索赔文件，维护所在企业的合法权益。

(6) 具有现代管理人员的技能结构。造价人员不仅应具有造价确定与控制的技术技能，还应具有人文技能和观念技能，以达到完成特定任务的能力。造价人员为了很好地履行职责，必须不断在实际工作中总结经验、积累资料、收集信息，不断提高专业能力和技巧，适应市场经济条件下造价管理工作的需要。

(7) 较高的综合素质。造价人员不但具备相应的专业知识，而且熟悉世贸规则，了解国内外相关法律、法规和惯例；既懂一两门外语，又是一专多能的高智能型人才。

二、工程造价人员岗位资格

造价岗位从业者要求有执业资格证。一是二级造价工程师证，二是一级造价工程师证。执业资格证是用来表示你有资格代表单位出具造价文件，有法律效用。

二级造价工程师职业资格实行全国统一大纲，各省、自治区、直辖市自主命题并组织实施的考试制度。二级造价工程师职业资格考试由各省级住房城乡建设、交通运输、水利行政主管部门会同人力资源社会保障行政主管部门组织实施，一级造价工程师由住房与城乡建设部和人事部组织考试，全国统考。

国家对造价工程师职业资格实行注册执业管理制度。取得造价工程师职业资格证书且从事工程造价相关工作的人员，经注册方可以注册造价工程师名义从事工程造价工作。

二级造价工程师职业资格注册的组织实施由省级住房城乡建设、交通运输、水利行政主管部门分别负责。

住房城乡建设部、交通运输部、水利部按照职责分工，制定相应造价工程师职业资格注册管理办法并监督执行。准予注册的，省级住房城乡建设、交通运输、水利行政主管部门予以发放《中华人民共和国造价工程师注册证（二级）》（或电子证书）。注册造价工程师执业时应持注册证书和执业印章。注册证书、执业印章样式以及注册证书编号由住房城乡建设部会同交通运输部、水利部统一制定。住房城乡建设部、交通运输部、水利部及省级住房城乡建设、交通运输、水利行政主管部门按职责分工分别负责注册证书的制作和发放；执业印章由注册造价工程师按照统一规定自行制作。

一级造价工程师是指经全国统一考试合格，取得一级造价工程师执业资格证书，并经注册取得造价工程师注册证书，从事建设工程造价活动的人员。考试合格但未经注册的人员，不得以一级造价工程师的名义从事建设工程造价活动。凡从事工程建设活动的建设、设计、施工、工程造价咨询、工程造价管理等单位，必须在计价、评估、审查(核)、控制及管理等岗位配备具有造价工程师执业资格的专业技术人员。造价工程师是建设领域工程造价的管理者，其执业范围和担负的重要任务，要求造价工程师还应当具备现代管理人员的技能结构。

二级注册造价工程师的执业范围协助一级注册造价工程师开展相关工作，并可独立开展的具体工作内容有：

① 建设工程工料分析、计划、组织与成本管理，以及施工图预算、设计概算编制；

② 建设工程量清单、招标控制价、投标报价编制；

③ 建设工程合同价款、结算和竣工决算价款的编制。

造价员与造价工程师的区别在于造价员只能做设计施工阶段的工作，如设计概算、施工图预算，以及结算、决算等。造价工程师还能做决策阶段的工作，如可行性研究、投资估算、财务评价，就是说造价师比造价员高一级别。

三、工程造价人员职业规划

从行业构造上来说，工程造价人员的晋升都遵循着"算量员—二级造价工程师——级造价工程师"这一道路。之后又有两个发展方向：一是成为专业造价工程师，负责项目造价，再进一步成为总工程师；二是朝管理方向发展，成为项目经理、工程经理。

从事造价工作的人员，参加造价工程师执业资格考试，取得二级造价工程师证书和国家注册一级造价工程师证书后，可担任造价工程师。造价工程师是指由国家授予资格并准予注册后执业，专门接受某个部门或某个单位的指定、委托或聘请，负责并协助其进行工程造价的计价、定价及管理业务，以维护其合法权益的工程经济专业人员。

本科生可在毕业两年后考取全国二级造价工程师证书；毕业两年内，评助理工程师职称；毕业五年后，考取注册一级造价工程师，并评工程师职称，工作岗位定位为主管或成本经理；之后再朝专业岗或管理岗进一步发展。

第三节　工程造价专业就业方向

工程造价专业的就业方向包括：设计及预算方向。代表职位：项目设计师、预算工程师、预算员、一级造价工程师、二级造价工程师、土建预算员、工程造价师预结算、土建造价工程师、安装造价工程师、土建工程师、工程预算员、安装预算员、土建造价师、项目经理等。

工程造价专业学生毕业后可在工程(造价)咨询公司、建筑施工企业(乙方)、建筑装潢装饰工程公司、工程建设监理公司、房地产开发企业、设计院、会计审计事务所、政府部门企事业单位基建部门(甲方)等企事业单位从事工程造价招标代理、建设项目投融资和投资控制、工程造价确定与控制、投标报价决策、合同管理、工程预(结)决算、工程成本分析、工程咨询、工程监理以及工程造价管理相关软件的开发应用和技术支持等工作。

代表单位：工程勘察设计单位、房地产开发企业、交通或市政工程类机关单位的职能部门、工程造价咨询机构等。

各种设计院对工程设计人员的需求近年来持续增长，随着咨询业的兴起，工程预决算等建筑行业的咨询服务人员也成为土建业内新的就业增长点。典型职业通路：预算员—预算工程师—高级咨询师。

复习思考题

1. 工程造价人员应当具备什么素质？
2. 工程造价人员的就业方向有哪些？

第七章　工程造价专业人才培养方案与教学体系

第一节　工程造价专业沿革与发展

一、国外工程造价专业概况

在国外，针对项目的可行性研究阶段、方案设计阶段、基础设计阶段、详细设计阶段以及开标前阶段对建设项目投资所作的测算统称为"工程估价"。从最初的"工程估价"产生至今，国际工程造价专业已历经了几百年的发展历程。

1. 国际工程造价专业的产生

国际工程造价起源于中世纪的建筑业，当时建筑的设计形式偏于简单，业主请当地工匠负责设计和建造，对于重要的建筑，业主则自行购买材料，雇佣能工巧匠负责建造和监督。工程完工后按双方约定好的价款支付，或事先约定好一个单位单价，并按实际完成的工作量支付工程价款。

随着资本主义社会化大生产的开始，16 世纪至 18 世纪，现代意义上的工程造价行业在英国产生。工业的发展促使大量工业厂房得以兴建，而与此同时，大量的失地农民涌入城市，急需建造民用住宅，这些因素的集体压力促使建筑业空前发展。工程数量和工程规模的扩大要求有专人对所建工程的工程量进行测量、计算工料并估价，从事这项工作的人员逐渐专业化，并成为工料测量师。1834 年的一场大火，烧毁了英国著名的西敏寺皇宫，同时也催生了工料测量专业——在审批新的上下议院大楼工程合同的过程中，英国政府首次采用量度制度及根据工程量清单接受公开投标。工料测量师从此与建筑师、工程师在英国齐肩并立。他们以工匠小组的名义与工程委托人和建筑师洽商，估算和确定工程价款。我国的工程造价专业的设置主要借鉴英国的工料测量学专业的设置。

2. 国际工程造价专业的发展

19 世纪初期，竞争性招投标开始在资本主义国家推行。竞争性招投标需要承包商在开工前根据设计图计算工程量并做出工程估价，承包商一般雇佣一个工料测量师做此项工作。而业主在进行招标时，也会雇佣一个工料测量师为自己计算拟建工程的工程量，从而为承包商提供工程量清单。这使工料测量师的工作范围扩大，工料测量师在工程设计以后和工程开工之前就对拟建工程进行测量和估价，以确定招标的标底和投标的报价。

1881 年英国皇家特许测量师协会(RICS)成立，这个时期计算工程量、提供工程量清单成为业主工料测量师的主要职责，所有的投标都以业主提供的工程量清单为基础进行报价，从而使招标具有可比性。至此，工程造价得以作为一个独立的专业步入规范化的发展轨道，实现了工程造价专业史上的第一次飞跃。

在这个阶段，工程委托人虽在开工前就了解到了投资额，但他还不能做到在设计阶段就对工程项目所需的投资进行准确预计，并对设计进行有效的监督和控制。因此，他们往往在招标时或招标后才发现，根据当时完成的设计，工程费用过高，投资不足，从而不得不中途停工或修改设计。在此状态下，业主迫切要求能够在设计早期，如在作投资决策阶段就能准确地进行投资估算，并对设计进行控制。

20 世纪 50 年代，英国教育部和英国皇家特许测量师协会的成本研究小组先后提出了成本分析和规划的方法。成本规划法的提出大大改变了造价工作的意义，它使得估价和造价工作从原来被动的工作状态转变成主动，从原来设计结束后做估价和造价转变成与设计工作同时进行，甚至在设计之前即可做出精确的估算报告，并可根据工程委托人的要求使工程造价控制在限额以内。这样，始于 20 世纪 50 年代的"投资计划和控制制度"在英国等发达国家出现并推动了工程造价专业的第二次飞跃。

20 世纪 70 年代，对各种可选方案估价和造价不仅考虑了初始成本，还考虑了工程交付使用后的维修和运行成本。1964 年，建筑成本信息服务部门(Building Cost Information Service，BCIS)颁布了划分建筑工程标准的方法，这样使得每个工程的成本可以以相同的方法分摊到各个分部中，从而方便了不同工程的成本比较和成本信息资料的储存。该举使建筑信息化在理论上跨出了一大步。

20 世纪 70 年代末到 90 年代初，工程造价专业又有了新的发展。各国纷纷借助其他管理领域的最新发展，对工程造价的管理进行全面而深入的研究。英国提出了"全生命周期造价管理(Life Cycle Costing Management，LCCM)"，要求人们从项目的整个生命周期出发考虑造价和成本的问题，并使项目的造价最小化。美国提出来"全面造价管理(Total Cost Management，TCM)"，包括全过程、全要素(造价、工期、质量)、全风险、全团队的造价管理。我国在 20 世纪 90 年代初提出了"全过程造价管理(Whole Process Cost Management，WPCM)"，即从项目决策阶段开始到竣工验收交付使用为止的各阶段的工程造价进行合理确定和有效控制。这个时期建筑业有了一种普遍的认识，认为在对各种可选方案进行估价时仅仅考虑成本是不够的，还应考虑到工程交付使用后的维修和运营成本。这种"使用成本"或"总成本"论进一步拓展了估价工作的内涵，从而使造价工作贯穿了项目的全过程。工程造价内涵的拓展和升华标志着国际工程造价专业发展的第三次飞跃。

3. 国际工程造价专业的学科发展系统和培养机制

在国际上，工程造价高等教育与专业人士执业资格制度是紧密结合在一起的，并形成了以英国为代表的工料测量(QS)体系和以美国为代表的工程造价(CE)体系两大高等教育体系。前者强调成为工料测量师的条件之一是必须获得相应的工料测量学历，后者则强调专业人士执业资格的获得要基于工程技术的教育背景。而两个体系的工程造价高等教育的人才培养机制十分注重工程咨询行业和市场对人才能力的要求。

在英联邦体系内，高校中一般设有建筑物测量(Building Surveying)、建造和管理(Building Construction & Management)、工料测量(Quantity Surveying)、建造工程测量

(Construction Quantity Surveying)、建筑管理及经济(Construction Management & Economics)等与工程造价相关的专业。在美、加体系内,设有建造管理(Building Construction Management)、建筑工程管理(Construction Engineering Management)等与工程造价相关的专业。

4. 英国工程造价学科发展及其学科教育

英国工程造价行业的依托机构——皇家特许测量师学会(Royal Institution of Chartered Surveyors,RICS)规定:工料测量师是建筑队伍的财务经理,他们通过对建设造价、工期和质量的管理,创造和增加价值。工料测量师的"增加价值"体现在他们在建设项目全生命周期中对造价计划、合同管理、价值工程分析、账务稽核等方面提供的建议和服务中。事实上,美国国际全面造价管理促进会(American Association of Cost Engineers International,AACE-I)《全面造价管理指南》研究课题的负责人霍尔曼(Hollmann)则认为:"工料测量通常与管理会计有关,在很大程度上属于财务管理、产品管理或运营管理的范畴;而造价工程则通常是与造价预算、造价分析和控制有关,属于技术管理、资产管理和项目管理的范畴。"基于工料测量的理念,英国高等院校实施了有着鲜明特色的工料测量学科教育。英国各大学被授予相当大的自主办学权,可以自主决定其专业的名称和学制年限,在专业设置和管理模式上也强调自身的特点。在英国许多设置建筑管理的大学院校中,都设有工料测量学(Quantity Surveying,QS)专业,或者是在相关专业中设置 QS 系列相关课程。工料测量学教育侧重五个领域,即经济学、管理、施工技术、法律、信息交流(如通过包括 CAD 在内的信息技术知识制成的图纸和合同文件)。这些方面的内容可以向年轻的工料测量师提供发展所必需的核心知识,使毕业生在用书本知识解决实际问题时能够发挥分析能力。当然,各个高等院校在设置具体课程时有一定的差别。

(RICS)具有授予特许工料测量师称号的资格,成为了 RICS 的专业会员,就意味着获得了特许测量师的称号,可签署有关估算、概算、预算、结算、决算的文件,也可独立开业,承揽有关业务,具有独立的开业资格。具有高中至博士学历的人员都具有报考特许测量师的资格,都要经历测量师专业能力评价(Assessment of Professional Competence,APC),实施 APC 的目的是确保申请人从事专业工作时的能力水平符合会员标准。RICS 认为,只有通过 APC 的专业人员,达到业主承认的从事工料测量师工作的能力,才能够被接纳为 RICS 的专业会员 MRICS。在取得特许工料测量师资格后,学会会员再从事 12 年本专业工作,或在预算公司等单位中承担重要职务(如董事)5 年以上者,经学会的资深委员评审委员会批准,即可被吸纳为资深会员(FRICS)。

英国的工料测量师被认为是工程建设领域的经济师。在工程建设全过程中,按照既定工程项目确定投资,在实施的各阶段,各项活动中控制造价,使最终造价不超过规定投资额。不论是受雇于政府还是企事业单位的测量师都是如此,社会地位很高。

5. 北美地区工程造价学科发展及其学科教育

在北美大学教育中尚未设置造价/成本工程领域的学位,这是由于对工程造价的理解不一致所造成的。人们最初认为工料测量师不属于工程师的行列,他们所从事的是管理类职业,而造价工程师是从事造价工程,属于技术管理的范畴,属于工程师行列。实际上两类工作都包括工程项目的造价的确定和控制等基本内容,都属于工程项目管理的范畴。尽管现在人们的认识都趋于两者内涵一致,无本质差别,但截然不同的教育方式仍被保留下来,各具特色。

目前北美许多大学的工学院都有许多系科开设造价/成本工程的课程，在工业工程的部分课程设置中，在机械工程系、化学工程系等均大量涉及了造价/成本工程方面的内容。在土木系、建筑系则更有一些造价/成本工程的课程供学生选修。

在北美，要取得造价/成本工程师(CE)资格，必须先取得工程师资格，然后参加 AACE-I 组织的资格考试，合格后方可取得专业资格。这种考试的目的是：

① 提高造价/成本工程师的专业水平和实践能力。

② 明确造价/成本工程师的知识体系和应该达到的处理实际问题的水平。

③ 制订一个连续的计划，来促进造价工程师的继续教育，以弥补大学教育的不足。

资格考试的范围可概括为：专业造价/成本估算、造价/成本控制、商务战略与管理科学、造价/成本分析、项目管理、进度计划与控制、质量管理与控制、合同管理与合同法等。

让国际全面造价管理促进会引以为豪的一点是：注册造价工程师(Certified Cost Engineer，CCE)均具有工程背景，即申请获得 CCE 者均应有工程学背景或具有工程师资格。这样就提高了对造价工程师素质的要求，也提升了 CCE 的社会地位，即 CCE 不仅能担负工程师的职责，更能胜任造价工作。如果不具备工程学位或工程师背景的人士通过了资格考试，再确认时只能够成为认可造价/成本顾问(Certified Cost Consultant，CCC)。

此外，日本作为当今建筑业较为发达的国家之一，一直非常重视工程造价专业人员的准入管理。在日本，造价工程师被称为建筑积算师。工程造价领域以日本建筑积算师协会(The Building Surveyor's Institute of Japan，BSIJ)为代表，于 1979 年创立了建筑积算师制度并负责具体实施，每年举行一次资格考试。该项考试分理论考试和实践操作考试两大部分，并规定：只有参加第一阶段理论部分考试合格的人员，才有资格进入第二阶段的考试。因此，考试十分严格，淘汰率很高。但申报人员条件较其他国家宽松，即：大学毕业者，从事专业工作 2 年以上；大专毕业者，从事专业工作 3 年以上；高中毕业者，从事专业工作 7 年以上，均可报名参加资格考试。

目前，我国国内造价高等教育学科建设采取在与英国工料测量高等教育体系一致的基础上，吸收北美体系的优点，建设具有中国特色的工程造价学科发展和人才培养模式。发展中的中国工程造价学科正立足于高等教育与执业资格一体化，实现了与国际工程咨询业专业人士制度接轨，满足行业发展对人才的需求。

6. 国际上工程造价高等教育的专业人才培养机制

在英美发达国家，工程造价高等教育的人才培养机制十分注重工程咨询行业和市场对人才能力的要求。通过行业学会的桥梁作用，将高等院校与市场对人才的需求紧密联系在一起，形成了高等教育与执业资格一体化的人才培养机制。这其中，行业协会扮演着非常重要的角色，并提供了连接高校教育和行业学会的三种介入机制：工程造价专业协会对高等院校专业课程体系(Course Philosophy)认证(Accreditation)制度，工程造价行业协会对专业人士的认可(Certified/Chartered)制度，专业协会提供的职业继续教育制度(Continued Professional Development，CPD)，如图 7-1 所示。

英国皇家特许测量师学会、国际全面造价管理促进会、国际工程造价联合会(International Cost Engineering Council，ICEC)、美国建设教育协会(American Association

Construction Education，ACCE)等工程造价相关专业协会经过长期的发展，使这些国家的专业协会对工程造价人才培养的介入机制更加健全。

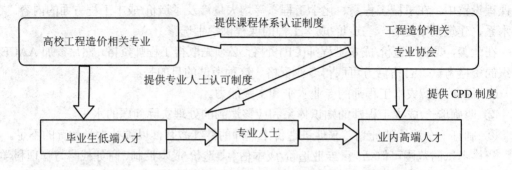

图 7-1　国外建筑工程造价人才培养模式

二、我国工程造价专业概况

（一）我国工程造价的历史沿革

在我国古代工程中，管理者很重视材料消耗的计算，长期以来形成了一些计算工程工料消耗的方法和计算工程费用的方法。北宋时期李诫的《营造法式》是中国第一本详细论述建筑工程做法的官方著作。对于古建筑研究，唐宋建筑的发展，考察宋代及以后的建筑形制、工程装修做法、当时的施工组织管理，具有无可估量的作用。书中规范了各种建筑做法，详细规定了各种建筑施工设计、用料、结构、比例等方面的要求。清朝工部编制的《工程作法则例》有对工程的用料和用工进行估计的内容。以上著作和民国著名建筑大师梁思成的《营造算例》等资料共同见证了工程造价发展的历史。

我国现代意义上的工程造价追溯到 19 世纪末至 20 世纪上半叶，当时外国资本的注入也带来了西方的管理方法和工程计价的先进理论和方法，但由于中国当时落后的经济社会状况，工程造价并没有朝着更远的方向发展。

建国后党和国家对私营营造商进行了社会主义改造，并学习前苏联的预算做法，即先按照图纸计算分项工程量，套用分项工程单价，算出直接费，再以直接费为基础，按一定费率计算间接费、利润和税金等，汇总后得到建筑产品的价格。这种适应计划经济体制的概预算制度的建立，有效地促进了建设资金的合理使用，为国民经济恢复和第一个五年计划的顺利达成起到了积极的作用。

20 世纪 50 年代末到 70 年代后期，是工程造价制度逐渐被削弱到遭受严重破坏直至被取消的时期，概预算和定额管理权限下放，各级概预算部门被精简甚至被撤销，预算人员改行从事其他工作，大量原始造价资料被销毁，造成设计无概算、施工无预算、竣工无决算的状况，工程造价的计价和管理基本处于瘫痪状态。

20 世纪 70 年代后期至 90 年代初期，我国工程造价制度得到恢复和发展。80 年代初期，原国家计委成立了基本建设标准定额研究所和标准定额局；80 年代末期，建设部又成立了标准定额司，各省市和各部委建立了定额管理站，全国颁布了一系列推动概预算管理和定额管理发展的文件和大量的预算定额、概算定额、估算指标。1990 年中国建设工程造价管理协会成立，1996 年造价工程师执业制度建立，积极推动工程造价专业进行改革。

20 世纪 90 年代初至今，我国工程造价专业进入改革、发展和成熟期。1992 年全国工程建设标准定额工作会议提出了工程造价要坚持"控制过程和动态管理"的思路，提出了"统一量、指导价、竞争费"的九字改革设想和实施办法。1995 年建设部发布了《全国统一建筑工程基础定额》和《全国统一建筑工程预算工程量计算规则》。1999 年 1 月建设部发布了《建设工程施工发包与承包价格管理暂行规定》。

2003 年 7 月，国家颁布实施了《建设工程工程量清单计价规范》(GB 50500—2003)，标志着我国建筑市场由传统的计划经济时代进入市场经济时代。2008 年 7 月，修订后的《建设工程工程量清单计价规范》(GB 50500—2008)颁布，并于 2008 年 12 月 1 日起施行。时隔 4 年，于 2013 年 7 月 1 日起施行的《建设工程工程量清单计价规范》(GB 50500—2013)是适应我国新形势下社会主义现代化建设的工程造价管理制度的产物。随着工程量清单计价的进一步发展，与中国特色社会主义市场经济体制相适应的工程造价专业管理机制必将逐步完善。

(二) 我国工程造价专业发展历程

我国工程造价专业的研究和设置起步晚，"一五"期间，苏联援建了百余项建设项目，为总结经验，我国推行计划经济体制下的基本建设管理模式。工程造价早期是土木工程专业教育的一部分，主要是工程估价、工程经济分析等方面的内容。1956 年，同济大学创办了"建造工程经济与组织"本科专业，当时该专业毕业生主要从事工程概预算及设计、施工等技术工作。这是我国工程造价专业的雏形。我国工程造价专业在随后的岁月中逐渐从依附于设计或施工发展到独立的行业，从工程项目施工过程到设计过程一直到工程项目全过程，从计划经济体制下的工程概预算发展到市场经济体制下的工程造价并形成一门技术、经济、管理交叉的学科，基本实现"政府宏观调控，企业自主报价，市场形成价格，社会全面监督"的目标。

目前，国内工程造价专业设置主要有以下两种：一种是在工程管理专业下开设工程造价方向的课程，供学生选择学习，没有独立的该专业专门人才的培养机制；另一种是专门独立开设工程造价专业，不仅在专科、高职和高教自学考试层面开设工程造价专业，且自 2002 年起天津理工大学率先在国内设置了四年制工程造价工学学士学位后，截至 2011 年，有 40 多所高校开设了该专业，加上 200 多所的工程造价专科专业，每年该专业的毕业生多达 3 万人，成型期的工程造价专业基本是工程管理专业的一个发展方向，随着学科的发展，工程造价专业成为教育部 2012 年颁布的《普通高等学校本科专业目录》中设置的一个新专业，隶属学科为管理科学与工程。此后，工程造价专业培养规模逐步增长。

(三) 我国工程造价专业办学规模和培养层次

在办学规模方面，目前工程造价专科层次办学居多，多达 200 余所，理工背景深厚的部分 985、211 高校开设了工程造价专业。工程造价本科专业随着 2012 年《普通高等学校本科专业目录》的发布，开设的学校数逐年增加，由于建立在工程管理基础上，因而办学条件基本良好。

在办学类型方面，目前设置工程造价类专业的院校主要分布在综合类院校、理工类院校、矿业类院校、电力类院校、财经类院校和职业技术学院。

在培养层次方面，工程管理专业的专科、本科、硕士教育体系较为成熟。博士教育尚待发展。专科开设工程造价专业注重实践课程和良好的职业基本能力的培养，国内开设的院校不计其数。典型本科层次工程造价开设的学校目前有重庆大学、西北大学、昆明理工大学、长安大学、东北财经大学、天津理工大学、青岛理工大学等，以重庆大学为典型代表。

重庆大学工程造价四年制本科专业隶属于建设管理与房地产学院，该院于 2000 年 5 月由重庆建筑大学、重庆建筑高等专科学校与重庆大学合并后设立。2013 年工程造价本科专业的招生规模为 60 名，截至 2013 年底，全院四个专业在校生共计 1332 名。该专业通过英国皇家特许测量师学会的评估，主要培养具有由土木工程技术知识及与工程造价相关的管理、经济和法律等方面基础知识和专业知识组成的系统的、开放性的知识结构，具备较强的综合实践能力与创新能力，个性品质健康、社会适应能力强，能够在国内外土木工程及相关领域从事建设工程全过程和全面工程造价管理工作的高素质、复合型人才。本科毕业生可在管理科学与工程、技术经济及管理、管理科学与工程(工程与项目管理)等学科专业攻读硕士学位，该院每年有 20%左右的毕业生攻读硕士学位。

学院十分重视国内外学术交流、合作，长期以来与英国里丁大学、英国曼彻斯特大学、澳大利亚昆士兰理工大学、新加坡国立大学、香港理工大学等建立了良好的教学与学术交流合作关系，并已派出多名教师赴美、英、德、日、新加坡等 10 多个国家和地区进修学习、考察访问和参加国际学术会议，同时聘请多名外籍专家学者来院讲学、任教。

学院还与 CIOB、RICS、英国皇家特许管理会计师公会(The Chartered Instituto of Management Accountants，CIMA)等国际权威性专业组织建立了长期、稳定的合作关系，CIOB、RICS、CIMA 分别在学院设立了重庆大学-CIOB 中心、重庆大学-CIOB 学生中心(CIOB 在中国西部区唯一的学生中心)、重庆大学-RICS 学习中心和重庆大学-CIMA 学生中心，为学院师生提供了专业教育、学术交流、职业发展促进、国际专业执业资格培训等方面的稳定的国际化专业交流平台。通过学院的国际化交流平台，学院每年有一定数量的到国外、境外高校交流学习的机会提供给学生。同时，学院领导正在积极努力，不断拓展学院的国际化合作交流平台，以期能为学生提供更多的国际交流机会，开拓国际视野。

三、现代工程造价学科特点

工程造价学科的发展依托于建筑业的发展，建筑业的内涵不仅在于建筑产品的生产过程，更在于建筑市场和建筑产品交易制度。建筑业的发展由五大支柱和三大控制构成了一个平台。五大支柱分别是自然资源支柱、人力资源支柱、资本支柱、技术支柱和制度支柱；三大控制是指政府、市场和中介组织的控制。在此发展平台上，业主、设计方、承包商、供应商、监理单位和物业管理单位围绕建筑产品的生产和交易，建成环境的维护和管理，各自扮演着不同的角色，推动建筑业的发展。

工程造价及其相关专业的发展是有共同逻辑的，即有一个共同的平台，使得在建筑业越来越复杂和多变的情况下，能够用一些更为多元的跨学科的方法去解决建筑业中出现的问题。工程造价学科就是基于建筑业的广义发展背景，逐渐形成的对土地、房地产、建设等方面进行管理的学科，该学科包含非常广泛的领域，例如房地产估价、市场营销及开发、项目管理、建造策略、成本控制及资产保值等方面。许多理论都有助于理解工料测量(工程造价)专业所涉及的领域，其核心元素是经济、建筑技术和管理。

工程造价学科的特点主要有以下 5 点。

1. 综合性

工程造价学科需要整合工程技术的、经济的、管理的、法律的理论和方法来解决与土地、房地产、建设过程有关的实际问题。在实际工程中，往往需要把各种理论和方法综合加以运用，才能解决与建设过程有关的实际问题，这个过程是将各种知识进行整合的过程。

2. 多样性

工程造价学科的多样性是由公共部门、私人部门的观点，以及和房地产与建设有联系的目标决定的，如城市规划问题的压力、公共房屋、房地产投机、公共工程支出的数量、危房问题等。加上不同类型的房地产（住宅、商业、社会及机关房屋），不同的目的（占用还是投资），不同建设范围（楼宇、土木工程还是大型工程等），都使得多样化成为本学科显著的特征。

3. 专业性

工程造价学科的研究对象具有一定的行业特征，专业性很强。它是基于工程技术的管理规律和工程经济活动的管控问题，研究过程中需要解决的三个问题：一是工程技术活动中所遵循的工程规律；二是工程经济活动中所涉及的规律；三是工程经济活动中的管控问题。

4. 系统性

投资主体(政府、企业、私人等)的多元化和工程项目(商业、办公、住宅、工厂、交通运输项目、市政园林项目等)的多样化，造成了工程造价确定方式方法的多样性和造价管理的系统性。

5. 实践性

工程造价学科是从工程管理学科下独立出来的，是为了解决管理工程技术经济活动的现实问题而诞生的。因此，该专业特别注重理论与实际的紧密结合。工程造价的理论与方法可以直接为控制和降低项目的成本提供理论支持与策略指导。

四、我国工程造价学科体系

新中国成立后，我国参照苏联的工程建设管理经验，逐步建立了一套与计划经济体制相适应的定额管理体系，并陆续颁布了多项规章制度和定额，对促进国民经济的复苏和发展起到了十分重要的作用。改革开放以来，我国工程造价管理进入了黄金发展期，工程计价依据和方法不断改革，工程造价管理体系不断完善，工程造价咨询行业得到快速发展。近年来，我国工程造价学科体系呈现出国际化、信息化和专业化发展趋势。

1. 工程造价体系的国际化

随着中国经济日益融入全球资本市场，进入我国的外资和跨国工程项目不断增多，这些工程项目大都需要通过国际招标、咨询等方式运作。同时，我国政府和企业在海外投资和经营的工程项目也在不断增加。国内市场国际化、国内外市场的全面融合，使得我国工程造价体系的国际化成为一种趋势。境外工程造价咨询机构在长期的市场竞争中已形成自己独特的核心竞争力，在资本、技术、管理、人才、服务等方面均占有一定优势。面对日益严峻的市场竞争，我国工程造价咨询企业应以市场为导向，转换经营模式，增强应变能力，在竞争中求生存，在拼搏中求发展，在未来激烈的市场竞争中取得主动。

2. 工程造价体系的信息化

我国工程造价领域的信息化是从 20 世纪 80 年代末期伴随着定额管理，推广应用工程造价管理软件开始的。进入 20 世纪 90 年代中期，伴随着计算机和互联网技术的普及，全国性的工程造价体系信息化已成必然趋势。近年来，尽管全国各地及各专业工程造价管理机构逐步建立了工程造价信息平台，工程造价咨询企业也大多拥有专业的计算机系统和工程造价管理软件，但仍停留在工程量计算、汇总及工程造价的初步统计分析阶段。从工程造价行业层面来看，统一规划、统一编码的工程造价信息资源共享平台还未建立；从工程造价咨询企业层面看，工程造价管理体系的数据库、知识库尚未建立和完善。目前，发达国家和地区的工程造价及管理已大量运用计算机网络和信息技术，实现工程造价及管理的网络化、虚拟化，特别是建筑信息建模(Building Information Modeling，BIM)技术的推广应用，必将推动工程造价体系的信息化发展。

3. 工程造价的专业化

经过长期的市场细分和行业分化，未来工程造价咨询企业应向更加适合自身特长的专业方向发展。作为服务型的第三产业，工程造价咨询企业应避免走大而全的规模化，而应朝着集约化和专业化模式发展。企业专业化的优势在于：经验较为丰富、人员精干、服务更加专业、更有利于保证工程项目的咨询质量、防范专业风险能力较强。对于日益复杂、涉及专业较多的工程项目而言，企业专业化势必引发和增强企业之间尤其是不同专业的企业之间的强强联手和相互配合。同时，不同企业之间的优势互补、相互合作，也将使目前大多数实行公司制的工程造价咨询企业的经营模式发生转变，即企业将进一步朝着合伙制的经营模式自我完善和发展。鼓励及加速实现我国工程造价咨询企业合伙制经营，是提高企业竞争力的有效手段，也是我国未来工程造价咨询企业的主要组织模式。合伙制企业因对其组织方面具有强有力的风险约束性，能够促使其不断强化风险意识，提高咨询质量，保持较高的职业道德水平，自觉维护自身信誉。正因如此，在完善的工程保险制度下的合伙制也是目前发达国家和地区工程咨询企业所采用的典型经营模式。

第二节　工程造价专业培养目标与专业方向

一、工程造价专业培养目标

本专业本科层次的培养目标是：培养适应社会主义现代化建设需要，德、智、体等方面全面发展，具备由土木工程及相关工程技术知识与国内、国际工程造价(管理)相关的管理、经济和法律等基础知识和专业知识组成的系统的、开放性的知识结构，全面获得工程师基本训练，同时具备较强的专业综合素质与能力、实践能力、创新能力，具备健康的个性品质和良好的社会适应能力，能够在国内外土木工程及其他工程领域从事工程全过程和全面工程造价(管理)工作的高素质、复合型人才。

本专业学生主要学习土木工程、管理、经济、法律方面基本理论和基本知识，全面而系统地接受科学思维、系统思维、管理思维和工程师的基本训练，具备知识获取和应用能力、创新能力、分析与解决工程造价(管理)问题的能力等基本能力。

本专业的本科毕业生应在知识和能力方面达到下列要求：

(1) 掌握土木工程及相关工程技术基础知识。

(2) 掌握与国内、国际工程造价(管理)相关的管理理论和方法、相关的经济理论、相关的法学理论与方法及相关的法律、法规。

(3) 掌握国内、国际工程造价(管理)专业领域的专业基础知识、专业知识、专业技术和方法。

(4) 具备综合运用上述知识、理论、技术和方法从事国内、国际工程全过程和全面工程造价(管理)工作的基本能力。

(5) 具备对工程造价专业外语文献进行读、写、译的基本能力。

(6) 具备运用计算机辅助解决工程造价专业及相关问题的基本能力。

(7) 具备初步的科学研究能力，具有较强的语言与文字表达和人际沟通能力，具备健康的个性品质和良好的社会适应能力。

(8) 了解国内外工程造价(管理)领域的理论与实践的最新发展动态与趋势。

(9) 积极参加体育锻炼，达到国家体质健康标准，有良好的心理素质，经过必要的军事训练和国防教育，有一定的国防意识。

(10) 具备相关行业与领域工程造价专业人员国家执业资格基础知识。

二、工程造价专业设置方向

依据工程造价专业领域的不同，目前工程造价专业设置建筑与装饰工程造价、安装工程造价、其他专业工程造价(如市政工程造价、公路工程造价等)等方向。

(1) 建筑与装饰工程造价。建筑与装饰工程造价主要就建筑和装饰专业相关的项目进行造价工作，是最传统的造价专业工作内容。

(2) 安装工程造价。安装工程造价主要就电气安装和管道安装以及设备安装工程进行造价工作。

(3) 其他专业工程造价。其他专业工程造价主要由市政工程造价、园林绿化工程造价、公路工程造价等若干其他专业造价构成。

第三节　工程造价专业课程体系与教学计划

一、工程造价专业课程体系

工程造价专业以管理科学与工程和土木工程两大学科为依托。学生需要广博的、综合性的工程和经济知识面，能够针对所从事的工程的经济问题迅速地设计出解决问题的方法、程序，把握技术和实施过程。

工程造价本科专业课程体系总体框架由通识教育、学科专业教育、集中实践教育三部分的相关知识体系构成，如图 7-2 所示。

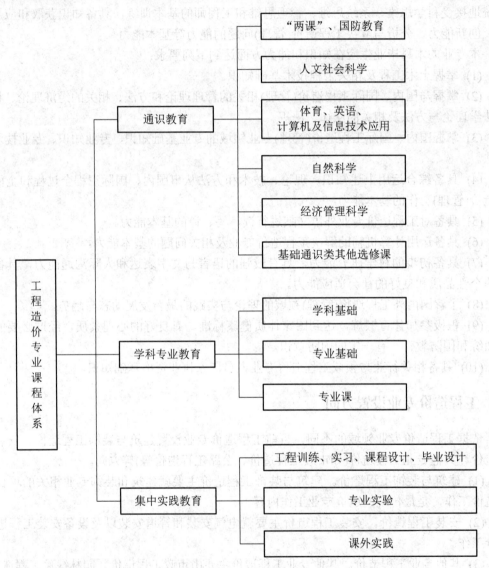

图 7-2　工程造价专业课程体系

1. 通识教育

通识教育大多在大学一、二年级开设，其作用除了使学生掌握必要的基础知识，为将来的专业平台课程和专业方向课程奠定基础外，更重要的是帮助学生尽快完成由高中到大学学习模式的过渡和转型。内容主要包括："两课"及国防教育、人文社会科学、体育、英语、计算机及信息技术应用、自然科学、经济管理科学、基础通识类其他选修课等知识体系。主要课程如表 7-1 所示。

表 7-1　公共基础类课程

能力与素质		课程类别	主 干 课 程
通识教育	人文社会科学	基础素质类课程	马克思主义基本原理、毛泽东思想和中国特色社会主义理论体系概论、大学生思想道德修养和法律基础
	自然科学		高等数学、线性代数、概率论与数理统计
	外语		大学英语
	计算机及信息技术		计算机文化基础、C 语言、数据库、计算机网络等
	体育		大学体育
	其他		工程造价概论、土木工程概论、公共选修课

2. 学科专业教育

　　学科专业教育由工程造价相关的建筑与土木工程及工程技术、管理、经济、法律四个方面的专业基础知识和各方向的专业知识、专业实践训练等知识体系构成。根据我国教育部高等教育司出版的《普通高等学校本科专业目录和专业介绍(2012)》对工程造价专业要求，工程造价本科专业的主要课程应当包括：工程图学、工程材料、工程力学、工程结构、建设法规、工程经济学、建筑与装饰工程施工、安装工程施工、工程成本规划与控制、建筑与装饰工程估价、安装工程估价、运筹学、工程合同管理、工程项目管理、工程造价信息管理。学科专业教育的内容包括：

　　(1) 专业基础课。工程造价专业的专业基础课包括工程技术、管理、经济、法律四大基础平台。各类平台课程如表 7-2 所示。

表 7-2　工程造价专业基础课程

专业基础		课程类别	主 干 课 程
专业教育	工程技术知识与技能	工程技术平台	画法几何与工程制图、工程材料、工程力学、工程结构、土木工程概论、工程施工技术、工程测量等
	管理知识与技能	管理平台	管理学、工程项目管理、工程造价管理、工程财务管理、工程造价信息管理、工程合同管理等
	经济知识	经济平台	经济学、应用统计学、工程经济学、工程成本规划与控制等
	法律知识	法律平台	经济法、建设法规、工程招投标和合同法律制度等

　　表 7-2 中的工程技术类课程主要是以土木工程技术为基础的工程造价技术平台课程。不同工程类别的工程造价专业在工程技术方面的教学内容往往不同，可以针对毕业生就业的对口工程类别企业开设符合同类专业相关的工程技术基础课程。工程造价专业的学生要立足工程实际，需要打牢工程技术基础，这对学生在工程经济管理领域的可持续发展意义重大。

　　管理平台课程中以工程财务管理课程和工程项目管理课程为主，还可以开设组织行为学、施工企业人力资源管理等课程；经济平台课程以工程经济学和工程估价为核心；法律平台课程主要包括经济法、建设法规、工程招投标和合同管理法律制度等课程。

（2）专业方向课。专业方向课程是工程造价专业为培养具有某一方向能力的学生而开设的课程。工程管理专业下设建筑与装饰工程造价、安装工程造价和其他专业造价等若干个相关专业方向。目前，主要以建筑与装饰工程和安装工程这两个方向为主，如表7-3所示。

表7-3　工程造价专业方向课程

	专业方向	主 干 课 程
专业教育	建筑与装饰工程造价	建筑与装饰工程识图与制图、建筑与装饰工程计量与计价、工程造价管理、工程造价信息管理、建筑与装饰工程施工组织管理
	安装工程造价	安装工程识图与施工、安装工程估价、电气工程安装工艺、管道工程清单计价等
	其他专业工程造价	市政工程估价与造价管理、园林绿化工程估价与造价管理、公路工程估价与造价管理、房地产估价等

3. 集中实践教育

工程造价专业是一个实践性很强的专业，除了知识理论课程的学习，还应加强实践性教学，以保障工程造价专业人才能力的获得。工程造价专业要根据不同年级、不同课程、不同教学环节的教学重点有针对性地开展实践教学活动，建立完善而多层次的实践教学体系。工程造价专业的集中实践教学环节主要包括课程设计、生产实习、毕业实习、毕业设计(论文)。工程造价专业的实践教学环节如表7-4所示。

表7-4　工程造价的实践性教学环节

实习内容	周数
军事训练	2 周
市场调查	1～2 周
工程测量实习	1～2 周
认识与生产实习	2～4 周
房屋建筑学课程设计	1～2 周
项目管理沙盘模拟实训	1～2 周
项目可行性研究与评价课程设计	1～2 周
工程结构课程设计	1～2 周
各方向相关的课程设计与实习	不超过 6 周
毕业实习	2～4 周
毕业设计(论文)	10～14 周

（1）实习。实习分为课程实习、认识实习、生产实习和毕业实习。

① 课程实习。任课教师结合课程主要内容进行工程建设项目现场参观、讲解，可以采用教学多媒体和录像等进行辅助教学。实习成绩根据学生的实习报告评定。

② 认识实习。通过认识实习让学生了解工程、工程系统和工程造价管理的基本情况。

③ 生产实习和毕业实习。以学生自主联系实习单位的方式组织生产实习和毕业实习，目的是通过生产实习让学生将课堂上学到的各专业基础理论、原理、方法和实际工程结合起来，加深对课堂知识的掌握。实习完成后，各专业学生进行生产实习和毕业实习答辩，实习成绩由实习报告和实习日记成绩、实习单位鉴定成绩及答辩成绩组成。

(2) 课程设计。工程造价专业的所有核心专业课程和重要的土木工程技术课程均设置了课程设计实践教学环节。学生根据课程设计教学大纲、课程设计任务书和指导书的要求进行课程设计，指导教师根据学生提交的课程设计作业评定成绩。所有课程设计均为独立的实践教学环节，单独计算成绩。各方向主要的课程设计有：房屋建筑学课程设计、工程结构课程设计、建筑与装饰工程估价与造价管理课程设计、安装工程估价与造价管理课程设计、项目可行性研究与评价课程设计、工程招标和投标模拟课程设计等。

(3) 教学实验。工程造价专业目前主要开设的实验项目为设计性实验、综合性实验和验证性实验。学生按照教学实验大纲、实验指导书和实验报告格式的要求和规范完成实验报告，实验报告成绩按一定比例计入课程总成绩，实验成绩不合格的学生将失去课程考试资格。课程实验包括工程经济学课程实验、工程项目管理课程实验、工程估价课程实验、工程造价信息管理课程实验等。

(4) 毕业设计。从综合运用知识、进行综合训练、培养动手能力的角度来说，工程造价专业的学生应做毕业设计，尽量不要做论文。本专业学生的毕业设计内容有效地覆盖了本科培养计划中设置的绝大部分专业基础课程和专业课程所涉及的相关知识和技术，时间安排较长，内容具有一定的深度和广度，对学生专业综合能力的训练强度大，能够较好地培养学生的实践能力、创新意识与能力和团队精神。

毕业设计总体要求：工程造价专业所有方向可要求进行以真实的大中型建设项目或者房地产开发项目为背景的毕业设计。以大、中型工程建设项目的招标或者投标文件的编制，大、中型其他实体项目的造价文件的编制和审查为主要内容，学生独立完成相关设计任务并提交设计报告(论文)。毕业设计的时间一般为10～14周。

毕业设计选题：工程造价专业学生的毕业设计可选择在建或拟建的大、中型建设工程项目为基础背景资料，通过更换工程造价基础资料来设置毕业设计课题。每年应更换作为毕业设计课题基础背景资料的工程建设项目。

一般工程造价专业的毕业选题围绕工程项目全生命周期内的不同造价文件的编制来选择，包括对一个具体工程进行估价及投标报价、项目评估或做可行性研究等。

综上所述，各实践教学环节的教学要求应按照教学实习工作规程及实习教学大纲、本科课程设计管理办法及课程设计教学大纲、任务书或指导书等文件，以及毕业设计(论文)管理办法及毕业设计(论文)相关教学指导性文件(包括任务书、指导书、开题报告等)的具体要求实施执行。另外，高校应安排一定数量的学时，聘请工程界、实业界有关专家进行专题讲座或与学生进行专题研讨，以增强学生对相关专业实际发展状况的了解。

二、工程造价专业教学计划

按照课程体系的要求，工程造价本科专业四年的课程设置及教学进程安排如表7-5～表7-7所示。

表 7-5 工程造价专业课程及教学进程设置表

课程类型		课程名称	考试学期	学分	总学时	教学类型				按学期分配							
						讲授	实验	上机	其他	一	二	三	四	五	六	七	八
必修课	公共基础课	马克思主义基本原理	1	3	48	32			16	2							
		毛泽东思想和中国特色社会主义理论体系概论	2	3	60	48			12		3						
		中国近现代史纲要	3	2	32	32						2					
		思想道德修养和法律基础		3	48	32			16	2							
		形势与政策		2	64	32			32	每学期4学时讲座							
		职业规划与就业指导		2	64	32			32	每学期4学时讲座							
		大学英语	1234	16	256	256				4	4	4	4				
		大学英语听力		2	64		64			1	1	1	1				
		体育		4	144	128			16	2	2	2	2				
		大学计算机基础		2	48	16		32		3							
		军事理论		1	36	16			20	1							
		小　计		40	864	624	64	32	144	15	10	9	7				
	学科基础课	高等数学2	1,2	10	160	160				6	4						
		画法几何与建筑制图	1,2	6.5	112	96		16		4	2						
		C语言程序设计	2	3.5	64	48		16			2						
		大学语文(现代汉语)		3	58	48			10	3							
		小　计		23	394	352		32	10	13	8						
	专业基础课	线性代数	3	2	32	32						2					
		管理学	3	3	48	48						4					
		经济学	2	3	48	48					4						
		工程经济学	5	3	48	48									3		
		会计学	3	3	48	48						3					
		经济法		2	32	32					2						
		工程力学	3	4.5	74	64	10						4				
		工程结构	4	4	64	64								4			
		工程造价概论		1	16	16				1							
		土木工程材料		2.5	44	32	12				2						
		运筹学	4	3	48	48							3				
		应用统计学	4	3.5	56	40		16					4				

续表

课程类型		课程名称	考试学期	学分	总学时	教学类型				按学期分配							
						讲授	实验	上机	其他	一	二	三	四	五	六	七	八
必修课	专业基础课	工程建设法规	7	2	32	32										8	
		土力学与地基基础	4	2	32	32							2				
		建筑与装饰工程施工	5	2	32	32								2			
		安装工程施工	5	2	32	32								2			
		房屋建筑学	3	3	48	48						3					
		工程合同管理	5	3	48	48								3			
		小　计		48.5	782	744	22	16		1	8	9	16	11	3	8	
	专业课	工程项目管理	6	3	48	48									3		
		工程造价信息管理	6	3	48	32		16							3		
		工程造价专业外语		2	32	32							2				
		建筑与装饰工程估价	5	4	64	32		32						3			
		安装工程估价	6	4	64	32		32							3		
		小　计		16	256	192		80						5	9		
		合　计		127.5	2296	1880	86	160	154	29	26	18	23	16	12	8	
限定性选修课	公共艺术	艺术导论		1	32	16			16								
		音乐鉴赏		1	32	16			16								
		美术鉴赏		1	32	16			16								
		影视鉴赏		1	32	16			16								
		舞蹈鉴赏		1	32	16			16								
		书法鉴赏		1	32	16			16								
		每个专业的课程，学生至少选修1门															
	专业方向选修课	工程财务管理		3	48	48							3				
		工程测量	4	3	48	32	16						2				
		施工组织管理	6	2	32	32									2		
		系统工程	6	2	32	32									4		
		工程成本规划与控制	6	2	32	32									2		
		建筑质量与安全管理		2	32	32									4		
		工程造价案例分析		2	32	32									2		
		建设工程监理概论	7	2	32	32										8	
		房地产开发与经营	7	3	48	48										12	
		小　计		21	336	320	16		16				2	3	14	20	
		专业方向教学模块至少修读13学分															

表 7-6　工程造价专业任意选修课拟开课程表

类别	课程名称	学时	学分	学时分配			开课学期
				讲课	实践	其他上机	
公共艺术、人文社科和经济管理基础	当代世界经济与政治	16	0.5	16			3
	大学学习学	16	0.5	16			2
	中国传统文化概论	16	0.5	16			2
	中国哲学概论	16	0.5	16			3
	社会心理学	32	1	32			3
	创造学基础	32	1	32			3
	公共关系概论	32	1	32			2
	民间艺术赏析	16	0.5	16			2
	中国音乐简史	16	0.5	16			3
	当代影视评论	16	0.5	16			3
	DV 制作	16	0.5	16			3
	科学艺术史	16	0.5	16			3
	现代管理概论	32	1	32			4
	信息法与知识产权	32	1	32			4
	现代金融与投资	32	1	32			4
	市场营销	24	0.5	16	8		4
	证券投资	24	0.5	16	8		4
	至少应选修 5 学分						
自然科学/计算机技术和英语基础	普通化学	42	2	32	10		2
	近代物理	32	1	32			5
	现代数学方法	32	1	32			3
	工程数学	32	1	32			4
	概率论与数理统计	32	1	32			3
	现代生物学导论	32	1	32			5
	面向对象的程序设计语言	42	2	32	10		5
	微机原理与接口技术	42	2	32	10		6
	英语视听说	32	1	32			4
	英语口语	32	1	32			4
	英语写作	32	1	16	16		3
	商务英语	32	1	32			5
	英美文化概论	32	1	32			3
	至少应选修 5 学分						

续表

类别	课程名称	学时	学分	学时分配			开课学期
				讲课	实践	其他上机	
专业基础	地下工程施工组织管理	32	1	32			7
	工程项目融资	32	1	32			7
	矿井建设项目管理	32	1	32			7
	土地管理学	32	1	32			7
	房地产估价	32	1	32			7
至少应选修 2 学分							

表 7-7　工程造价专业教学进程表

周数\学期	1	2	3	4	5	6	7	8	9	10	11	12	13	14	15	16	17	18	19	20	21	22	23	24	25	26	27	28
一	×	↑	↑	-	-	-	-	-	-	-	-	-	-	-	-	-	-	-	∷	≡	≡	≡	≡	≡	≡			
二	-	-	-	-	-	-	-	-	-	-	-	-	-	-	-	-	∷	△	△	&	△	△	≡	≡	≡	≡		
三	-	-	-	-	-	-	-	-	-	-	-	-	-	-	-	-	+	+	∷	-	≡	≡	≡	≡	≡	≡		
四	-	-	-	-	-	-	-	-	-	-	-	-	-	-	-	-	-	∷	+	△	-	≡	≡	≡	≡	≡		
五	-	-	-	-	-	-	-	-	-	-	-	-	-	-	-	-	+	+	+	∷	-	≡	≡	≡	≡	≡		
六	-	-	-	-	-	-	-	-	-	-	-	-	-	-	-	-	+	+	△	∷	-	≡	≡	≡	≡	≡		
七	-	-	-	-	+	+	+	+	+	+	+	+	+	+	+	+	+	⊙	≡	≡	≡	≡	≡	≡	≡			
八	#	#	#	#	#	#	#	#	#	#	#	#	#	#	#	×	⊙	≡	≡	≡	≡	≡	≡	≡				

备注：表中符号代表的含义为理论 -；军训↑；实习实训△；考试∷；机动⊙；假期 ≡；入学毕业教育 ×；课程(毕业)设计 +；工程实践 #；市场调查 &。

第四节　工程造价专业主要课程简介

工程造价专业所开设的课程主要分为工程技术类、管理类、经济类和法律类等。

一、工程技术类课程

工程造价实质上是对工程产品的计量计价和组织管理。从项目投资决策、设计到施工生产无不涉及技术问题。生产要素的优化配置首先是技术的优化配置，并且是针对每个具体产品来实现的，因此，造价人员的技术素质是很重要的。

工程类技术课程包括土木工程概论、画法几何与工程制图、工程测量、建筑材料、工程力学、房屋建筑学、工程结构、工程施工等。

1. 土木工程概论(An Introduction to Civil Engineering)

(1) 课程简介。

本课程能使学生在入学之初就能全面地了解土木工程领域所涉及的内容、成就和发展情况，了解土木工程在国民经济建设中的地位和作用，了解土木工程有关的基本概念，获得有关土木工程的感性认识，建立对土木工程建设与管理事业的使命感和责任心。本课程的实践性环节通过参观具有代表性的工程、组织现场教学来增强学生对土木工程的感性认识。先修课程无要求。本课程总学时数一般建议在 32 学时。

(2) 主要内容。

本课程主要教学内容包括：土木工程发展简介，土木工程的要素，土木工程设施，工程灾害和设防，土木工程的建设程序及管理，土木工程主要施工工种(土方工程，砌筑工程，钢筋混凝土，吊装工程，隧道施工工程，装饰工程)，土木工程中的经济、环境和法律问题，土木工程展望。

2. 画法几何与工程制图(Architectural Graphing & Engineering Drawing)

(1) 课程简介。

本课程是一门研究用投影法绘制工程图样和解决空间几何问题的理论方法的技术基础课，旨在培养学生制图、读图的基本技能和空间思维能力及空间分析能力。本课程包括：画法几何、制图基础、专业图及根据专业需要的选学部分。其中以画法几何、制图基础、专业图部分为重点，研究以正投影为主的基本投影理论，培养学生绘制和阅读专业图的能力、空间想象能力和空间分析能力以及认真细致的工作作风。本课程为大学一年级学生必修的专业基础课，为学生在绘图和读图技能及今后专业课的学习方面打下一定的基础，为后续课程"房屋建筑学""课程设计""毕业设计"的学习做准备。本课程的实践环节包括制图作业、计算机绘图和图形生成上机实习。先修课程无要求。本课程总学时数一般为 64 学时，包括 8 学时的制图作业课和 16 学时上机实习。

(2) 主要内容。

本课程主要教学内容包括：制图的基本知识(点，直线，平面，直线与平面，以及两平面的相对位置)、画法几何(投影变换，曲线、曲面和立体，平面、直线与立体相交，两立体相交，轴侧投影，标高投影)、投影图(制图基础，组合体投影画法)、专业图(钢筋混凝土构件图，钢结构构件图，房屋建筑施工图，房屋结构施工图，给水排水施工图，道路、桥梁、涵洞、隧道工程图)和计算机绘图(计算机绘图基础及交互式计算机绘图软件 AutoCAD)。

3. 工程测量(Engineering Survey)

(1) 课程简介。

工程建设的每一个阶段，都离不开测量工作，且都要以测量工作作为先导。因此，任何从事工程建筑的技术人员，都必须掌握必要的测量知识和技能。工程测量是测量学的一个组成部分。它是研究建筑工程在勘测设计、施工和管理阶段所进行的各种测量工作的理论、技术和方法的学科。通过教学可使学生掌握工程测量的基本理论和常规测量仪器的基本操作技能及工作方法，了解测量新技术在土木工程施工测量中的应用并在测绘地形图、地形图应用和土木工程测量等方面得到系统的基础训练，具备正确使用常规测量仪器和工程测量的技术、方法进行土木工程施工测量的基本能力。本课程实践环节为实验课和集中测量实习，进行水准测量、角度测量、距离丈量和直线定向、小地区控制测量等。本课程先修课程为土木工程概论。本课程建议总学时数为 48 学时，其中实验学时数为 16 学时。

(2) 主要内容。

本课程主要教学内容包括：测量工作概述，水准测量原理、水准测量的仪器和工具、水准测量的方法、水准测量的成果计算、微倾式水准仪的检验与校正、水准测量误差及注意事项、精密水准仪、自动安平水准仪；角度测量原理、光学经纬仪的构造与使用、水平角观测方法、竖直角观测方法、经纬仪的检验与校正、水平角观测的误差分析、钢尺量距、视距测量、直线定向，全站仪简介、角度测量与距离测量、坐标测量、坐标放样；GPS 概述、GPS 的组成、GPS 坐标系统、GPS 卫星定位原理；测量误差概述、评定精度的指标、误差传播定律、等精度直接观测平差；控制测量概述、导线测量、交会定点、小三角测量和三、四等水准测量；大比例尺地形图的基本知识、大比例尺地形图的测绘、地形图的应用；施工测量概述、施工测量的基本工作、施工测量中点位测设的方法、线路平面组成和平面位置的标志、圆曲线的详细测设、圆曲线加缓和曲线及其主点测设、加缓和曲线后曲线的详细测设、遇障碍时曲线的测设方法、任意点极坐标法测设曲线；等等。

4. 建筑材料(Building Materials)

(1) 课程简介。

本课程是工程造价专业的一门专业基础课。建筑材料是建筑物的基本组成，材料决定了建筑形式和施工方法。新材料的出现可以促使建筑形式的变化、建筑结构设计和施工技术的革新，其质量、性能的好坏直接影响到建筑物的质量和安全，一旦发生质量事故，后期的补救和处理都相当困难，甚至不可挽回。

通过教学可使学生掌握工程建设中常见的建筑材料的基本组成、技术性能、质量检验程序及方法和使用方法，掌握合理选择和正确使用建筑材料的基本方法，具备根据工程建设项目的特点、要求，合理选择和正确使用建筑材料的基本能力。本课程的教学，可为后续专业课程的学习提供理论及基础知识，也为今后在设计中合理选材，施工中正确用材打下基础。本课程先修课程为土木工程概论。本课程建议总学时数为 32 学时。

(2) 主要内容。

本课程主要教学内容包括：建筑材料的基本性质、建筑钢材、无机胶凝材料、水泥混凝土及砂浆、砌筑材料、沥青及沥青混合料、建筑塑料与有机黏合剂、木材、建筑功能材料、装饰材料等内容。其中重点论述了这些材料的基本组成、品质特性、质量要求、检测方法及选用原则等。

5. 工程力学(Engineering Mechanics)

(1) 课程简介。

通过学习本课程，学生能掌握刚体平衡的基本规律和研究方法；能够对工程设计中有关构件的强度、刚度、稳定性等问题具有明确的基本概念，掌握必要的基础理论，同时具有一定的计算能力。培养学生应用工程力学的理论和方法，分析、解决工程实际中的力学问题的能力，从而为学习后继课程和工程设计打下坚实的基础。课程的任务是培养学生的应用能力，通过课堂教学和实践性教学环节相结合，强化学生对基本概念、基本理论、基本方法的理解和掌握：要求学生掌握刚体平衡的基本规律和研究方法，并对各种杆件的强度、刚度和压杆稳定性的基本问题能够熟练地分析和计算。同时结合本课程特点，培养学生的学习和创造能力。本课程建议总学时数为 64 学时。

（2）主要内容。

本课程主要教学内容包括：静力学基本知识与物体的受力分析、平面汇交力系、力矩、平面力偶系、平面一般力系，材料力学的基本概念、轴向拉伸和压缩、剪切、扭转，平面图形的几何性质、梁的内力、梁的应力及强度条件、梁的变形及刚度条件、应力状态和强度理论、组合变形、压杆稳定、空间力系、物体的重心与形心等。

6. 房屋建筑学(Building Architecture)

（1）课程简介。

本课程是工程造价专业的一门重要专业基础课，是研究建筑设计与建筑构造的一门学科。它的主要内容是综合研究建筑功能、物质技术、建筑艺术以及三者的相互关系；研究建筑设计方法以及如何综合地运用建筑结构、施工、材料、设备等方面的科学技术成就，建造适应人类生产与生活需要的建筑物。

通过教学，学生能够掌握建筑设计程序、建筑设计的基本原理与基本方法、建筑构造原理和构成建筑各组成部分的基础知识，具备进行一般民用房屋建筑设计的基本能力。同时，应结合工程造价专业的特点和培养要求，将建筑设计、建筑构造的基本原理、方法和应用与建筑设计活动的经济效益和建筑可持续发展有机结合起来，培养学生从更高的层次上对建筑设计活动的经济性进行控制的基本能力。

本课程的主要实践环节是建筑施工图设计及建筑设计 CAD 技术的应用，要求在一个特定项目(民用住宅或公共建筑)初步设计的基础上，进行建筑施工图设计，包括绘制各层平面图、主要立面及侧面图和剖面图，编写设计说明。本课程的先修课程为工程制图和建筑材料。本课程建议总学时为 48 学时。

（2）主要内容。

本课程主要教学内容包括：建筑的发展、分类、设计内容和设计过程，建筑设计的依据和要求；建筑使用部分平面设计、交通部分平面设计、建筑平面组合；建筑剖面设计；建筑立面设计；构造设计原理；工业建筑的特点、分类、组成，工业建筑设计考虑的因素和工业建筑中的起重设备；单层厂房的平面形式、特点、柱网选择、通道、总平面布置，厂房剖面设计，厂房高度，工艺与剖面关系，单层厂房的采光、通风、排水；单层厂房立面及室内设计；多层厂房建筑设计等。

7. 工程结构(Engineering Structure)

（1）课程简介。

本课程是工程造价专业课程中的一门学科基础课。它是专业课的基础，并在许多工程技术领域中有着广泛的应用。该课程针对工程造价专业对建筑结构知识的需求开设，着重阐述建筑结构的基本概念，常用的结构体系及简化的结构计算和设计方法。使学生掌握建筑结构的基本知识，准确理解结构的概念，以便在处理工程经济技术问题时具有科学的分析能力和定性解决技术问题的能力。本课程的实践环节为现浇单向板肋梁楼盖设计。本课程先修课程为房屋建筑学和工程力学。本课程建议总学时数为 64 学时。

（2）主要内容。

本课程主要教学内容包括：钢筋混凝土结构的承载力计算与构造要求、预应力混凝土结构、钢筋混凝土梁板结构及单层工业厂房结构、多高层建筑结构等内容、砌体结构、钢结构和建筑结构抗震设计基本知识等方面的内容。

8. 工程施工(Construction Technology)

（1）课程简介。

工程造价专业的工程施工分不同专业方向设置。一般"建筑与装饰工程施工"课程是各个专业性施工课程的基础。本课程的教学目的是使学生通过掌握建筑工程施工中的科学组织和管理、控制的方法和模式，了解施工中涉及的新技术、新材料、新工艺的发展和应用，具备发现和有效处理施工中出现的一般性技术问题的基本能力，具备根据主客观实际优选施工方案并对其进行科学合理组织安排的能力。本课程的实践环节包括典型项目的施工组织设计的分析，聘请国内外有经验的项目管理人员进行工程技术专题讲座等。本课程先修课程为工程结构、工程力学等。本课程建议总学时数为32～48学时。

（2）主要内容。

本课程主要教学内容包括：土方工程，地基与基础工程，地下工程，砌筑工程，混凝土结构工程，预应力混凝土工程，结构安装工程，升滑法施工，防水工程，装饰工程，桥梁结构工程等工程施工方法与工艺、施工组织概论、单位施工组织设计及施工组织总设计等。

二、管理类课程

工程造价专业的管理类课程主要有：管理学、工程项目管理、工程造价信息管理、工程造价管理、工程财务管理和工程合同管理等。这六门课程所涉及的理论和技术方法构成了管理平台的知识"骨架"，是从事工程造价人员必须学习和掌握的知识和技能，也是工程造价行业的核心控制要素。

1. 管理学(Management)

（1）课程简介。

本课程系统地讲述了管理学的基本理论、管理思想的演变和全球的管理实践活动。它引导学员对与管理相关的文化、社会责任、道德以及全球化等问题进行探讨，使学生了解管理学的历史和发展，对计划、组织、领导和控制等管理职能有一个清晰的认识，从而真正领悟管理的真谛，初步具备运用管理的基本原理和方法有效进行工程建设项目全过程管理的综合能力和基本技巧。实践环节以参观实习和专题讲座为主。本课程先修课程无要求。本课程建议总学时数为32～48学时。

（2）主要内容。

本课程主要教学内容包括：导论、企业管理、非营利性组织和政府管理、战略管理理论、决策理论、计划与控制理论、组织理论、领导理论、管理行为等。

2. 工程项目管理(Engineering Project Management)

（1）课程简介。

本课程是工程造价专业的主干课程。本课程以工程项目整个生命期为主线，全面论述了工程项目的前期策划、系统分析、组织、计划、实施控制等管理方法和手段，力求将管理学基本原理、项目管理的基本理论与工程项目的特殊性相结合，使学生通过本课程的学习，对工程项目形成一种系统的、全面的、整体优化的管理观念，能掌握工程项目管理理论与方法，以及工程项目各阶段的主要任务和管理特点。

本课程的实践环节主要包括：工程项目管理案例分析、编写工程项目管理方案、计算机辅助项目管理(投资控制、进度控制等)软件上机实习。本课程先修课程一般为建筑与装饰工程施工、工程估价和计算机基本理论。本课程建议总学时数一般为 48 学时。

(2) 主要内容。

本课程主要教学内容包括：概论、工程项目管理的组织、工程项目策划与决策管理、工程项目计划管理、工程项目进度管理、工程项目成本管理、工程项目质量管理、工程项目采购管理、工程项目风险管理等。

3. 工程造价信息管理(Engineering Cost Information Management)

(1) 课程简介。

本课程是研究对工程建设政策法规、定额标准、价格信息、造价指数等信息进行收集、加工整理、储存、传递及应用等一系列工作。在进行工程造价过程中，工程造价信息起到很关键的作用，它可以帮助工程项目参与方了解工程的市场动态，预测工程造价的发展趋势等，建立和维护管理工程造价的信息系统，是工程造价专业的学生必备的一项基本技能。实践环节包括工程造价信息系统的操作和流程开发等。本课程建议学时 32 学时，上机和课内各 16 学时。

(2) 主要内容。

本课程主要教学内容包括：工程造价信息管理概述、工程造价信息分类与积累、工程造价定额管理系统、价格管理系统、造价计算系统、造价控制系统、建筑工程造价的计算机应用、工程造价信息的新发展等。

4. 工程造价管理(Engineering Cost Management)

(1) 课程简介。

本课程主要研究工程造价的确定与控制，企业资金运动过程和财务分析的主要指标与方法，培养学生科学的理财观念，掌握企业筹资、投资和分配决策的理论与方法。

本课程的实践环节主要包括土建工程施工图预算文件的审查。先修课程一般包括：土木工程概论、建筑工程识图与制图、工程经济学等。本课程建议总学时数一般为 32 学时。

(2) 主要内容。

本课程主要教学内容包括：工程造价管理概论、工程造价构成、工程造价计价依据、建设项目投资决策阶段工程造价管理、建设项目设计阶段工程造价管理、建设项目招投标阶段工程造价管理、建设项目施工阶段工程造价管理、建设项目竣工验收阶段及后评估阶段工程造价管理、工程造价管理的信息技术应用、部分国家与我国香港地区工程造价管理概况等。

5. 工程财务管理(Project Financial Management)

(1) 课程简介。

本课程是根据拟建工程的需要，对工程项目的财务工作进行全过程分析和管理。本课程通过充分结合建筑企业生产经营的特殊性，研究工程财务活动的规律性和特点，使学生初步具备运用管理的基本原理和方法有效进行工程建设项目全过程财务管理的综合能力和基本技巧。本课程的建议学时为 32 学时。

(2) 主要内容。

本课程主要教学内容包括：工程财务管理导论、工程财务管理的基本理论、工程财务报表分析、资金时间价值与风险分析、工程资本成本与资金结构、筹资决策、工程项目投资决策、证券投资管理、工程营运资本管理、工程固定资产和其他资产管理、工程成本费用管理、利润分配管理、财务预算等。

6. 工程合同管理(Project Contract Management)

(1) 课程简介。

本课程结合建设工程项目中合同管理的实际工作，从工程合同管理的概念，工程合同管理的总体策划，工程合同订立、履行各阶段的管理，工程合同索赔及争议解决方式等方面进行了全面的介绍。本课程还结合了工程合同管理的相关研究成果，对工程合同风险管理、信息管理等内容作了相应的阐述。通过本课程学习，要求学生能够掌握工程合同管理的目标、工程合同管理的原则、工程合同管理的模式等；熟悉工程合同各方的地位、业主与承包商的关系、业主与监理的关系等；了解工程合同的概念、工程合同的作用、工程合同的体系等。本课程建议学时为 32 学时。

(2) 主要内容。

本课程主要教学内容包括：工程合同管理概述，工程合同各方的权利、义务，工程合同总体策划，工程合同订立阶段的合同管理，工程合同履行阶段的合同管理，工程合同争议及解决，工程索赔，工程合同信息管理等。

三、经济类课程

工程造价专业经济类课程有经济学、工程经济学、建筑与装饰工程估价、安装工程估价、工程成本规划与控制、应用统计学等。通过这些课程的学习，学生可以对工程造价专业所需的经济学知识有较为全面、深入的认识和了解，能够利用所学的经济学知识和技术方法分析、处理工程造价管理中的经济问题。

1. 经济学(Economics)

(1) 课程简介。

本课程是管理类各专业必修的公共基础课，在教学中占有重要的地位。通过本课程的学习，一方面使学生掌握现代经济学的基本理论、基本概念和基本方法，为进一步学习相关专业课程及将来从事经济工作奠定基础；另一方面使学生能运用现代经济学知识分析实际经济问题。本课程的建议学时为 48 学时。

(2) 主要内容。

本课程主要教学内容包括：需求、供给及价格，弹性理论，消费者行为理论，生产理论，成本与收益，厂商均衡理论，分配理论，市场失灵与政府干预，宏观经济学概论，长期中的宏观经济，总需求—总供给模型，短期中的宏观经济与总需求分析，货币与经济，失业—通货膨胀与经济周期，宏观经济政策，开放经济中的宏观经济等。

2. 工程经济学(Engineering Economics)

(1) 课程简介。

本课程是工程造价专业课程中的一门学科基础课。通过本课程的学习，可以使学生对投资项目实施过程有一个全面的了解，对投资决策、项目管理在实现工程项目经济效益最大化方面的重要性有一个清晰的认识，在进行投资决策的可行性研究的基础上，能够帮助学生重点解决项目实施过程中如何提高项目管理水平和实现项目经济效益最大化等问题，使他们真正成为掌握有关的技术、经济及管理理论与方法的复合型人才。由于本课程是与自然科学、社会科学密切相关的交叉学科，并属于与生产建设、经济发展有着直接联系的应用性学科，因此要求学生能够运用系统分析、定性分析与定量相结合等方法，注重理论联系实际，熟练掌握相关的基本原理和方法。本课程的建议学时为 32 学时。

(2) 主要内容。

本课程主要教学内容包括：绪论，资金时间价值与资金等值计算，工程项目经济效益评价的方法，工程项目的不确定性分析，工程项目的财务评价，工程项目的国民经济评价，设备的经济分析，价值工程等。

3. 工程估价(Engineering Cost Estimate)

(1) 课程简介。

本课程是工程造价专业的一门核心专业课，主要介绍了建筑与装饰工程估价的基本原理及建设项目全寿命期工程造价管理的基本理论与方法。通过该课程的学习，学生可以掌握建筑与装饰工程项目投资估算、工程概预算编制、工程标底与工程结算的编制与审查、工程竣工决算的编制等方面的基本专业技能。该课程任务是培养学生掌握具体的基本知识，学会利用定额编制建设工程概算、施工图预算、施工预算等技能，为今后从事工程造价管理工作奠定良好的专业基础。本课程的建议学时为 48 学时，包括 16 学时的实践上机。

(2) 主要内容。

本课程主要教学内容包括：工程估价概论、建设项目投资组成、工程估价依据、工程量清单及工程量计算、投资估算、设计概算、施工图预算、工程量清单计价、国际工程投标报价、建设工程结算、竣工决算、计算机辅助工程估价系统等。

4. 安装工程估价(Installation Project Appraisal)

(1) 课程简介。

本课程是工程造价专业的一门核心专业课，主要介绍安装工程费用划分，安装工程费用计算规则及计算标准，安装工程造价程序，安装工程施工图预算和施工预算的方法、步骤及依据。该课程的任务是培养学生具备从事建筑设备安装工程预算所必需的基本知识、基本技能，成为建筑工程造价专业的高素质劳动者和专门人才。本课程的建议学时为 48 学时，包括 16 学时的实践上机。

(2) 主要内容。

本课程主要教学内容包括：安装工程费用划分、安装工程费用计算规则及计算标准、安装工程造价程序、安装工程施工图预算和施工预算等。

5. 工程成本规划与控制(Project Cost Planning and Control)

(1) 课程简介。

本课程是工程造价专业的主干课程之一。通过该课程的学习，学生能够了解我国现行工程造价管理制度的主要内容、主要特点和变革发展趋势，了解发达国家具有代表性的工程造价管理模式的现状、主要特点与发展趋势。熟悉工程成本规划与控制的基本理论，掌握工程成本规划与控制的基本方法与基本技术，具备进行工程成本规划与控制的基本能力。

(2) 主要内容。

本课程主要教学内容包括：工程造价管理基础知识、工程造价的构成、工程建设定额、工程单价、工程造价的计价模式、国际工程造价管理模式、工程项目投资决策阶段成本规划与控制、工程项目规划设计阶段的成本规划与控制、工程项目招标投标与合同计价模式的确定、工程项目施工阶段的成本规划与控制、工程造价风险分析与管理等。

6. 应用统计学(Statistics)

(1) 课程简介。

通过该课程的学习，学生应该掌握统计学的基本原理和基本的统计方法，能够具备合理运用统计学方法进行工程造价有关实际统计工作的基本能力和有效利用统计信息掌握工程建设活动中实际运行状况并进行有效的工程造价管理决策的基本能力。本课程的实践环节为运用计算机软件建立一元线性回归模型、多元线性回归模型并进行预测分析。本课程先修课程为高等数学、概率论与数理统计等。本课程的建议学时数为48学时。

(2) 主要内容。

本课程主要教学内容包括：统计资料定义及统计资料的构成要素、统计资料的整理、统计资料的综合、统计抽样和抽样分布、参数估计、统计假设检验、一元线性回归、多元线性回归、时间序列和指数等。

四、法律类课程

工程造价专业的法律平台由三门主干课程构成，分别是经济法、工程招投标与合同法律制度和建设法规。这三门课囊括了工程造价涉及的主要法律法规内容，能够为工程造价从业人员正确处理工作中的法律法规问题提供帮助。

1. 经济法(Economic Laws)

(1) 课程简介。

通过该课程的学习，学生能够初步掌握经济法的基本理论，熟悉经济法的内容体系、我国市场经济活动的法律环境以及有关法律制度和规定，具备运用经济法知识有效解决工程建设项目全过程管理中的有关经济法律问题的初步能力。本课程的实践环节主要为旁听经济案件的法庭审理，模拟法庭审判过程。本课程先修课程为法律基础。本课程的建议学时数为32学时。

(2) 主要内容。

本课程主要教学内容包括：经济法概论、企业法律制度(全民所有制企业企业法、公司法、企业破产法律制度)、工业产权法律制度(专利法、商标法)、反不正当竞争法律制度、保险法律制度、税收法律制度、经济纠纷的解决等。

2. 工程招投标与合同法律制度(Engineering　Bidding & Contract Legal System)

(1) 课程简介。

通过该课程的学习，学生能够对招投标制度和合同有一定的认识，熟悉招投标过程中及与合同相关的法律制度，理解和掌握工程建设领域涉及的合同类型及法律特征、法律性质和主要内容，具备在工程建设实践中依法进行招投标和合同签订、审查和正确履行相关法律条款的基本能力。实践环节主要包括编制合同文件、模拟招投标过程、审查合同、旁听合同纠纷处理的法庭审理。本课程先修课程为法律基础、经济法。本课程的建议学时数为48学时。

(2) 主要内容。

本课程主要教学内容包括：招投标概述、合同概述、招投标的基本程序，合同订立，合同的效力、履行和担保，合同的转让、变更、解除及违约争议防范处理，工程各阶段不同合同类型等。

3. 建设法规(Construction Laws and Regulations)

(1) 课程简介。

通过本课程的学习，学生能够掌握建设法律、法规基本知识，具有工程建设法律意识，具备运用所学建设法律、法规基本知识解决工程建设中相关法律问题的基本能力。实践环节包括模拟法庭，案例分析，参加庭审活动。本课程先修课程为法律基础、经济法。本课程的建议学时数为32学时。

(2) 主要内容。

本课程主要教学内容包括：建设法律概述、城市规划法律制度、土地管理法律制度、工程咨询法律制度、工程建设标准法律制度、建筑法律制度、城乡建设法律制度、房地产法律制度、风景名胜保护法律制度、环境保护法律制度、企业权利保护法律制度、国外及我国港澳台地区建设法律简介等。

复习思考题

1. 简述工程造价专业的国内外发展历程。
2. 工程造价专业的培养目标是什么？
3. 简述工程造价专业的平台课程体系以及专业方向课程体系。
4. 简述工程造价专业的实践教学环节。
5. 了解本校工程造价专业的教学计划。

第八章 BIM技术在工程造价管理中的应用

第一节 BIM 技术概述

BIM(Building Information Modeling，建筑信息建模)技术是 Autodesk 公司在 2002 年率先提出的，目前已经在全球范围内得到业界的广泛认可，它可以帮助实现建筑信息的集成，从建筑的设计、施工、运行直至建筑全寿命周期的终结，各种信息始终被整合于一个三维模型信息数据库中，设计团队、施工单位、设施运营部门和业主等各方人员可以基于 BIM 进行协同工作，从而有效提高工作效率、节省资源、降低成本、以实现可持续发展。BIM 信息管理如图 7-1 所示。

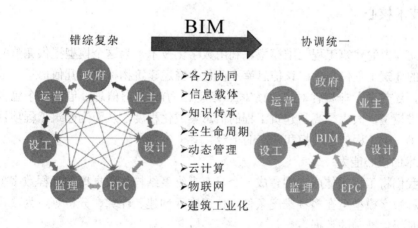

图 8-1 BIM 信息管理

一、BIM 技术定义

BIM 技术是一种应用于工程设计、建造、管理的数据化工具，通过对建筑的数据化、信息化模型进行整合，在项目策划、运行和维护的全生命周期过程中进行共享和传递，使工程技术人员对各种建筑信息作出正确理解和高效应对，为设计团队以及包括建筑、运营单位在内的各方建设主体提供协同工作的基础，在提高生产效率、节约成本和缩短工期方面发挥着重要作用。

（一）国外对 BIM 的定义

目前被业内广泛认可并逐渐形成共识的 BIM 定义是由美国国家建筑科学协会 (National Institute of Building Sciences，NIBS)在《美国国家 BIM 标准》中给出的：BIM(Building Information Model)是一种将物理特性和功能特性进行数字化表达的信息模型，由三部分组成。

(1) BIM 是一个设施(建设项目)物理和功能特性的数字表达。

(2) BIM 是一个共享的知识资源，是一个分享有关这个设施的信息，为该设施从概念到拆除的全生命周期中的所有决策提供可靠依据的过程。

(3) 在设施的不同阶段，不同利益相关方通过在 BIM 中插入、提取、更新和修改信息，以支持和反映其各自职责的协同作业。

（二）国内对 BIM 的定义

BIM 是一种先进技术的理念，也是解决新的工程问题的有效方法。通过模型实现工程几何信息、物理信息、成本信息、施工信息、运营信息等的集成，而且 BIM 给各参与方提供了一个信息共享的平台，在这个平台可以提取不同阶段不同参与方所需要的工程信息，实现信息的有效共享(如图 8-1 所示)。BIM 既可以认为是信息建筑模型(Building Information Model)也可以认为是建筑信息建模(Building Information Modeling)。

二、BIM 技术核心

通过建立虚拟的建筑工程三维模型，利用数字化技术，为这个模型提供完整的、与实际情况一致的建筑工程信息库。该信息库不仅包含描述建筑物构件的几何信息、专业属性及状态信息，还包含了非构件对象(如空间、运动行为)的状态信息。借助这个包含建筑工程信息的三维模型，大大提高了建筑工程的信息集成化程度，从而为建筑工程项目的相关利益方提供了一个工程信息交换和共享的平台。

BIM 技术的核心能力：

一是帮我们将工程实体成功创建成一个具有多维度结构化数据库的工程数字模型。这样一来，工程数字模型可在多种维度条件下快速实现创建、计算、分析等，为项目各条线的精细化及时提供准确的数据。

二是数据对象粒度可以达到构件级。像钢筋专业甚至可以以一根钢筋为对象，达到更细的精细度。BIM 模型数据精细度够高，可以让分析数据的功能变得更强，能做的分析就更多，是项目精细化管理的必要条件。

三是 BIM 模型同时成为项目工程数据和业务数据的大数据承载平台。正因为 BIM 是多维度(≥3D)结构化数据库，项目管理相关数据放在 BIM 的关联数据库中，借助 BIM 的结构化能力，不但使各种业务数据具备更强的计算分析能力，而且还可以利用 BIM 的可视化能力，所有报表数据不仅随时即得，还是 3D、4D 可视化的，更符合人性也更能提升协同效率。

三、BIM 技术特征

（一）可视化

可视化即"所见即所得"的形式，对于建筑行业来说，可视化的真正运用在建筑业的作用是非常大的，例如，经常拿到的施工图纸，只是各个构件的信息在图纸上采用线条绘制表达，但是其真正的构造形式就需要建筑业从业人员去自行想象了。BIM 提供了可视化的思路，让人们将以往的线条式的构件形成一种三维的立体实物图形展示在人们的面前；现在建筑业也有设计方面的效果图。但是这种效果图不含有除构件的大小、位置和颜色以外的其他信息，缺少不同构件之间的互动性和反馈性。而 BIM 提到的可视化是一种能够同构件之间形成互动性和反馈性的可视化，由于整个过程都是可视化的，可视化的结果不仅可以用效果图展示及报表生成，更重要的是，项目设计、建造、运营过程中的沟通、讨论、决策都在可视化的状态下进行。

（二）协调性

协调是建筑业中的重点内容，不管是施工单位，还是业主及设计单位，都在做着协调及相配合的工作。一旦项目的实施过程中遇到了问题，就要将各有关人士组织起来开协调会，找各个施工问题发生的原因及解决办法，然后作出变更，找出相应补救措施等来解决问题。在设计时，往往由于各专业设计师之间的沟通不到位，出现各种专业之间的碰撞问题。例如暖通等专业中的管道在进行布置时，由于施工图纸是各自绘制在各自的施工图纸上的，在真正施工过程中，可能在布置管线时正好在此处有结构设计的梁等构件在此阻碍管线的布置，像这样的碰撞问题就只能在问题出现之后再进行解决。BIM 的协调性服务就可以帮助处理这种问题，也就是说，BIM 建筑信息模型可在建筑物建造前期对各专业的碰撞问题进行协调，生成协调数据，并提供出来。当然，BIM 的协调作用也并不是只能解决各专业间的碰撞问题，它还可以解决例如电梯井布置与其他设计布置及净空要求的协调、防火分区与其他设计布置的协调、地下排水布置与其他设计布置的协调等。

（三）模拟性

模拟性并不是只能模拟设计出的建筑物模型，还可以模拟不能够在真实世界中进行操作的事物。在设计阶段，BIM 可以对设计上需要进行模拟的一些东西进行模拟实验。例如：节能模拟、紧急疏散模拟、日照模拟、热能传导模拟等；在招投标和施工阶段可以进行 4D 模拟(三维模型加项目的发展时间)，也就是根据施工的组织设计模拟实际施工，从而确定合理的施工方案来指导施工。同时还可以进行 5D 模拟(基于 4D 模型加造价控制)，从而实现成本控制；后期运营阶段可以模拟日常紧急情况的处理方式，例如地震人员逃生模拟及消防人员疏散模拟等。

（四）优化性

事实上整个设计、施工、运营的过程就是一个不断优化的过程。当然优化和 BIM 也不存在实质性的必然联系，但在 BIM 的基础上可以做更好的优化。优化受三种因素的制约：信息、复杂程度和时间。没有准确的信息，做不出合理的优化结果，BIM 模型提供了建筑物的实际存在的信息，包括几何信息、物理信息、规则信息，还提供了建筑物变化以后的实际存在信息。复杂程度较高时，参与人员本身的能力无法掌握所有的信息，必须借助一定的科学技术和设备的帮助。现代建筑物的复杂程度大多超过参与人员本身的能力极限，BIM 及与其配套的各种工具提供了对复杂项目进行优化的可能。

（五）可出图性

BIM 模型不仅能绘制常规的建筑设计图纸及构件加工的图纸，还能通过对建筑物进行可视化展示、协调、模拟、优化，并出具各专业图纸及深化图纸，使工程表达更加详细。

（六）一体化性

基于 BIM 技术可进行从设计到施工再到运营贯穿工程项目全生命周期的一体化管理。BIM 的技术核心是一个由计算机三维模型所形成的数据库，不仅包含了建筑的设计信息，而且可以容纳从设计到建成使用，甚至是使用周期终结的全过程信息。

（七）参数化性

参数化建模指的是通过参数而不是数字建立和分析模型，简单地改变模型中的参数值就能建立和分析新的模型；BIM 中图元是以构件的形式出现，这些构件之间的不同，是通过参数的调整反映出来的，参数保存了图元作为数字化建筑构件的所有信息。

（八）信息完备性

信息完备性体现在 BIM 技术可对工程对象进行 3D 几何信息和拓扑关系的描述以及完整的工程信息描述。

（九）实用性

建筑工程管理过程中变更管理和资料共享管理是最为复杂的问题，而应用 BIM 技术很好地解决了此项问题，提高了 BIM 技术的实用性。利用 BIM 进行变更管理，发现不合理架构，形成报告，及时向相关人员反馈问题，通过对模型的快速变更进行合理性更改，可以通过立体图形进行更迭，并且直观地引出成本和工期的变化，利于变更确认和审批。利用 BIM 进行资料共享，可将项目相关资料均上传至 BIM 平台，方便各级人员随时调阅，有利于项目的透明化，能有效提高项目管理水平，实现项目数据实用性。

四、BIM 技术优势

使用 BIM 技术可以使规划、设计(初步设计、技术设计、施工图)、竞标、建造、经营、管理各个环节信息连贯一致，包括设计与几何图形、成本、进度信息等。该方法以参数化三维模型为核心，原理是尽可能将建设工程过程中的修改提前到项目前期(施工以前)，同时使建设全过程(方案、设计、建造、营运)的信息保持一致。传统设计流程与 BIM 设计流程对比如图 8-2 所示。

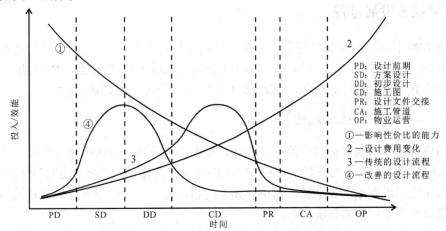

图 8-2　传统设计流程和 BIM 设计流程对比

工程投资是一个典型的具备高投资与高风险要素的资本集中的过程，一个质量不佳的建筑工程不仅造成投资成本的增加，还将严重影响运营生产，工期的延误也将带来巨大的损失。不幸的是，基于当前设计的不严谨、劳动密集的技术环境，建筑工程总是伴随着不可避免的错误、延期交付和超预算。

贯穿于规划、设计与建造过程中的建筑信息模型(BIM)技术呈现出巨大的机会，改善上述因为不完备的建造文档、设计变更或不准确的设计图纸而造成的每一个项目交付的延误及投资成本的增加。BIM 不仅使得你及你的团队在实物建造完成前预先体验工程，更产生一个职能的数据库，提供贯穿于建筑物整个生命周期中的支持。

BIM 的优势主要体现在以下几个方面：

(1) 实施。在建造之前获得对项目完整的理解。在 BIM 的投资将改善数据的重复利用及改进在旷日持久的过程中才可能发现的正确的设计方案，使得按时在预算内交付。借助卓越的发现与搜索工具，实行高效快速的设计交流审查，是确保项目实施速度的保障。这个加速交流审核的过程需要包括项目设计之外，延伸的合作团队，以进一步改善设计方案的品质。

(2) 沟通。创建一个每个人都可以非常容易观察、探究和理解的 3D 模型。BIM 使得团队合作更为有效，这是因为与设计师沟通其设计意图更为便捷，更方便与承包、分包团队及他们的供应商、合作伙伴、客户讨论、审核，减少交流时间，提高大家对项目理解的共识从而使项目更好更快得完成。

(3) 检查。在建造前，发现并解决设计方案中潜在的不合理预算投入和设计过程中的疏漏。在一个典型的项目中，在 BIM 数据模型环境中检查干涉，将设计错误在成为现实问题之前发现并锁定，可以依据信息，实质地排除，这将节省投资，减少浪费。

(4) 模拟。在建造前已经把整个施工模拟出来，真正施工过程中一切均在计划之中。BIM 对任何人而言，消除了不可预见的错误，有效管理了他们的责任。BIM 可以很容易模拟真实施工过程。项目模型成为连接时间、费用和任何数据信息的网络数字信息中心，这就给出了一个项目的全貌。保证工程按计划顺利实施和按时交付。

五、BIM 技术发展过程

目前 BIM 技术主要用来创建信息模型，但从其发展历程来看，建筑业最早是在设计阶段出现 BIM 技术的构想和实践的，因此 BIM 概念应从属于 CAD 概念，BIM 也符合 CAD 所蕴含的计算机辅助设计的理念，BIM 技术是建筑业的新一代 CAD 技术。

(一) 二维 CAD 技术的应用

如何更好地让别人理解自己的设计理念，是人类一直以来不断研究的问题。追溯到古埃及，人们将住宅剖面画在壁画中，利用二维图像来表达建筑。造纸术的发明并传入欧洲，人们进入了用二维图纸来表达设计和指导建造过程的时代。二维图纸包含着建筑信息，成为设计交流和建造过程的物质中介。

建筑设计方法和生产模式随着 CAD 技术的开发和升级产生了大的变革。CAD 的出现让建筑工程人员从传统的手工画图、计算的工作模式转变成了电脑绘图，软件算量、计价的模式，让人们能更方便、更及时地进行方案修改与优化。不仅节省了人力物力，更重要的是提高了设计出图效率，大大缩短了设计周期，提高了设计质量。

(二) 三维 CAD 技术的应用

20 世纪以来，计算机技术飞速发展，建筑师利用计算机辅助设计(CAD)进行电脑绘图，摆脱了手工绘图，提高了设计效率。尽管如此，工程师的工作模式依然停留在二维模式，没有摆脱二维的思维方式。

建筑设计软件的开发引入了面向对象的方法，出现了天正、ADT 等建筑设计软件。这些软件将建筑构件(门、窗、梁、墙、柱等)定义为不同的对象，将有关数据和操作关联在建筑对象中，从而完成由具有属性特征的建筑构件构成的设计图，告别了由线段、弧线等图元组成的几何图形时代。在面向对象模式下，对平面图的相关操作和三维建模之间是双向联动的，修改了平面图后，其对应的三维模型对象也得到了修改；反之亦然。三维模型构件还可以添加更多属性数据，如材料密度、导热性能等物理参数，为进行结构计算、节能计算创造了条件，具备了为优化设计提供实时计算分析的能力，实现信息建模。

(三) 建筑业的 BIM 技术

ADT 或天正软件实现了三维设计和无纸化建造，但它们的三维模型所包含的信息量是有限的，传达的信息是单一的，即"视觉信息"。这些软件提供了一个强大的外观形态工具，其建立的模型却无法容纳建筑面积、材料、构件重量、受力情况等信息，然而 BIM 可以解决这一问题。

BIM 技术的核心是一个由三维模型形成的数据库，数据中不仅包含了设计过程的设计信息，还包含了从规划、设计到建成使用甚至运营管理的建筑全生命周期的全部信息。在这个三维模型数据库中，不仅包含外观形状的视觉信息，还包含大量非外观信息，如建筑用料规格、价格、构件重量、受力性能等。建筑信息模型中还可容纳规划条件信息、地理环境现状信息、建筑造型和空间几何形体信息、结构尺寸和受力信息、水电暖方面管道布置信息、建筑材料与构造信息等等。这些信息均包含在三维模型中，建筑项目全过程的信息在三维模型中均有描述。

第二节　工程造价管理中常用的计算机软件介绍

工程造价管理软件主要包括算量软件、计价软件、投标报价评审软件、合同管理软件、项目管理软件等。

一、工程造价软件的类别

工程造价软件大致可以分为三类：

(1) 计价软件。计价软件是造价领域最早开发投入的应用软件。以 Excel 为依托，经过人工定额编号、工程量输入及换算、调整工料机单价、取费设定等几个步骤，由计算机完成计价、汇总、分析、显示、打印等工作，这些繁琐枯燥的计算工作仅仅需要很少的时间，效率大大提高，使概预算人员能把更多的精力投入到更关键的地方去，提高概预算的质量。

(2) 算量软件。算量软件是专门针对工程量的计算、钢筋的计算的软件，这类软件虽然也需人工输入图纸的特征及尺寸，但节省了工作量，同时也提高了结果的准确性和简化了计算审核过程。但是这类软件对于新规范的兼容性较差，不同的软件之间不能相互导入，而且，就同一软件而言，往往新规范出台后，软件的操作平台也会发生变化。

(3) 其他相关软件。其他相关软件即投标报价评审软件、合同管理软件、项目管理软件等，这类软件是工程造价的辅助管理软件，此类软件的应用便于企业的工程统计和管理。

工程造价类软件应用的方便性、灵活性、快捷性大大提高了造价从业人员的工作效率，创造了非常高的经济价值和社会效益。随着定额的"量价分离""实物法"及工程量清单计价办法的实施，工程量等的计算日趋繁杂，工作量也大大增加，在实际工作中已离不开计算机及这些软件的应用。

二、国内常用的造价管理软件

在建设行业大数据的时代背景下，随着科学技术的进步，计算机在建筑工程领域的运用越来越广泛，工程造价软件也多种多样。工程造价软件是工程造价人员在从事造价工作时所需的应用软件。在工程造价中，由于招标时间的紧迫性，手工算量已经远远不能满足需求，取而代之的是各种各样的造价软件，目前较常用的有广联达、鲁班算量、神机妙算、斯维尔、指标云、智多星、宏业、鹏业等。

1. 广联达造价软件

1) 图形算量软件与钢筋算量软件的集成——广联达土建计量 GTJ

首先来看广联达图形算量软件。广联达图形算量软件 GCL 2013 是基于公司自主平台开发的一款算量软件，无需安装 CAD 软件即可使用。软件内置全国各地现行清单、定额计算规则，第一时间响应全国各地行业动态，远远领先于同行软件，确保用户及时使用。软件采用 CAD 导图算量、绘图输入算量、表格输入算量等多种算量模式，三维状态随意绘图、编辑，高效、直观、简单。软件运用三维计算技术，能轻松地处理跨层构件计算，彻底解决了困扰用户的难题。其优点是：提量简单，无需套做法即可出量，报表功能强大，提供了做法及构件报表量，满足招标方、投标方各种报表需求。

GCL 2013 主要解决工程造价人员在招投标过程中的算量、过程提量、结算阶段构件工程量计算的业务问题。它是一款准确、简单、专业、实用的工程量计算软件，不仅能帮助使用者从繁杂的手工算量工作中解放出来，还在很大程度上提高了算量工作的效率和精度。

再来认识一下广联达钢筋算量软件。广联达钢筋算量软件 GGJ 2013 基于国家规范和平法标准图集，采用绘图方式，整体考虑构件之间的扣减关系，辅助以表格输入，解决工程造价人员在招投标、施工过程提量和结算阶段钢筋工程量的计算。GGJ 2013 能自动考虑构件之间的关联和扣减，使用者只需要完成绘图即可实现钢筋量计算。内置计算规则并可修改，计算过程有据可依，便于查看和控制，满足多种算量需求。报表种类齐全，满足各阶段、多方面需求。软件还有助于学习和应用平法，降低了钢筋算量的难度，极大地提高了工作效率。

随着工程建设的需要和技术的进步，广联达图形算量软件 GCL 2013 和钢筋算量软件 GGJ 2013 开始设置 BIM 接口，为 BIM 技术应用解决初始的施工模型和数据问题。建设项目的体量和复杂程度越来越高，人工智能、物联网、云计算、大数据等新兴技术兴起，建设领域各界对工具的效率和准确性提出新的要求。广联达公司经过 5 年的努力，采用新的语言构架研发了 GTJ 2018 软件，将 GCL 2013 和 GGJ 2013 合二为一，实现一模多算，数据无缝连接，无需互导，业务范围扩大了 10%以上，效率提升了 20%~30%。相比 2013 版本软件，其在建模效率、易用性方面提升了 10 倍。

读者可扫二维码查看广联达土建计量 GTJ 功能界面。

广联达土建计量 GTJ 功能界面

2）广联达安装算量软件

广联达 BIM 安装算量软件是针对民用建筑安装全专业研发的一款工程量计算软件。GQI 2019 支持全专业 BIM 三维模式算量，还支持手算模式算量，适用于所有电算化水平的安装造价和技术人员，兼容市场上所有电子版图纸的导入，包括 CAD 图纸、REVIT 模型、PDF 图纸、图片等。通过智能化的识别、可视化的三维显示、专业化的计算规则、灵活化的工程量统计、无缝化的计价导入，全面解决安装专业各阶段手工计算效率低、难度大等问题。

读者可扫二维码查看广联达安装算量 GQI 2019 功能界面。

广联达安装算量 GQI 2019 功能界面

3) 广联达云计价平台 gccp5.0

这是广联达公司开发的新一代计价产品，是为计价客户群提供概算、预算、竣工结算阶段的数据编审、积累、分析和挖掘再利用的平台产品。该平台基于大数据、云计算等信息技术，实现计价全业务一体化，全流程覆盖，从而使造价工作更高效，更智能。

读者可扫二维码查看广联达云计价平台 gccp5.0 功能界面。

广联达云计价平台 gccp5.0 功能界面

4) 广联达电子招投标工具

这是广联达推出的专业工具。招标人针对某建设项目，可以根据项目情况，编制招标文件，包括工程量清单和地区专用的招标示范文本，最终生成数字加密的招标文件包发布到地区建设网上，供各建设商参考。而工程项目建设厂商根据招标人发布的招标文件，依据招标人规定的项目，来制作电子商务标、技术标和工程量清单，最终生成一个数字加密文件，提交给招标管理机构，进行投标操作。

读者可扫二维码查看广联达电子招投标工具功能界面。

广联达电子招投标工具功能界面

5) 广联达 BIM 5D 施工模拟

"5D" 是在传统 3D 建筑信息模型基础上，融入 "时间进度信息" 与 "成本造价信息"，形成 "3D 模型+1D 进度+1D 造价" 的五维建筑信息模型，实现以 "进度控制" "投资控制" "质量控制" "合同管理" "资源管理" 为目标的数字化三控两管项目总控系统。现在的工程项目中越来越多造型复杂的建筑，其施工工艺复杂，工期长，如果前期设计和后期实际施工应用不切合，过程中各种变更签证更是影响最后竣工结算，进而影响工期质量和造价，在人力物力财力上的损失也是极大的。融入 BIM 技术，从前期设计阶段着手，设计阶段的费用占总投资不到 1%，但正确的设计决策对工程造价的影响却可以达到 75% 以上。施工阶段对施工进度模拟、施工组织模拟、数字化建造、施工质量与进度监控、物料跟踪等的影响，具体包括了运营阶段竣工模型交付、维护计划、建筑系统分析、资产管理、空间管理与分析、防灾计划与灾害应急模拟。

读者可扫二维码查看广联达 BIM 5D 施工模拟功能界面。

广联达 BIM 5D 施工模拟功能界面

6）广联达审核软件

广联达审核软件 GSH 4.0 是广联达建设工程造价管理整体解决方案中一款全新的审核产品。GSH 4.0 以竣工结算审核业务为核心完成业务需求分析及软件设计，支持清单计价和定额计价两种模式，紧扣合同相关约定，可进行海量数据分析，快速输出结果报告，帮助工程造价人员在竣工结算阶段快速、准确地完成竣工结算、审核工作。

该软件编制范围主要是竣工结算阶段的审核工作及其他审核工作。软件适用群体：具有工程造价编制和管理需求的单位与部门，如建设单位、咨询公司、财政局、审计局等。

2. 鲁班系列算量软件

鲁班系列算量软件是国内率先基于 AutoCAD 图形平台开发的工程量自动计算软件，它利用 AutoCAD 强大的图形功能，充分考虑了我国工程造价模式的特点及未来造价模式的发展变化。软件易学、易用，内置了全国各地定额的计算规则，可靠、细致，与定额完全吻合，无需再作调整。由于软件采用了三维立体建模的方式，使得整个计算过程可视，工程均可以三维显示，最真实地模拟现实情况。智能检查系统可智能检查用户建模过程中的错误。强大的报表功能，可灵活多变地输出各种形式的工程量数据，满足不同的需求。

鲁班造价软件是基于 BIM 技术的国内首款图形可视化造价产品，它完全兼容鲁班算量的工程文件，可快速生成预算书、招投标文件。软件功能全面、易学、易用，内置全国各地配套清单、定额，一键实现"营改增"税制之间的自由切换，无需再做组价换算；智能检查的规则系统，可全面检查组价过程和招投标规范要求中出现的错误。鲁班造价软件为工程计价人员提供概算、预算、竣工结算、招投标等阶段的数据编审、分析积累与挖掘利用，满足造价人员的各种需求。

其缺点是由于鲁班算量建立在 CAD 平台上，难以保证鲁班用户都使用正版 CAD，导致使用不太稳定，经常出现随机致命错误，计算速度慢。另外有些图形绘制的基础功能不太完美，很不符合预算人员的绘图习惯。

读者可扫二维码查看鲁班算量软件功能界面。

鲁班土建算量软件功能界面　　　　　鲁班钢筋算量软件功能界面

3. 神机妙算软件

上海神机妙算软件公司开发的工程计价系列软件宣传国内首创四维算量理念。该系列软件具有以下特点：采用智能感知技术、模糊关联技术、多叉树形数据库技术对定额库进行管理，因此定额库具有智能性，表现为定额库可以万能悬挂，适应不同的定额需要；用户可以自定义软件功能和人机用户界面，符合个性化的需要；可以跨专业、跨地区相互拖拉定额子目，全部功能和操作符合 Windows 标准，真 Windows 窗口软件；可以做工程量清单、概算、预算、结算、工程审计、编制标底、投标报价、定额编排打印、企业内部定额、工程量自动计算、钢筋自动计算。神机妙算工程造价软件已经二次开发完成，具有符合当地实际情况的 500 多种实用的全国各地各专业定额数据库(包括土建、装饰、房屋装修、安装、市政、园林绿化、公路、铁路、电力、电信、消防、人防、水利、水电、水运、机场、码头、爆破、石油、石化、煤炭、管线、有线等)。

4. 斯维尔造价咨询管理软件

斯维尔造价咨询管理系统是专为工程造价咨询业务研发的信息系统，是以业务管理和协同办公为主线，以项目派单、任务处理、进度控制、质量管理、成本控制为目标的整体信息化解决方案，是一个各种业务软件与项目管理集成的BIM协同技术相结合的办公平台，能同时实现"企业管理"和"生产管理"，突破时间和地域的限制，随时随地处理公务；亦是一个全公司统一的工作平台，打造企业统一整合的信息出入口，加快各部门数据传递速度，实现资源共享。其优势如图8-3所示。

图 8-3 斯维尔造价咨询系统的竞争优势

5. 指标云

指标云是工程造价数据积累与分析平台软件，可以快速测算经济技术指标，投标时迅速计算目标成本，有效降低投标风险，项目自检、校对，基于标准检查造价文件细节，持项目之间横向对比，三价对比、清标快速搞。

指标云可以高效实施项目全过程造价信息化管理，支持市面主流计价软件和自编清单数据无损导入，操作简单方便，对各种数据按业务需要进行多层次、多维度综合分析。方便造价相关单位构建自己私有的项目库、指标库、综合单价库、材料价格库等等数据库，为企业的发展储备核心竞争力。项目数据、价格数据、指标数据等可按需下载分享，并可提供标准接口，方便与企业的其他业务系统进行数据交换和数据共享(OA、ERP)。工程造价数据以往都是纸质文档或者光碟，不利于保存，现在通过工程造价大数据分析平台指标云，可以长久保存，进行数据分析与共享，而且还可以进行数据挖掘与应用，实现工程造价的信息化管理，但是还需要继续完善功能。

6. 智多星

湖南智多星软件股份有限公司历时近2年的时间研发出的《智多星2014工程项目管理造价软件》，符合《建设工程工程量清单计价规范》(GB 50500—2013)、《湖南省建设工程2014消耗量标准》以及《湖南省建设工程2014计价办法》的规定，完全满足新清单新定额新办法的要求，领先市场上其他同类软件。作为唯一全程参与湖南省2014新定额基价表生成及编排的公司，湖南智多星软件股份有限公司为新定额与新计价办法的颁布付出了辛勤的劳动。同时，也最先拥有最新定额数据，保证了数据百分之百准确，与定额书一字不差。及时满足在新定额新计价办法下的工作需要。新版智多星项目管理软件还新增了国内领先的项目自检、项目一键调价、项目分期付款等一系列优秀功能，操作更简单，大幅提高了工作准确度和效率。

7. 宏业清单计价软件

宏业清单计价软件是四川省宏业建设软件有限责任公司为配合《全国统一工程量清单计价规范》以及《四川省二〇〇四建设工程工程量清单计价定额》的颁布实施，专门开发的建设工程计价配套软件。该软件在功能设计上，除了能完全按照《规范》及《清单定额》完成计价工作外，还集成了四川省传统定额计价功能，这样既可以满足用户工作中的一些本地特色需要，同时也节省了用户投资。

8. 鹏业安装工程算量软件

鹏业安装工程算量软件是鹏业软件推出的一款安装预算算量软件，鹏业安装工程算量软件采用自主研发的 CAD 平台，可以智能分析图纸的信息，一键识别计算工程量，准确、快速地完成各专业的安装算量工作，包括消防、通风、给排水等，并可以自动建立自对应的三维模型。

第三节　工程造价软件的发展方向

一、建筑工程造价软件的应用现状

1. 有效提高计算速度

在工程造价中，数据的收集、计算与分析是十分重要的，在传统的工程造价中，一般采用手工计算的方法，需要使用非常复杂的公式，计算量很大，一旦计算的某个环节出现错误，将会影响最终的计算结果，导致造价人员不得不按照公式重新计算，使得造价控制的全过程更加繁琐、复杂。而工程造价软件的应用，能够在软件中内置计算公式，造价人员只需要将数据输入进去，就可以得到相应的结论，使得计算速度大大提升。

2. 计算精确度更高

我国建筑工程造价管理经过很长时间的发展，当前在计算精确度和准确度上都有了一定程度的提升，并且造价人员的工作能力、操作流程也更加规范。如果优秀的造价人员与高新造价软件相结合，将使计算精确度进一步提高。尤其是在钢筋计算软件中，造价人员只要按照图纸的标注输入钢筋信息，并合理布置节点构造模式，软件就能完成高精度的计算。

3. 实现造价信息化管理

传统的工程造价有很多数据都是纸质的文档，不利于保存，而信息技术的使用，能够将造价信息实现电子化，能够更加便捷地储存、修改和编辑。当前，也有很多造价软件能够进行网上询价，从而更加快速、便于管理。

二、建筑工程造价软件应用的必要性分析

当前，我国在建筑行业的投资不断增加，建筑工程的规模逐步增大，使用的材料和技术也更加复杂，给建筑工程项目建设的造价管理带来了更大的挑战。传统造价管理使用人力进行计算，不仅在工作方法上存在着漏洞，并且计算速度也受到限制，无法快速、全面地对招投标的价格进行控制或者对报价编制。为了提高工作效率，很多造价团队开展了团队合作，便于造价人员提高工作效率，合理利用资源，从而能够满足工程建设的快速发展对工程造价的要求。在此背景下，工程造价软件的出现恰恰满足了造价人员的需求。造价软件在工程造价领域的应用，可以大幅度地提高工程造价人员的工作效率，减轻造价人员的劳动强度，具有非常高的经济效益和社会效益；有助于企业建立完整的工程资料库，便于进行各种历史资料的保存、整理与分析，从而为造价的科学管理与决策提供基础资料；能快速、准确地完成工料分析任务，进行人、材、机的价差调整，实现实时动态的造价管理。造价软件作为建筑行业信息化的基础工具，经过十多年的发展，已经被广泛应用。

三、建筑工程造价软件的发展前景

由于造价软件在当前被广泛应用，并且不断升级和进步，其未来发展趋势主要有 6 个方面：

1. 网络化

在信息技术快速发展的今天，很多建筑工程造价管理中都应用了网络技术，并且工程造价软件的特征也逐步向着网络化、平台化、多元化的方向发展，与网络技术的特征越来越接近，能够满足日益发展的工程造价管理需求。很多城市和地区已经开始建立网络信息管理平台，使得造价软件的工作范围进一步扩大，使其能够渗透在工程项目的评估、预决算、造价管理等多个环节之中，确保信息和资源的质量，使项目造价管理的整体水平得到提升，为项目建设提供科学的依据。

2. 系统审核

从当前造价软件应用的实际情况来看，人们对于通过计算机来进行造价管理已经十分熟练，并且能够借助工具的力量实现对工程项目的预算与调整。但是，当前的造价软件系统中，依然无法自动实现对工程造价的预算和调整，因此，在未来，审核功能将是工程造价软件系统发展的重中之重。对于造价系统本身来说，审核功能有利于系统对各种项目信息进行处理，能够在保障运行质量的基础上，实现正向和逆向的推理，从而探索出工程造价相关问题的解决对策，使工程造价管理更具针对性。

3. 信息集成化

造价软件能够实现对各类信息的搜集和整合，使得造价人员通过使用软件，就可以对建筑市场进行深入分析，深入了解人才市场，更能够对工程建设项目的各类资源进行整合，

从而有效提高工程造价的效率。在未来，造价软件的集成化将更加突出，从而更高效地解决造价管理中存在的各种问题。

因为大量繁杂的、基础的计算工作被电脑所代替，从实践角度来说，工程造价管理软件应逐渐向信息处理集成化、智能化工程造价方向发展，集企业工程管理、投标报价、人材机数据收集、工程造价数据收集、造价指标、定额编制、工程设计等于一身，并将 CAD 等绘图系统融为一体，即利用 CAD 绘图的工程，不经过人工处理就能让造价软件识别并自动计算出工程量。然后，借助局域网传输到工程造价应用软件上，再根据结构部位及尺寸等方面的要求，自动地在价格信息资源库中提取数据进行计算，该数据又可进入造价信息收集系统，指标系统又可对整个报价工作进行检验和指导。这样不仅能确保设计数据的一致性、准确性，还能提高招标投标工作的自动化水平，从而实现计算机技术应用的集成化与系统性。

造价管理软件应尽可能向项目建设的前期工作发展，特别应注重与设计的配合，利用统计好的已有的相似工程，对新建工程进行概算，能动地去影响优化设计，实现真正意义上的动态管理，进行方案优化，将工作重心放在满足工程功能要求的前提下，对工程实现"设计→造价→调整设计"的控制，提高造价工作对设计的影响，这就需要投资项目评价软件、设计概算软件、建筑辅助设计软件、施工图预算软件、建筑业的价格信息网和企业内部信息资料库之间建立无缝连接的通道，在项目评估、工程设计、造价管理等各部分工作之间实现数据信息的低成本转移。只有这样，才能利于工程项目的投资控制，从而让造价管理软件更好地为使用企业服务。

4. 造价信息和造价指标的大数据化

随着互联网大数据和云存储的发展，越来越多的造价信息被输入到云存储上，经过强大的演算，最终得到较可信的造价指标数据，便于快速计算相关工程造价。

各个工程造价软件间所需的集成性、综合性数据无法从许多分散的系统中提取，更谈不上信息共享，有的只限于相同的软件使用，没有做到与智能化数据库建设的有机结合，信息时效性不强，服务的空间非常有限。这一问题的解决，必须由国家统一划分基础和标准，通过市场竞争和政策导向，整合所有工程造价管理软件，形成一个相对统一的平台，创造出兼容性更强的造价软件工具。

5. 造价软件的系统集成云计算化

造价软件现在还停留在个人 PC 上的安装授权使用，这限制了使用情况，有时很不方便。随着互联网速度提升、云存储和云计算的发展，未来造价软件可以集成到云服务器上，可以远程进行工程造价算量工作，不受时间地点限制。

加强信息化建设，实现信息化管理。推行工程量清单后，大部分的人工、材料、机械设备价格将随着市场行情而变化。建设各方主体由于受到人力、物力及信息来源渠道的限制，不一定能及时得到这方面的最新信息以指导计价活动。所以加强信息化建设，利用计算机网络等现代化的传媒手段，将最新的价格信息传送到社会各方，为工程计价服务，是提高工程造价管理水平的途径之一。

6. 造价交易的互联网平台化

现阶段工程造价管理软件种类繁杂，"各自为政"，一般都只提供当地工程造价定额、指标、指数，还有政策法规、材料价格等方面的信息；软件开发企业为打入新的地区市场，必定重复开发信息系统，造成了基础数据重复输入，浪费了人力物力，而软件层次低，水平不高。

此外，工程造价传统交易都是先干活再给钱，有时付钱还存在困难，同时传统交易周期长，不确定因素多，甚至会出现信任危机问题。未来工程造价交易能不能像电商平台一样有担保交易呢？答案是肯定的。目前业内已经出现了未来工程造价互联网化、交易担保化的雏形，其将提供的便利的交易模式能有效把控信任危机，在诚信的基础上，使质量得到保证。

总之，未来工程造价软件会更多地与互联网融合，向更便捷、安全、可靠的方向发展，进一步实现信息服务市场化、标准体系规范化、管理手段信息化，支持建设工程要素价格市场化服务，形成专业的信息服务，实现精细化管理。

复习思考题

1. 简述 BIM 技术的核心与主要特征。
2. BIM 技术具有哪些优势？
3. 工程造价软件有哪些主要的类别？
4. 我国有哪些常用的造价管理软件？
5. 如何理解建筑工程造价软件应用的必要性？
6. 建筑工程造价软件有怎样的发展前景？

第九章　造价工程师的执业概述

第一节　注册造价工程师的概念、报考条件和考试科目

一、注册造价工程师的概念

注册造价工程师是指通过全国造价工程师执业资格统一考试或者资格认定、资格互认，取得中华人民共和国造价工程师执业资格，并按照规定，取得中华人民共和国造价工程师注册执业证书(简称注册证书)和执业印章，从事工程造价活动的专业人员。

根据《造价工程师职业资格制度规定》，国家设置造价工程师准入职业资格，纳入国家职业资格目录。工程造价咨询企业应配备造价工程师，工程建设活动中有关工程造价管理岗位按需要配备造价工程师。造价工程师分为一级造价工程师和二级造价工程师。

为了规范造价工程师的执业行为，建设部颁布了《注册造价工程师管理办法》，中国建设工程造价管理协会制订了《造价工程师继续教育实施办法》和《造价工程师职业道德行为准则》。这些文件的陆续颁布与实施，确立了我国造价工程师职业资格制度体系框架，使造价工程师执业资格制度得到逐步完善。

二、注册造价工程师报考条件

1. 一级造价工程师报考条件

凡遵守中华人民共和国宪法、法律、法规，具有良好的业务素质和道德品行，具备下列条件之一者，可以申请参加一级造价工程师职业资格考试：

(1) 具有工程造价专业大学专科(或高等职业教育)学历，从事工程造价业务工作满 5 年；具有土木建筑、水利、装备制造、交通运输、电子信息、财经商贸大类大学专科(或高等职业教育)学历，从事工程造价业务工作满 6 年。

(2) 具有通过工程教育专业评估(认证)的工程管理、工程造价专业大学本科学历或学位，从事工程造价业务工作满 4 年；具有工学、管理学、经济学门类大学本科学历或学位，从事工程造价业务工作满 5 年。

(3) 具有工学、管理学、经济学门类硕士学位或者第二学士学位，从事工程造价业务工作满 3 年。

(4) 具有工学、管理学、经济学门类博士学位，从事工程造价业务工作满 1 年。

(5) 具有其他专业相应学历或者学位的人员，从事工程造价业务工作年限相应增加 1 年。

2. 二级造价工程师报考条件

凡遵守中华人民共和国宪法、法律、法规，具有良好的业务素质和道德品行，具备下列条件之一者，可以申请参加二级造价工程师职业资格考试：

(1) 具有工程造价专业大学专科(或高等职业教育)学历，从事工程造价业务工作满 2 年；具有土木建筑、水利、装备制造、交通运输、电子信息、财经商贸大类大学专科(或高等职业教育)学历，从事工程造价业务工作满 3 年。

(2) 具有工程管理、工程造价专业大学本科及以上学历或学位，从事工程造价业务工作满 1 年；具有工学、管理学、经济学门类大学本科及以上学历或学位，从事工程造价业务工作满 2 年。

(3) 具有其他相关专业相应学历或者学位的人员，从事工程造价业务工作年限相应增加 1 年。

三、注册造价工程师考试科目

造价工程师职业资格考试设基础科目和专业科目。

一级造价工程师职业资格考试设 4 个科目，包括"建设工程造价管理""建设工程计价""建设工程技术与计量"和"建设工程造价案例分析"。其中，"建设工程造价管理"和"建设工程计价"为基础科目，"建设工程技术与计量"和"建设工程造价案例分析"为专业科目。

二级造价工程师职业资格考试设两个科目，包括"建设工程造价管理基础知识"和"建设工程计量与计价实务"。其中，"建设工程造价管理基础知识"为基础科目，"建设工程计量与计价实务"为专业科目。

造价工程师职业资格考试专业科目分为 1 个专业类别，即土木建筑工程、交通运输工程、水利工程和安装工程，考生在报名时可根据实际工作需要选择其一。

第二节　造价工程师执业的环境分析

造价工程师执业离不开其所在的环境，下面从政府与行业协会管理环境、经济环境、企业环境来分别阐述造价工程师的执业环境。

一、造价工程师执业的政府与行业协会管理环境分析

我国目前对工程造价咨询业和造价工程师的管理，基本上采用政府主管部门与所授权的行业协会共同管理的组织形式。

在工程造价咨询业的管理中，政府主管部门的管理占主导地位。现阶段我国政府主管部门进行行业管理的主要内容有：建立统一开放、竞争有序的市场，为全行业创造一个有利的外部环境；建立、健全行业法规体系，加强执法监督，依法规范市场；调整行业发展政策，制定各项行业管理制度、市场准入制度；实行专业人员执业资格注册制度等。实现

管理的途径是分部门、分层次设立相关政府部门，对工程造价咨询进行分级管理，并实行法制化管理。

我国工程造价咨询业行业协会包括中国建设工程造价管理协会与地方工程造价管理协会，在政府主管部门的领导下开展工作，协助政府实现部门职能。

政府主管部门和行业协会一般都是通过一系列法律、法规和规章制度等对工程造价咨询业和造价工程师的执业进行规范。

1. 投融资体制方面

《国务院关于投资体制改革的决定》(国发〔2004〕20 号)规定：对非经营性政府投资项目加快推行"代建制"。所谓"代建制"，即通过招标等方式，选择专业化的项目管理单位负责建设实施，严格控制项目投资、质量和工期，竣工验收后移交给使用单位。建立政府投资责任追究制度，对工程咨询、投资项目决策、设计、施工、监理等部门和单位都应有相应的责任约束，对不遵守法律、法规的，给国家造成重大损失的行为，要依法追究有关责任人的行政和法律责任。

2. 咨询企业开展招投标业务方面

咨询企业开展招投标业务应当遵守的法律主要包括《建筑法》和《招标投标法》等。

《建筑法》是在中华人民共和国境内从事建筑活动，实施对建筑活动的监督管理应当遵守的法律。《建筑法》所称建筑活动，是指各类房屋建筑及其附属设施的建造和与其配套的线路、管道、设备的安装活动。《建筑法》中对工程造价方面的规定是：建筑工程造价应当按照国家有关规定，由发包单位与承包单位在合同中约定；公开招标发包的，其造价的约定须遵守招标投标法律的规定；发包单位应当按照合同的约定，及时拨付工程款项。

《招标投标法》是在中华人民共和国境内进行招标和投标活动必须遵守的法制法律制度。

3. 咨询企业和执业人员的市场准入方面

咨询企业和执业人员的市场准入应当遵守的管理办法主要包括《工程造价咨询企业管理办法》《注册造价工程师管理办法》等。

《工程造价咨询企业管理办法》主要是为了加强对工程造价咨询企业的管理、提高工程造价咨询工作质量、维护建设市场秩序和社会公共利益而制定的。依据该办法对从事工程造价咨询活动的工程造价咨询企业进行监督管理。

《注册造价工程师管理办法》对注册造价工程师等注册、执业、继续教育和监督管理作了规定，加强了对注册造价工程师的管理，规范了执业行为。

二、造价工程师执业的经济环境分析

20 世纪 90 年代中期，我国逐步形成了工程造价咨询市场。近几年，工程造价咨询业迅速发展，在服务政府职能转变方面发挥了积极的作用。

工程造价咨询行业的市场容量与建筑业及工程咨询业的市场容量息息相关，我国建筑业自改革开放以来取得了巨大成就。从 1996 年到 2006 年，中国的建筑总产值呈不断上升的趋势，近些年平均年增长率为 17.65%。可见，中国的建筑市场的发展有巨大的潜力，这也就为中国的工程造价咨询业提供了广阔的经济市场。

中国的工程造价咨询市场的发展还表现在工程造价咨询行业的营业额的逐年大幅增加。工程造价咨询的营业额大约占到工程咨询业的 15%。

三、造价工程师执业的企业环境分析

造价工程师既可以在工程造价咨询机构执业，也可以在业主和承包商的其他企业执业。业主和承包商也可以委托工程造价咨询机构进行有关的工程造价计价与控制等管理工作。

中国工程造价咨询机构，目前主要有四种形式：一是专营工程造价咨询机构，为合伙制和有限责任合伙制；二是具有工程造价咨询资质的工程咨询类机构(如勘察、设计、工程监理、招标代理工程咨询公司等)；三是具有工程造价咨询资质的建设银行；四是具有工程造价咨询资质的会计师事务所、评估事务所，这些事务所按照国务院清理整顿办公室与住房和城乡建设部的要求，与原挂靠单位从人员、财务、业务名称等方面彻底脱钩。

工程造价咨询企业按资质等级分为甲级和乙级。

原建设部令第 149 号《工程造价咨询企业管理办法》把工程造价咨询企业资质等级分为甲级、乙级两种等级类型，并对资质标准做了规定。

甲级工程造价咨询企业可以从事各类建设项目的工程造价咨询业务；乙级工程造价咨询企业可以从事工程造价 5000 万人民币以下的各类建设项目的工程造价咨询业务。

(1) 甲级工程造价咨询企业资质标准如下：

① 已取得乙级工程造价咨询企业资质证书满 3 年。

② 企业出资人中，注册造价工程师人数不低于出资人总人数的 60%，且其出资额不低于企业注册资本总额的 60%。

③ 技术负责人已取得造价工程师注册证书，并具有工程或工程经济类高级专业技术职称，且从事工程造价专业工作 15 年以上。

④ 专职从事工程造价专业工作的人员(以下简称专职专业人员)不少于 20 人，其中，具有工程或者工程经济类中级以上专业技术职称的人员不少于 16 人，取得造价工程师注册证书的人员不少于 10 人，其他人员具有专业造价工程师资格证。

⑤ 企业与专职专业人员签订劳动合同，且专职专业人员符合国家规定的职业年龄(出资人除外)。

⑥ 专职专业人员人事档案关系由国家认可的人事代理机构代为管理。

⑦ 企业注册资本不少于人民币 100 万元。

⑧ 企业近 3 年工程造价咨询营业收入累计不低于人民币 500 万元。

⑨ 具有固定的办公场所，人均办公建筑面积不少于 10 平方米。

⑩ 技术档案管理制度、质量控制制度、财务管理制度齐全。

⑪ 企业为本单位专职专业人员办理的社会基本养老保险手续齐全。

⑫ 在申请核定资质等级之日前 3 年内无《工程造价咨询企业管理办法》第二十七条禁止的行为。

(2) 乙级工程造价咨询企业资质标准如下：

① 企业出资人中，注册造价工程师人数不低于出资人总人数的 60%，且其出资额不低于注册资本总额的 60%。

② 技术负责人已取得造价工程师注册证书，并具有工程或工程经济类高级专业技术职称，且从事工程造价专业工作 10 年以上。

③ 专职专业人员不少于 12 人，其中，具有工程或者工程经济类中级以上专业技术职称的人员不少于 8 人；取得造价工程师注册证书的人员不少于 6 人，其他人员具有专业造价工程师资格证。

④ 企业与专职专业人员签订劳动合同，且专职专业人员符合国家规定的职业年龄(出资人除外)。

⑤ 专职专业人员人事档案关系由国家认可的人事代理机构代为管理。

⑥ 企业注册资本不少于人民币 50 万元。

⑦ 具有固定的办公场所，人均办公建筑面积不少于 10 平方米。

⑧ 技术档案管理制度、质量控制制度、财务管理制度齐全。

⑨ 企业为本单位专职专业人员办理的社会基本养老保险手续齐全。

⑩ 暂定期内工程造价咨询营业收入累计不低于人民币 50 万元。

⑪ 申请核定资质等级之日前无《工程造价咨询企业管理办法》第二十七条禁止的行为。

(3) 新申请工程造价咨询企业资质的，其资质等级核定为乙级，设暂定期 1 年。

第三节　其他国家和地区造价工程师的执业内容

一、中国香港地区工料测量师的执业内容

我国香港地区的工程管理模式基本上是借鉴了英国传统的工程管理模式。英国传统的工程管理模式中最突出的特点是使用了工料测量师，无论是在传统的工程管理模式还是在新型工程管理模式中，工料测量师均起到了独特的作用。

(一) 香港工料测量师的服务对象

工料测量师是在建筑工程方面受过特殊训练的专业人士，对建筑成本价格财务合约安排及法律等方面均有专门认识，主要执业单位有：

① 政府地政发展部门。

② 私人地产发展商。

③ 承包商。

④ 工料测量师事务所。

⑤ 矿务及石油开发机构。

⑥ 保险公司。

⑦ 其他有地产发展业务的机构。

（二）香港工料测量师的执业范围

工料测量师在房屋建造、土木工程、城市发展，以及矿物及石油化工等各项工程上都能提供广泛的服务，其主要职业范围包括：

① 初步成本咨询。
② 成本计划。
③ 招标。
④ 合约管理。
⑤ 工程费的开支预算及成本控制。
⑥ 工程策划与管理。
⑦ 调解纠纷。
⑧ 保险咨询。

二、英国工料测量师的执业内容

在英国乃至英联邦国家的建筑领域是很难见到工程造价这个概念的，相应于这个概念，英国的专业名称是工料测量。

英国的工程造价管理是将立项、设计、招标、签约、施工过程结算等阶段性工作贯穿于工程建设的全过程。工程造价管理在既定的投资范围内随阶段性工作的开展不断深化，从而使工期、质量、造价和预算目标得以实现，这些和工料测量师在工程建设全过程中的有效工作是分不开的。

（一）英国工料测量师的作用

1971 年，英国皇家特许测量师学会规定工料测量师的作用是：在建设的全过程中，通过向业主和设计方提供项目的财务管理和造价咨询服务，来确保建筑业的能源可以最有效地为社会所利用，工料测量师的独特能力是在建设领域中的计量和估价技术，对建设项目的费用和价格进行预测、分析、计划、控制和解释。

从 20 世纪 70 年代以来，工料测量师的专业知识逐渐发展到建筑、民用和工业项目施工、机械和电气设备以及项目管理等领域的费用规划和控制。

（二）英国工料测量师的执业范围

英国的工料测量师是独立从事建筑造价管理的专业人员。工料测量师是一个动态的职业，需要从业者有良好的商业头脑、一流的管理技能和建筑行业知识。

从 20 世纪 30 年代开始，工料测量行业就发生着变化。现在，工料测量师作为成本咨询和项目采购的专家，已经成为一种专业管理角色。

英国工料测量师的工作领域包括：房屋建筑工程、土木及结构工程、电力及机械工程、石油化工工程、矿业建设工程、一般工业生产、环保、经济、城市发展规划、风景规划、室内设计等。工料测量师的服务对象，有政府市政及公有房屋管理等部门、房地产开发商、厂矿企业、银行与保险公司，而大量的服务是面向承包商的。

工料测量师的执业范围包括：初步费用估算、成本规划、承包合同方式、招标代理、造价控制、工程结算、项目管理及其他。

三、美国造价工程师的执业内容

美国经济是一种政府干预的混合型经济，整个经济分成两部分：一部分是私营经济，另一部分是公营经济。建筑业是美国最大的行业之一，在美国国内生产总值中占有重要比例。美国的建设工程项目分为政府投资项目和私人投资项目，对于政府投资项目，美国采取的是一种谁投资谁管理，系由政府投资部门直接管理的模式；对私人管理项目，政府不予干预，但对工程的技术标准、安全、社会环境影响和社会效益等则通过法律、法规、技术标准等加以引导或限制。

美国造价工程师一般服务于政府部门、私人业主或承包商，在工程造价的管理中发挥着关键作用，其主要工作有：项目可行性研究与投资估算编制、分析、评价；设计阶段工程造价及预算的编制、评价；工程成本与工期的控制；工程造价的预测、研究；工程管理及估价软件的开发；工程造价资料及技术书籍的编辑、出版。

第四节　我国内地造价工程师的执业及管理制度

一、造价工程师的执业范围

（一）一级造价工程师执业范围

一级造价工程师的执业范围包括建设项目全过程的工程造价管理与咨询等，具体工作内容有：

① 项目建议书、可行性研究投资估算与审核，项目评价造价分析。
② 建设工程设计概算、施工(图)预算的编制和审核。
③ 建设工程招标投标文件工程量和造价的编制与审核。
④ 建设工程合同价款、结算价款、竣工决算价款的编制与管理。
⑤ 建设工程审计、仲裁、诉讼、保险中的造价鉴定，工程造价纠纷调解。
⑥ 建设工程计价依据、造价指标的编制与管理。
⑦ 与工程造价管理有关的其他事项。

（二）二级造价工程师执业范围

二级造价工程师主要协助一级造价工程师开展相关工作，可独立开展以下具体工作：
① 建设工程工料分析、计划组织与成本管理，施工图预算、设计概算的编制。
② 建设工程量清单、最高投标限价、投标报价的编制。
③ 建设工程合同价款、结算价款和竣工决算价款的编制。

造价工程师应在本人工程造价咨询成果文件上签章，并承担相应责任。工程造价咨询成果文件应由一级造价工程师审核并加盖执业印章。

二、造价工程师的执业内容

(一) 按基本建设程序划分

按基本建设程序划分，造价工程师的执业内容如图 9-1 所示。

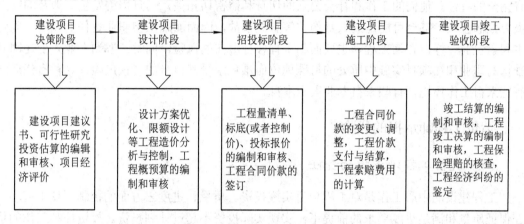

图 9-1 按基本建设程序划分造价工程师的执业内容

(二) 按从业单位划分

造价工程师在不同的单位执业，具体的执业内容有所区别。

1. 在建设单位(业主)执业

造价工程师在业主单位执业，从事的造价工作主要集中在投资决策阶段、设计阶段、招投标阶段以及竣工决算阶段的工程造价文件的审核。部分有能力的业主也要求造价工程师进行一些工程造价文件的编制工作，但大部分工程造价工作会委托给有相应资质的工程造价咨询机构来编制。业主方的造价工程师一般要参与全过程的工程造价管理工作，但主要是协调和审核工作。

2. 在施工单位(承包商)执业

造价工程师在承包商单位执业，主要是从招投标阶段开始到工程竣工结算，完成过程中的造价文件的编制和管理工作，比如，编制投标报价文件、提供人工和材料的预算用量、编制工程结算文件等等。很显然，承包商参与建设项目的过程决定了造价工程师的执业内容。

3. 在工程造价咨询企业执业

工程造价咨询企业是造价工程师执业的最广泛的单位。由于工程造价咨询企业既可以为业主提供造价咨询服务，也可以为承包商提供服务。造价工程师如果在工程造价咨询企业执业，就需要掌握全过程的造价咨询执业内容。也就是说，凡是《注册造价工程师管理办法》规定的造价工程师的执业范围，工程造价咨询企业都应该能提供。

第五节　造价工程师的责任风险管理

工程咨询专业人士从事的工作具有明显的委托性、技术性，提供的是一种专业技术服务，这种服务是基于自身专业技能的管理、技术咨询服务，他们虽然不是工程承包合同的当事人，但却是受业主聘用作为工程项目的技术、管理负责人，对合同工程项目的实施负有完全的责任。他们的工作和社会公众的切身利益密切相关，一旦损害发生，涉及的财产损失数额巨大，甚至可能造成人身伤亡等重大事故，因而面临承担职业责任的风险。同业主和承包商一样，咨询工程师也要面临工程各种潜在的风险，同时，咨询专业人士还因其独特的职业和在项目实施中所处的特殊地位而难免承受其自身的责任风险。这种责任风险有些来自工作环境，有些来自专业人士本身。

一、造价工程师承担的风险

（一）造价工程师承担的责任

工程建设的中心工作是对工程项目实施投资、质量、进度三方面的控制，使工程项目在保证质量和满足进度要求的前提下，实现实际投资不超过计划投资。投资控制工作的优劣，直接影响到工程的工期和质量；而投资控制方法是否合理，更直接影响到整个项目的效果。所以，必须在工程进展中配备既懂工程技术，又懂经济、管理和法律知识，具有实践经验和良好职业道德素质的复合型人才——造价工程师。

在工程项目中，造价工程师是建设项目造价工作的重要组织者和负责人，具有工程计量审核权、支付工程进度款审核权和工程造价审批权，对维护国家和社会公共利益、维护业主和承包商利益、维护单位自身权益有着不可替代的地位和作用。

在工程项目从立项决策到竣工投产全过程中，造价工程师负责编制或审核投资估算、设计概算、施工图预算以及工程项目的设计、招投标、施工结算等各阶段的投资控制工作。造价工程师作为投资控制组负责人，对总监负责，负责投资公司投资工作的事前、事中、事后控制，防止概算超估算、预算超概算、决算超预算。为完成投资控制的目标，造价工程师必须完善投资控制的组织措施，建立健全组织，明确职责分工及有关制度，落实投资控制的责任。

（二）造价工程师风险的分类与识别

造价工程师的工作具有明显的委托性、技术性，造价工程师对工程提供的是一种专业技术服务，但目前，由于中国建设体制尚未完全理顺，人们的认识不足，委托服务尚未成为人们的自觉行动，因此，由建设单位委托具有相应资质的造价工程师对工程进行审核，造价工程师必须在委托合同规定的工作范围内开展工作。在业主委托的范围内运用合理的技能，谨慎而勤勉地工作，应是每个造价工程师应尽的义务。

同时，造价工程师是专业技术人员，他们所提供的服务，是基于自身专业技能的管理、技术和咨询服务。因此，在同样的工作范围及权限内，不同的造价工程师提供服务的成效可能大不相同，这和造价工程师本身所掌握的专业技能有关。这种专业技能可以从两个方面来进行理解：其一是专业技术水平及工程实践经验，这是造价工程师工作能力的重要基础，和其他专业技术人员并无不同；其二是本身的工作协调能力，这一点造价工程师与其他专业技术人员有所不同。协调参与工程建设各方面的技术力量，使参建各方的能力能最大限度地发挥，是造价工程师能力的体现。

另外，造价工程师的工作具有较大的弹性。同样的工作，可以做得细致认真，也可以做得较为马虎，而其工作成效界定起来也较为困难，难以运用定量的标准来衡量优劣，即工作成效和自身的主观能动性有关。这种主观能动性主要来自两个方面。一方面取决于职业道德的约束。遵守职业道德，谨慎、勤勉的为业主服务，是造价工程师的基本工作原则。另一方面取决于业主的支持。造价工程师的工作要对业主负责，业主和造价工程师的诚意和相互信任，无疑会大大激发造价工程师的主观能动性。

造价工程师的工作还和社会公众的切身利益密切相关，一旦损害发生，涉及的经济额度会很大，并可能造成人身伤亡等重大事故。因此，从造价工程师的工作特性出发，可以总结出造价工程师的风险在于造价工程师的行为责任、工作技能、管理能力、职业道德和社会环境等。

造价工程师的风险分为三个等级，如表 9-1 所示。

表 9-1　造价工程师风险等级表

一级风险	二级风险	三级风险
行为责任风险	工作超出合同范围造成的风险	本属于下属造价工程师的工作范围，代其下属处理造成的风险
		属于其他工作人员(如会计等)的工作范围，越权行使造成的风险
	未按合同规定履行职责造成的风险	主观上故意不履行合同造成的风险
		并非有意不履行合同造成的风险
工作技能奉献	相关知识欠缺，在工作中未能发现问题造成的风险	在工作中对新材料、新工艺不了解造成的风险
		在计算中对计算方法的不掌握造成的风险
		对图纸的新绘制方法不熟悉造成的风险
	知识技术熟练，但在工作中疏忽造成的风险	工程审核过程中的疏忽造成的风险
		工程审核后的计算失误造成的风险
		工作中单凭经验造成的风险
技术资源风险	由于人力、财力等限制，致使工作无法进行造成的风险	
	工作中信息技术造成损失的风险	计算机在工作中出现病毒
		工程图纸等原始数据错误造成的风险

一级风险	二级风险	三级风险
管理风险	业主、造价工程和承包方三者间管理机制相互制约造成的风险	业主对承包方的制约管理不到位造成的风险
		造价工程师对承包方的监督管理不到位造成的风险
	造价工程师内部管理造成的风险	造价机构内部职员分工不明确造成的风险
		职员相互间工作未能及时沟通造成的风险
		员工承担的责任不明确造成的风险
		上级或委托方让造价工程师弄虚作假造成的风险
职业道德风险	造价工程师自身职业道德造成的风险	造价工程师工作中不认真负责，避重就轻造成的风险
		造价工程师有意偏袒包庇一方造成的风险
	承包方职业道德造成的风险	承包方在工作中偷工减料造成的风险
		承包方在工作中敷衍了事、回避问题、不配合工作造成的风险
社会环境风险	法律、政策的规定造成的风险	
	业主、承包方对造价工程师的苛刻要求造成的风险	

二、造价工程师的风险控制

（一）控制风险源

风险源是风险发生的根源，消灭了风险源，便可以控制风险的发生。

1. 严格履行合同

严格履行合同是防范风险的基础。造价工程师必须树立牢固的合同意识，对工作中涉及的所有合同都必须做到心中有数，对自身的责任和义务要有清醒的认识，既要不折不扣地履行自身的责任和义务，又要注意在自身的职责范围内开展工作，随时随地以合同为处理问题的依据。合同履行的风险和防范如表 9-2 所示。

表 9-2　合同履行的风险和防范

一级风险	一级风险的防范	二级防范	二级风险的防范
行为责任风险	严格履行合同	超出合同范围工作造成的风险；未按合同规定履行职责造成的风险	树立牢固的合同意识，对自身的责任和义务要有清楚的认识，不折不扣地履行自身的责任和义务

2. 提高专业技能

对造价工程师来说，专业技能是其提供服务的必要条件，不断学习，努力提高自身的专业技能，是造价工程师所从事的职业对自身提出的客观要求。专业技能风险与防范如表9-3所示。

表9-3 专业技能风险与防范

一级风险	一级风险的防范	二级风险	二级风险的防范
工作技能风险 技术资源风险	提高专业技能	知识欠缺或工作疏忽造成的风险； 人力、财力限制及信息技术造成损失的风险	不断学习，努力提高自身的专业技能，对工作中的每一步进行严格审核

3. 提高管理水平

工程咨询单位内部的管理机制是否健全，运作是否有效，是发挥造价工程师主观能动性、提高工作效率的重要方面，也是防范管理风险的重要一环。

工程咨询单位必须结合实际，明确质量方针，制定行之有效的内部约束机制，尤其是在造价工程师责任的承担方面，要有明确的界定。对于业主、造价工程师、承包方三者的管理机制，造价工程师个人要总结经验，合理控制，切实行使职责。管理水平风险与防范如表9-4所示。

表9-4 管理水平风险与防范

一级风险	一级风险的防范	二级风险	二级风险的防范
管理风险	提高管理水平	业主、造价工程师、承包方三者间相互制约造成的风险； 造价工程师内部管理不到位造成的风险	制定行之有效的内部和外部约束机制

4. 加强职业道德约束

要有效地防范造价工程师职业道德带来的风险，需要解决三方面的问题：一是需要对造价工程师应该遵守的职业道德作出明确的界定；二是需要在此基础上，加强对造价工程师的职业道德教育，使遵守职业道德成为造价工程师的自觉行动；三是需要健全这一方面的监督机制，在这方面，工程咨询行业协会应该发挥积极作用。职业道德风险与防范如表9-5所示。

表9-5 职业道德风险与防范

一级风险	一级风险的防范	二级风险	二级风险的防范
职业道德风险	加强职业道德约束	造价工程师自身职业道德造成的风险； 承包方职业道德造成的风险	对职业道德作出明确的界定； 进行职业道德教育，建立监督机制

5. 完善法律体系

中国建设领域法律体系的建设已取得了长足的进展，但还存在很多问题。因此，一方面需要不断立法，完善法律、法规的覆盖面；另一方面需要理顺现有法律法规的关系，对相互矛盾之处要进行修订，对有必要进一步明确的地方进行明确。法律法规方面的风险与防范如表 9-6 所示。

表 9-6　法律法规方面的风险与防范

一级风险	一级风险的防范	二级防范	二级风险的防范
社会环境风险	完善法律体系	法律、政策的规定所造成的风险；业主、承包方对造价工程师的苛刻要求	不断立法，完善法律；理顺现有法律关系，自觉依法履行职责

（二）造价工程师风险控制手册

在具体研究分析了造价工程师的一级、二级风险及其控制方法后，将造价工程师的三级风险及其防范对策绘制成一张对策图，并将造价工程师各级风险的成因、防范对策及其发生后的应对措施等整体编制成造价工程师风险控制手册。这个手册可以使读者更为直观地认识到造价工程师的风险、如何控制与防范风险，以及风险发生后如何将损失降为最低。另外，这个手册还便于造价工程师更有效地工作，减少工程建设中不必要的损失。

三、造价工程师责任风险的规避

（一）推行职业责任保险制度

所谓职业责任保险，是把全部或部分风险转移给保险公司的一种机制，是对于职业人员疏于履行其职责所造成的损失，由保险公司向有权获得赔偿的当事方进行赔偿。

造价工程师投保职业责任险是一种运用市场手段来转移责任风险的方法，一旦因职业责任导致客户或第三方有损失，其赔偿由保险公司来承担，索赔的处理过程也由保险公司来负责，也就是通过市场手段来转移造价工程师的责任风险。这能有效保障客户和造价工程师的切身利益，也是现在国际上通行的办法。

（二）监理合伙制咨询机构

合伙制在国外咨询业中十分普遍，我国也制定了《中华人民共和国合伙企业法》以规范合伙企业的行为。合伙企业是指自然人、法人和其他组织依照本法，在中国境内设立的普通合伙企业和有限合伙企业。造价工程师组建合伙制造价咨询机构，必须共同出资、共同经营、共同收益、共担风险。

复 习 思 考 题

1. 简述注册造价工程师的概念、报考条件。
2. 造价工程师执业的环境包括哪些内容？
3. 我国内地造价工程师的执业范围是什么？
4. 造价工程师都面临哪些责任风险？如何规避？

第十章　工程造价咨询制度及企业管理制度

第一节　我国工程造价咨询业的发展历程

改革开放以前，我国工程造价管理模式一直沿用苏联模式——基本建设概预算制度。改革开放后，工程造价管理历经了经济时期的概预算管理、工程定额管理的"量价统一"、工程造价管理的"量价分离"，目前逐步过渡到以市场机制为主导、由政府职能部门实现协调监督、与国际管理全面接轨的新管理模式。

中华人民共和国成立以来，我国的工程造价咨询经历了以下几个阶段：

第一阶段，从中华人民共和国成立初期到 20 世纪 50 年代中期，是无统一预算定额与单价情况下的工程造价计价模式。这一时期主要是通过设计图计算出的工程量来确定工程造价。当时计算工程量没有统一的计算规则，只是有估价员根据企业的累计资料和本人的工作经验，结合市场行情进行工程报价，经过和业主洽谈，达成最终的工程造价。

第二阶段，从 20 世纪 50 年代到 90 年代初期，是政府统一预算定额与单价情况下的工程造价计价模式，基本属于政府决定造价。这一阶段延续的时间最长，并且影响最为深远。当时的工程计价基本上是在统一预算定额与单价情况下进行的，因此工程造价的确定主要是按设计图及统一的工程量计算规则计算工程量，并套用统一的预算定额与单价，计算出工程直接费，再按规定计算间接费及有关费用，最终确定工程的概算造价或预算造价，并在竣工后编制决算，经审核后的决算即为工程的最终造价。其主要特征是：

(1) 这种"价格"分为设计概算、施工图预算、工程费用签证和竣工决算。

(2) 这种"价格"属于国家定价的价格形式，国家是这一价格形式的决策主体。建筑产品价格形成过程中，建设单位、设计单位、施工单位都按照国家有关部门规定的定额标准、材料价格和取费标准，计算、确定工程价格，工程价格水平由国家规定。

自 20 世纪 90 年代初国家确定建立社会主义市场经济体制的目标后，投资主体逐步多元化，建设体制中推行了招标投标制、合同管理制、工程项目监理制。与此同时，工程造价计价依据也有了相应的变化，改变过去定额多年不变的情况，根据市场变化实行了动态的管理，各地政府造价管理部门定期编制和发布有关造价指数，对建筑工程造价中的材料价格进行适时调整。随着建设市场化程度的不断增大，无论是业主还是承包商，都需要根据工程本身的情况和市场多变的因素，加强对项目工程造价的控制，在这样的环境下，工程造价咨询行业应运而生。

第三阶段，从 20 世纪 90 年代至 2003 年，这段时间造价管理沿袭了以前的造价管理方法，同时，随着我国社会主义市场经济的发展，国家建设部对传统的预算定额计价模式提出了"控制量，放开价，引入竞争"的基本思路。各地在编制新预算定额的基础上，明确规定以预算定额中的材料、人工、机械价格作为编制期的基期价，并定期发布当月市场价格信息进行动态指导，在规定的幅度内予以调整，同时在引入竞争机制方面做了新的尝试，这个阶段表现为国家指导价阶段。

在国家指导价阶段，价格形成过程中，国家和企业是价格的双重决策主体。其价格形成的特征是：

(1) 计划控制性。作为评标基础的标底价格，要按照国家工程造价管理部门规定的定额和有关取费标准确定，标底价格的最高数额受到国家批准的工程概算控制。

(2) 国家指导性。国家工程招标管理部门对标底的价格进行审查，管理部门批准成立的监督小组直接监督、指导大中型工程招标、投标、评标和决标过程。

(3) 竞争性。投标单位可以根据本企业的条件和经营状况确定投标报价，并以价格作为竞争承包工程手段。招标单位可以在标底价格的基础上，择优确定中标单位和工程中标价格。

90 年代中期，国内逐步形成了工程造价咨询市场，在工程造价咨询业发展的初期，从业的主要是设计单位、建设银行、政府造价管理部门设立的工程造价咨询机构，以及部分私营和个体从业者。为了保证工程造价咨询行业的健康发展，1996 年由建设部制定了"工程造价咨询单位资质管理办法(试行)"，对工程造价咨询单位进行规范管理，明确工程造价咨询要面向社会接受任务，承担建设项目可行性研究估算、工程设计概预算、工程结算、工程招标标底和投标报价的编制与审核等有关工程造价咨询业务。政府对具有法人资格的企业和事业单位从事工程造价咨询的，根据其技术力量、单位的人员素质、组织机构、注册资金和服务业绩等方面核定资质等级，并按甲、乙、丙三个等级进行登记并发放资质证书。

按照造价咨询单位资质管理办法规定的资质标准，建设部于 1997 年、1998 年分别审查批准了甲级工程造价咨询单位 530 家，各省及有关专业部门审查批准了乙、丙级工程造价咨询单位近 5000 余家。实施工程造价咨询单位的资质管理是政府培育和发展工程造价咨询业的主要措施。

工程造价咨询单位是建设市场主体之一，它属于中介机构，在建设市场中为业主、承包商及有关各方提供工程造价控制和管理的专业服务。中介服务要求其从业活动具有独立性和公正性。由于工程造价咨询市场形成的时间不长，以及工程咨询单位处在初期阶段，因此，难免存在着部分工程造价咨询单位的服务不能令人满意的情况，如获取业务、完成咨询工作的质量、收费和公正性等方面还存在一些问题。

为了维护工程造价咨询市场的秩序，规范工程造价咨询单位的行为，建立公平、公正和平等竞争的市场环境，建设部于 2000 年初发布了《工程造价咨询单位管理办法》（以下简称《管理办法》），《管理办法》将工程造价咨询单位的资质分为甲、乙两级，并对资质标准重新做了规定。如甲级工程造价咨询单位资质主要标准为：单位具有从事工程造价专业的工作人员不少于 20 人，取得注册造价工程师注册证书的人员不少于 8 人，注册资金不少于 100 万人民币，近三年完成 5 个大型或 8 个中型以上建设项目工程造价咨询工作。该《管理办法》还对工程造价咨询单位资质申请与审批、资质管理、业务承接、法律责任等做了规定。

2000 年，政府主管部门和中国建设工程造价管理协会根据国务院清理整顿经济鉴证类社会中介机构要求，部署了工程造价咨询单位与政府部门实行脱钩改制工作，规定所有政府部门、行业协会经办的工程造价咨询单位在人员、财务、职能、单位名称等方面在限期内脱钩。工程造价咨询单位在与主管部门脱钩的同时进行改制工作，按照国内的有关法律和国家对中介机构脱钩改制工作的要求，都要改制成为合伙制企业或有限责任制公司。其中对改制为有限责任制公司的要求是须有 5 名以上具有造价工程师资格的人员共同出资。

到 2001 年下半年，工程造价咨询单位的脱钩改制工作基本完成，并取得了明显的成效。各类工程造价咨询单位由脱钩改制前的 6000 家缩减到 4000 家，大约 90%为有限责任制公司，成为自主经营、自担风险的经济实体。

第四阶段，2003 年 3 月有关部门颁布《建设工程工程量清单计价规范》，2003 年 7 月 1 日起在全国实施，工程量清单计价是在建设施工招投标时招标人依据工程施工图纸、招标文件要求，以统一的工程计算规则和统一的施工项目划分规定，为投标人提供实物工程量项目和技术性措施项目的数量清单；投标人在国家定额指导下、在企业内部定额的要求下，结合工程情况、市场竞争情况和本企业实力，并充分考虑各种风险因素，自主填报清单开列项目中包括的工程直接成本、间接成本、利润和税金在内的综合单价与合计汇总价，并以所报综合单价作为竣工结算调整价的一种计价模式。与国家指导的招标投标价格形式相比，这个阶段的价格特征表现为：

(1) 竞争形成。工程价格由工程承发包双方根据工程自身的物质劳动消耗、供求状况等市场因素经过竞争形成，不受国家计划调控。

(2) 自发波动。随着工程市场供求关系的不断变化，工程价格经常处于上升或者下降的波动之中。

(3) 自发调节。通过价格的波动，自发调节着建筑产品的品种和数量，以保持工程投资与工程生产能力的平衡。

第五阶段，为进一步推进工程量清单计价改革，完善市场形成工程造价的机制，《建设工程工程量清单计价规范》(GB50500—2008)已于 2008 年 7 月 9 日由住房和城乡建设部、国家质量监督检验检疫总局联合发布，住房和城乡建设部第 63 号公告批准为国家标准，自 2008 年 12 月 1 日起实施。

以《建设工程工程量清单计价规范》(GB50500—2013)为主要标志的工程量清单计价模式将具有鲜明中国特色的工程量清单计价模式向前推进了一步，涵盖了从招标投标开始到工程竣工决算的全过程，连同《建设工程工程量清单计价规范》(GB50500—2018)的出版，标志着我国工程量清单计价模式逐步走向成熟和完善。

第二节　工程造价咨询的主要内容

工程造价咨询的内容包括：投资估算，设计概算，工程量清单编制或清单审核，投标报价编制，工程量清单及预算、招标控制价的编制或审核，定额计价法预算、招标控制价、投标报价的编制或审核，工程结算编制，工程结算审核，竣工决算编制或审核，施工阶段全过程工程造价控制。

1. 投资估算

投资估算是指依据建设项目可行性研究方案编制或审核项目投资的估算，并按需作出相应的调整。

2．设计概算

设计概算的内容包括根据设计文件编制深度规定及初步设计图纸，相应的建设工程法律、法规、标准规范与概算定额，对工程量计算、定额套用、费率计取进行确定或核对，完成概算文件的编制或审核；设计概算的编制包括编制价格、费率、利率、汇率等确定静态投资和编制期到竣工时的动态投资两部分，为业主提供合理节省费用的建议；根据扩初审批意见，完成修正概算文件；当概算总投资超出批准总投资(或可行性研究报告总投资)时，为业主提供可能合理节省费用的建议；对审核有问题的概算进行补充、调整和完善，并出具编制或审核报告。

3．工程量清单编制或清单审核

工程量清单编制或清单审核包括根据施工图纸文件、《建设工程工程量清单计价规范》，参照相关的清单计价指引，设立项目编码，确定计量单位，描述项目特征；根据《建设工程工程量清单计价规范》，参照相关的工程预算定额、工程量计算规则计算工程量；编写总说明，编制或审核分部分项工程量清单及计价表，并打印相关表格；对有关问题进行补充和完善并出具审核报告；协助招标人做好招标答疑和核对工作；根据设计图纸独立编制的按100%收费，独立编制并编制审核对照表的按110%收费，一般性重点审核按照40%收费。

4．投标报价编制

投标报价文件的编制是根据委托方所给的招标文件及工程量清单，依据《建设工程工程量清单计价规范》、相关预算定额和当期当地市场信息价及有关政策和规定，对每个项目进行综合单价的编制；根据有关文件、费用定额及有关政策和规定的要求，完成分部分项工程量清单、措施项目清单、其他项目清单的编制，并按相关规定计取规费和税金，形成单位工程报价汇总表。

5．工程量清单及预算、招标控制价的编制或审核

工程量清单及预算、招标控制价的编制包括编制工程量清单；根据工程量清单编制的工作内容进行编制；按相关预算定额、费用定额和当期当地市场信息价及有关政策规定计算施工技术措施费、组织措施费、综合费、规费、税金，完成招标控制价文件；编写预算、招标控制价总说明。

6．定额计价法预算、招标控制价、投标报价的编制或审核

根据国家有关法律、法规和标准规范，以及施工图纸文件、工程计价依据、工程量计算规则、各种措施费、市场要素价格等，编制或审核预算、招标控制价及投标报价。

7．工程结算编制

根据国家有关法律、法规和标准规范的规定，按照合同约定的造价确定条款，即合同价、合同价款调整内容以及索赔和现场签证等事项，编制确定工程最终造价。

8．工程结算审核

工程结算审核，是根据工程合同相应的建设工程法律、法规、标准规范与工程计价依

据、招投标文件、施工图纸、现场发生的各项有效证明，审核工程造价；现场踏勘、计量复核；对工程量、工程要素价格及各类项目费用进行审核确定；编制工程结算审核报告。

9. 竣工决算编制或审核

计算完成整个建设项目所需的费用包括建设工程投资、设备投资、待摊投资和其他投资等费用。出具反映基本建设工程的建设时间、投资情况、工程概预算执行情况、建设成果和财务状况的总结性文件。

10. 施工阶段全过程工程造价控制

施工阶段全过程工程造价控制工作包括编制工程量清单及招标控制价；制定造价控制的实施流程，对承包人报送的工程预算进行审核，确定造价控制目标；根据施工承包合同、进度计划，编制用款计划书；参与造价控制有关的工程会议；负责对承包人报送的每月(期)完成进度款月报表进行审核，并提出当月(期)付款建议书；承发包方提出索赔时，凭据合同和有关法律、法规，提供咨询意见；协助业主及时审核因设计变更、现场签证等发生的费用，相应调整造价控制目标，并向业主提供造价控制动态分析报告；核定分阶段完工的分部工程结算；会同业主办理工程竣工结算，提供完整的结算报告及各项费用汇总表；提供与造价控制相关的人工、材料、设备等造价信息和其他咨询服务。

第三节　工程造价咨询企业的特点

工程造价咨询企业的特点有：基于项目，固定资产少，企业规模小，智力密集型，服务型，具备扎实的工程专业知识，对职业道德要求高。具体阐述如下：

(1) 基于项目。因为工程造价咨询企业承接的业务是基于建设工程项目的，因此具有一次性、不可重复性的特点，不能批量生产。

(2) 固定资产少。工程造价咨询单位管理办法中规定，甲级单位的注册资本下线为人民币 100 万元。工程造价咨询企业的设备仅有电脑，大多数公司的办公场所为租用。总之，工程造价咨询企业固定资产数额较少。

(3) 企业规模小。国内的工程造价咨询企业大都是中小型企业。根据浙江省的统计数据，造价咨询企业中超过 100 人的企业只有一家，50 人以下的企业超过 50%。

(4) 智力密集型。工程造价咨询企业最宝贵的资产是人力资源。公司的工程咨询经验内化为员工头脑中的知识与经验，是公司提供咨询服务的最主要源泉。

(5) 服务型。工程造价咨询企业生产的不是建筑产品，而是为建筑工程提供投资决策、合同等方面的咨询服务，以客户为中心，完成客户委托的业务。

(6) 扎实的工程专业知识。与普通的管理咨询、战略咨询不同，工程造价咨询企业服务的对象是建筑工程行业，服务的内容围绕合同、工程与工程投资的技术性活动而展开，因此要求企业员工有扎实的工程专业知识。

(7) 对职业道德要求高。工程造价咨询单位既不是业主，也不是建设方。它是出于中立位置的咨询服务提供者。在合同拟定中，既要维护业主方的利益，又要对承包商公平公正。咨询公司工作人员要有较高的职业道德，能做到公平公正。

第四节　工程造价咨询企业的管理模式

一、工程造价咨询企业的产权体制

　　英、美等国和我国香港地区工程造价咨询企业产权体制总体来说是多元化的，但由于成立之初多为个人执业公司和合伙人公司，大多是在市场竞争中自我发展或自发兼并、合并发展的，所以目前其典型的产权体制仍是合伙人制。造价工程咨询企业的合伙是指由两个(包括公民、法人)或两个以上的造价工程师根据共同协议而组成的联合体。合伙由合伙合同和合伙组织两个不可分割的部分构成，前者是对造价工程师有约束力的内部关系的体现，后者是全体造价工程师作为整体与第三方发生法律关系的外部形式。实行合伙制能有效地对专业人士的行为形成激励，同时也是一种约束。合伙制通常有三种形式：无限合伙制、有限合伙制和有限责任合伙制。三类合伙制企业组织形式的比较如表 10-1所示。

表 10-1　三类合伙制企业组织形式的比较

组织形式	合伙人组成	承担的责任	激励作用	风险承担	适用范围
无限合伙即普通合伙	两个或两个以上的普通合伙人组成	各合伙人以自己的个人财产对合伙组织的债务承担无限连带责任	强	大	较少采用
有限合伙	一名普通合伙人和负有有限责任的合伙人组成	有限合伙人对合伙组织债务只以其出资为限承担责任	中等	较小	需要资金大的企业
有限责任合伙	两个或两个以上的特殊合伙人组成	各合伙人对自己执业行为承担无限责任，对其他合伙人的执业行为引起的合伙组织债务承担有限责任	强	中等	咨询企业、中介机构

二、工程造价咨询企业的经营和服务范围

　　国外工程造价咨询企业的市场化程度较高，不论在国内还是在国外，其经营和服务范围都在不断拓展。尤其是加入世贸组织的国家，其服务范围是全球性的，既可以承揽境外工程咨询项目，又可以设境外分支机构，执业人员还可以从事短期境外服务。例如，中国香港威宁谢是国际著名的独立造价咨询公司，为香港、中国大陆及澳门的建设发展提供专业工程造价咨询及管理服务。中国香港威宁谢是世界最大造价咨询集团之一威宁谢国际

(DLSI)的成员。DLSI 在全世界五大洲营运，在 34 个国家设有 109 所办事处，雇用超过 5000名雇员，于 1993 年在上海成立了办事处，并于 2003 年成立了威宁谢工程咨询(上海)有限公司。威宁谢于改革开放之初即参与中国内地工程的造价咨询服务，着重提供投资估算、合同策划、招投标代理、造价控制及项目建设管理等方面的专业服务，曾为上海的许多标志性或代表性建筑，包括金茂大厦(88 层)、恒隆广场(66 层)、外滩中心(50 层)、万都中心(50层)、环球金融中心(101 层)、会德丰大厦(60 层)等提供全过程的工程造价咨询服务。目前正为上海国金中心(55 层)、陆家嘴开发二期瑞明项目(50 层)、上海城(三期及五期)、金港广场(80 层)等代表性项目提供专业的造价咨询服务。同时，他们的业务已拓展到杭州、苏州、无锡等地，主要有杭州来福士广场、无锡国金中心、苏州国金中心等等。

威宁谢提供了十多项服务，分别是工料测量、项目管理、保险估价、尽职审查、促导服务、投资评估、法律支援服务、借贷管理、管理咨询服务、研究工作、施工规范撰写、可持续性研究/生命周期成本分析等。该公司的主要业务如表 10-2 所示。

表 10-2　威宁谢造价咨询公司主要服务内容

服务项目	具体内容
工料测量	初步预算以便评估设计的可行性；以其他设计、物料、系统和方法的造价与原设计的做出比较；拟出详细的造价规划并进行督察，以确定工程费用不超出预算；利用工程价值分析对设计做出选择，以善用金钱；提供有关合约分拆、招标和采购方式的意见；管理已确定的招标采购方式；编制分阶段付款估价、定期报告预算支出和总成本并协定最终结算金额
项目管理	既定计划、所需设计、协定程序、建设价格、招标采购、建筑安装、竣工及交收、搬迁和入伙安排
投资评估	投资评估、土地价值和资金流动预算，以计算项目的合适条件及可得到的回报，地块分析以估计和决定项目发展的最佳方向
施工规范撰写	提供施工规范草拟服务，特为那些对文件中素质要求极严格的设计师而设。协助项目队伍把设计概念落实为可行而适用于该项目的施工规范，且规范融合了相关标准和功能上的要求
可持续研究/生命周期成本分析	服务集中于生命周期成本分析，并对投资决定所受的长远影响做出评估，利用投资回收期及投资收益率研究资本投资的不同方案。向客户提供有关物料、组件及楼宇的希艾娜关系生命周期评估，协助客户对物料选择及设计做出明智决定

再如著名的利比(Levett & Bailey)工程咨询公司，其提供的主要服务包括造价咨询、工程项目管理及顾问服务等。作为涉足各领域的集团，利比工程咨询公司提供了房地产及建筑业客户所需的广泛服务，包括策略建议、建筑物审核及测量。除具备造价咨询和项目管理能力外，该公司还为客户提供了与众不同的顾问系列服务。利比工程咨询公司提供的服

务内容如表 10-3 所示。

表 10-3　利比工程咨询公司提供的服务内容

服务项目	具 体 内 容
造价咨询	评估及成本规划：完成项目的成本规划及主要成本目标的估算；对建筑物成本、最低成本及未来成本进行估计 成本管理：可为全球客户提供所需的成本管理技能及专业知识 合约建议：为客户提供全方位的合同咨询服务，包括争端的解决 审核与资产监控：具有丰富的财务知识和项目采购经验，能够监控项目的资金运行状态并识别潜在风险 采购建议与招标准备：通过全球网络，提供采购建议并可代表客户实际采购材料
项目管理	项目评估：定期进行项目后评估，并将其作为项目管理职责的核心服务之一 委托人代理：定期履行通常为委托人所承担的职责。这一职责是确保客户要求得到满足，并达到成本、质量等项目指标的要求 风险管理：拥有丰富经验，识别各种风险因素，提供风险管理计划，能够弥补客户在风险知识结构上的欠缺 项目群管理：实现项目间的对接，建立成熟的整体架构，并整合所有可交付使用的项目，为客户带来全面的商业利益 项目监控：与客户通力协作，确保客户的关键项目在实施过程中能够按照预算进行
顾问服务	资产咨询：主要服务包括成本/利益分析、表现评级及资产的可持续性评定、完整的使用周期成本计算，资产寿命评估 设施顾问：量化及评估设施品质 建筑物勘测：提供多技能、多方面的楼宇勘测服务 风险减轻 采购策略 诉讼支援：在诉讼领域拥有经验丰富的资深专家团队，可为用户提供专业服务

　　国外工程造价咨询服务体系大致可分为三个层次，即工程造价咨询、项目管理咨询、工程技术咨询。由于私有化浪潮的冲击，投资方式随之创新，BOT、BT 项目大量涌现，使工程造价咨询企业的业务范围向融资、建设和经营领域延伸，传统的 DBB 咨询服务进一步向设计—采购—建造(EPC)咨询服务发展；也有些造价咨询公司向项目管理咨询领域渗透，工程造价咨询业的产业链在造价咨询、技术咨询以及项目管理咨询三个方向上拓展。

三、工程造价咨询企业的管理方式

　　国外工程造价咨询企业主要采取柔性化的矩阵式组织结构进行管理，较大的企业设有经营、合同管理、人事、质量、财务等管理部门及业务部门。企业接到咨询项目后，从业务部门协调人员根据客户需要组成一个项目部(或组)，从始至终对项目负责。项目部(或组)由经理全权负责，制定项目计划，控制质量、进度和成本，项目完成后项目部(或组)解散，人员回原业务部门。同时，企业制定明确的质量、进度、成本及业务评估标准，进行项目评估和咨询人员考核。许多企业都在国内外设置若干分支机构，既便于接近客户、承揽项目，又可分散风险。分支机构大多是合伙人经营。国外工程造价咨询企业具有完整的经营独立性，不隶属于国家政府部门，也不依附于其他经济实体，在市场中充分自由竞争。

国外知名工程造价咨询企业的显著的特点是十分重视群体知识和经验的积累与共享，并利用现代信息技术加以凝练、提升，以培育核心能力。大多数企业都建立了咨询案例数据库、经营服务信息网、咨询顾问专家数据库等，有的大企业还设立了产业知识中心、工程咨询研究中心机构，以开发新观念、新方法、新工艺。

第五节　我国工程造价咨询企业的管理制度

工程造价企业制度包括行政管理制度和业务管理制度两类。行政管理制度有劳动合同制度、人事任免制度、文件管理制度等；业务管理制度包括岗位责任制、技术档案管理制度、竣工结算及决算质量控制制度、对外委托业务管理制度等。

一、岗位职责制度

岗位职责制度包括：总工程师岗位职责、各工程师岗位职责、资料员岗位职责、招标代理员岗位职责、行政财务部负责人岗位职责。

总工程师岗位职责包括：全权负责监管事务所的各项业务；负责召集并主持每周一 8:30 的例会；检查、签发审核报告；提议业务人员的聘用及解聘事项；管理业务人员薪金待遇和提成事宜(包括临聘人员)；审核业务人员所有报销费用、绩效工资；管理业务人员考勤；有计划地安排业务人员培训；每月一期编辑发布事务所学习期刊。总工程师向所长负责并报告工作。

各工程师岗位职责包括：遵守各项制度，保质保量按时完成总工程师安排的具体业务以及单位安排的其他工作。各业务人员向总工程师负责并报告工作。

行政财务部负责人岗位职责包括：负责业务收费；登记现金日记账、银行存款日记账；编制现金及银行存款凭证；按时报税，领购及管理发票；负责所有证照、证件管理和年检等事宜；负责事务所资产管理并造册登记以及单位安排的其他工作。

资料员岗位职责包括：妥善收缴、管理所有业务档案、业务资料；负责造价工程师年检、培训、注册、续期注册事宜；负责管理报告统一编号、业务约定书统一编号事宜；协助业务人员打印、装订报告；在具体业务人员协助下负责装订档案；负责购水、购电、交纳物业费用、电话费等；负责登记及管理信件、传真、收发文件以及单位安排的其他工作。资料员向行政财务部负责并报告工作。

招标代理员岗位职责包括：负责招投标代理事宜；管理事务所网站；负责四证(咨询资质证、代理资质证、采购资质证、造价师注册证)升级、年检、就位、审验等事宜；负责领导交办的其他事情。招标代理员向总工负责并报告工作。

二、工程造价咨询(审计)质量管理制度

为了不断完善和提高全面质量管理，落实质量责任制，保证工程造价咨询(审计)成果

的真实性、完整性、科学性，特制定本制度。

工程造价咨询(审计)成果的质量管理，必须建立在全员岗位质量管理责任制的基础上。

1．岗位质量管理职责

单位技术负责人主持制订大型和有重大影响项目的咨询(审计)实施方案编制工作，负责指导和审核项目经理(或项目负责人)编制的咨询(审计)实施方案，对项目经理(或项目负责人)执业全过程负责技术指导，解答咨询(审计)业务实施过程中的技术问题，为重大疑难问题及专业上的分歧寻找专业支撑，提出处理意见；对更新的软件、新颁布的工程造价文件及时组织学习，针对工程造价咨询(审计)业务开展过程中遇到的专业问题，建立全员参与研讨的互动机制，提高全体执业人员专业水平；结合咨询(审计)业务具体开展情况和咨询服务回访与总结情况，归纳其共性问题，并将存在的共性问题纳入质量改进目标，提出相应的解决措施与方法；对本单位全体员工进行定期技术培训，并负责向公司备案本单位全年培训计划和季、月度培训计划的调整情况。

项目经理(或项目负责人)负责编制一般性项目的咨询(审计)实施方案，组织本项目组专业人员对咨询(审计)实施方案的学习，并用它来指导项目组每个成员的执业行为；负责对委托方提供咨询(审计)资料内容的完整性、规范性、合理性，并办理资料交接清单；按照实施方案拟定的原则、风险防范要点、计价依据等要素，规范地开展咨询(审计)工作；具体负责业务实施过程中相关单位、相关专业人员间的技术协调、组织管理和业务指导工作；对咨询(审计)过程中尚未排除的风险，须如实向单位技术负责人反映报告，并在初步成果文件形成前加以解决；按照公司规定，对项目组初步咨询(审计)成果复核后，汇总成册；对咨询(审计)初步成果文件的评价深度和复核质量负责；完成咨询(审计)成果审核后，负责组织按质量控制总监(或总审)的审核意见进行修改。

专业造价工程师按照批准的咨询(审计)实施方案，规范地进行咨询(审计)工作；对自己的计价依据、计算方法、计算公式、计算程序、计算结果、取证及必要的论证分析评价过程记录进行系统的归纳整理和留存；依据留存资料，完成咨询(审计)初步成果的自校或互校，自校或互校后的初步成果，应保证表述清晰规范完整，计算数据齐全准确，结论真实可靠；对自己发现而无法排除的风险，须在咨询(审计)过程中及时向项目经理(或项目负责人)反映汇报，以征得问题解决；专业造价工程师对自己承担的咨询(审计)初步成果质量负责，对支撑自己咨询(审计)结论的资料完整性和准确性负责，对送审的咨询(审计)初步成果按复核和审核意见进行修改。

2．校审签发质量管理责任

(1) 专业造价工程师自校或互校责任。专业造价工程师按照职责划分，对完成自校或互校的初步成果确认无漏项和错误后，随同归纳整理后的全部咨询(审计)资料及填写的《工程造价咨询业务质量控制单》，一并提交项目经理(或项目负责人)复核。对未决事项和需要提请项目经理(或项目负责人)重点复核的问题，须在《工程造价咨询业务质量控制单》自校或互校意见栏中加以说明，应说明而未说明的，视同对其已认同，由专业造价工程师负直接责任，并给予相应处罚。

自校或互校的主要内容包括是否完成了咨询(审计)合同、实施方案规定的范围和深度；项目咨询(审计)采用的法规、规范、标准、计算方式、价格等依据是否正确、合理；对工程量进行逐项复核，检查工程量计算式是否正确、依据是否充分、上机结果与计算底稿是否一致；逐项复核定额套用或分析综合单价的组成是否正确；数据引用、计量单位、数据调整、数据汇总是否准确；咨询过程中形成的结论，其分析过程、记录、会议纪要、取证等文件是否真实、完整和有效；咨询(审计)项目中发现的复杂事项、重大分歧，以及对咨询(审计)结果有重大影响的问题。

(2) 项目经理(或项目负责人)复核责任。咨询(审计)成果文件质量执行项目经理(或项目负责人)负责制，即项目经理(或项目负责人)对所执行的业务质量负总责。项目经理(或项目负责人)在专业造价工程师自校或互校初步成果的基础上，按照咨询(审计)合同、实施方案规定的内容和深度进行全面复核，对未决事项和需要提请单位质量控制总监(或总审)重点复核的问题，须在《工程造价咨询业务质量单》复核意见栏中加以说明，应说明而未说明的，视同对其已认同，由项目经理(或项目负责人)负直接责任，并给予相应处罚。

复核的主要内容：咨询(审计)原则、依据、方法是否符合合同和实施方案拟定的要求与有关规定；对重要项目的工程量计算进行抽查，验算关键数据及相互间的关联关系和钩稽关系是否正确；各专业的技术经济指标是否在合理的范围内，计算底稿是否完整、正确；原编制咨询(审计)初步成果的专业造价工程师对《工程造价咨询业务质量控制单》上提出的复核意见进行修改后，项目经理(或项目负责人)方可签字，继续履行下一步的审核程序。

(3) 单位质量控制总监(或总审)审核责任。送审文件必须经过项目经理(或项目负责人)全面复核，在《工程造价咨询业务质量控制流程单》上签署复核意见后，由专业造价工程师修改后的初步咨询(审计)成果、具备归档要求的咨询(审计)完整资料方可进入审核程序。

审核的主要内容包括：项目经理(或项目负责人)对初步成果进行调整、纠正、补充的依据是否恰当和准确，与建施双方一些关键性的分歧是否得到解决；单位质量控制总监(或总审)如发现咨询(审计)成果文件初稿有不准确、不完整、不可靠或错误之处，应责成和督促项目经理(或项目负责人)予以修改、补充和完善，必要时单位质量控制总监(或总审)可直接进行修改和补充，并将修改和补充内容通知项目经理(或项目负责人)。项目经理(或项目负责人)对《工程造价咨询业务质量控制流程单》签署的审核意见进行修改后，单位质量控制总监(或总审)方可签字，继续履行下一步程序。

(4) 单位技术负责人审查签发责任。凡依据咨询合同要求提交的咨询(审计)成果文件，资料齐全，校审签署齐全，具备存档条件，单位技术负责人予以审查签发。单位技术负责人对签发的咨询(审计)成果文件的完整性负责。

单位校审中遇到的重大疑难问题，质量控制总监应组织技术负责人及相关人员组成技术领导小组进行会审，并拟出具体解决措施，形成会议纪要，进入档案。

(5) 奖励与处罚。各单位应按照公司颁布的《质量检查评分标准》，结合咨询(审计)初步成果审核情况和咨询(审计)过程中抽查情况的评定结果，参考公司模式，进行奖励和处罚。

三、公司日常质量监管机制与管理模式

公司常务质量管理机构将全面负责全公司质量的动态管理，主要通过调阅下属单位咨

询(审计)成果资料和检查正在实施过程中的咨询(审计)项目程序的合规性等方式进行监管。

监管方式包括定期和不定期检查、抽查、专项稽查。定期和不定期检查是指公司对下属单位档案资料的真实性、合规性、完整性实施的集中检查。抽查是指公司对下属单位咨询(审计)过程的规范性情况进行的监督抽查。专项稽查是指公司依据投诉、举报和重大质量事故进行的专门监督检查。

监管检查结果的评价办法。公司综合影响咨询(审计)质量的各种因素，制定执业质量检查评价的评分标准。检查评分实行百分制，得分低于 60 分的为不合格，60 分至 80 分的为合格，80 分以上的为优良。对多个项目的质量检查结论，按最低得分项目的得分来确定。

监管检查结果的处理。检查情况应形成文字书面意见。检查意见应与被检单位进行充分沟通。被检单位收到检查结果书面意见后 10 天内，应将单位整改意见和整改情况回复公司；单位质量控制总监(或总审)对咨询(审计)初步成果审核后，应在《工程造价咨询业务质量控制流程单》上签署审核意见，并按照《质量检查评分标准》对审核后的咨询(审计)初步成果进行评分。咨询(审计)成果在三级复核范围内出现的问题，实行质量问题问责制，由复核人员承担责任。

年度检查结果在公司内部进行公布。对获得全公司优良评价第一名的项目给予奖励。对低于 60 分和问题严重的下属单位，在下一年度质量检查中需要进行复查，同时对其项目参与人员进行处罚。

专项稽查结果涉及个人职业道德或造成严重经济损失、名誉损失的，由公司常务质量管理机构按规定程序进行上报，并按规定进行相应的处置。

四、招标代理的执业质量控制制度

严格实施《招标投标法》及所在省建设行政主管部门关于招标投标的各项管理、规定。必须以行业规范及工程造价人员执业道德为准绳，杜绝损害委托方及被审单位利益的情况出现，必须遵照公平、合理、合法的执业准则。

在总则前提下，制定本职业质量控制制度。招标代理前期工作。招标代理项目负责人必须对委托项目的各种手续进行符合性检查，包括施工图纸的审查手续、项目报建、资金到位情况、城建缴费及城建手续、规划手续等。

针对具体项目，结合国家、省、市关于招标投标管理的规定，确定项目招标实施的具体办法(邀请招标或公开招标)，并同主管部门进行沟通。

招标代理项目负责人应做好在招标代理工作中的一切文件领取签字手续及接收文件的备案手续。这些工作包括：投标报名、发放资格预审文件、接收资格预审文件及检查报名原始资料、投标单位考察资料、资格预审合格通知书的发放、招标文件及施工图纸的领取、招标会议与会人员的签字及招标答疑纪要的发放等。

招标文件的编制。招标文件内容必须符合国家的各种相关规定，内容齐全，不允许存在任何的倾向性；招标的时间安排、招标工期、投标报价、招标上限控制价的编制等必须符合国家的各种相关规定；招标文件中的合同条款必须采用国家施工合同示范文本，并对合同专用条款在国家政策范围内同委托方充分沟通，必须明确专用条款的内容；招标文件中必须明确招标上限控制价的计价依据；明确投标格式化文件，并在发标时将电子版文件同时发放给投标单位；评标办法必须符合国家、省、市的相关规定，在规定的指导下制定评标办法并同建设行政主管部门进行沟通，但不允许有任何的倾向性，必须坚持平等的竞争原则。

工程量清单编制的执业质量控制。工程量清单的准确性影响基本建设的全过程，必须将工程量清单的编制作为招标代理工作的重中之重来对待；工程量清单的编制必须符合国家关于清单计价规则的规定；清单子目的设置符合国家关于清单计价的规定；工程量的计算应严格按照国家关于工程量清单的工程量计算规则实施；为了保证清单工程量的准确，对于影响工程造价较大的单项工程必须实行互相复核，即同时有两个项目组对同一单项工程工程量进行计算，并对计算结果进行互相复核，以确保工程量的准确；工程量清单编制结束后，由项目负责人对经济指标、清单描述、清单项目设置进行检查，并对软件的设置进行更改，以满足发标的要求。

发标前期。项目负责人在完成前期工作后，应将招标前期的所有资料报公司总工程师检查，重点是招标文件。公司总工程师对招标文件中的各项条款进行逐一复核，并检查工程量清单，经总工程师复核后报招标管理机构。

招标备案工作。项目负责人必须认真做好招标备案工作。项目负责人在招标备案结束后，在同委托人充分沟通后，实施发标工作。

招标答疑及开标。项目负责人应组织执业人员及相关单位参加招标答疑会议，认真记录并整理发放；在按照国家规定完成招标上限控制价的编制后，应同委托人进行沟通，并根据招标文件的规定将文件妥善密封；项目负责人必须精心组织开标工作，做好评标专家的抽取、各种评标表格的制定及签字、评标会议的组织等工作；严格禁止同投标单位互相串通，损害委托人利益。

招标代理工作结束后，按照公司关于档案管理的规定将资料完整归档。

五、技术档案管理制度

技术档案是指各技术部门在工程审核、招投标代理、预(决)算等技术活动中形成的应当归档保存的图纸、图表、文字材料、电子文档等技术资料及外来、外购资料、图书等。技术档案管理制度一般包括七部分：

1. 总则

总则主要阐明制订技术档案管理制度的目的、技术档案的内涵，以及技术档案管理的基本要求、基本方式等。

按照集中统一管理技术档案的基本原则，应设立档案室，并配备专职资料员进行管理。综合档案室在总工程师的直接领导下，集中统一管理事务所的技术档案。建立、健全技术档案工作，达到事务所技术档案的完整、准确、系统、安全和有效利用。

2. 技术文件资料的归档

技术文件资料的归档主要阐明技术文件资料的归档范围和要求，并要求将所形成的技术文件资料加以系统的整理，组成保管单位(卷、代、册、盒)，由总工程师审查后及时向事务所综合档案室移交归档；各部门或技术人员在移交技术档案或技术文件资料时，交接双方应按规定办理交接手续并签字归档备查。凡不符合组卷要求或技术文件资料不全的，管理人员有权拒绝接收；凡需归档的技术文件资料，应尽量符合国标、部标和企业标准的规定，做到书写材料优良，字迹工整；凡各部门形成的成果类文件，应复制电子文档一份，并经总工程师签字后，向档案室移交归档；凡外来、外购回事务所的资料、标准图集、计价规则等，在开封前，有关单位必须通知资料管理人员参加清点，如数归档，在未办理借阅使用手续前，任何人不得据为私有或拿走。

3．综合档案室的任务和管理人员的职责

综合档案室的任务包括集中、统一、科学地管理好技术档案，确保其完整、系统、准确和安全，并及时、准确地提供利用。因工作严重失职，造成技术档案原件遗失、缺漏、污损破坏至无法使用、借出无法收回等，管理人员应负主要责任，严重者调离岗位；协助各部门和有关技术人员做好技术资料的形成积累和正确地整理、立卷归档工作；承担技术文件资料的接收、复制、借阅、发放和建档，提供技术资料，为事务所有关单位和技术人员服务。

技术档案管理人员的职责：认真贯彻事务所技术档案工作的方针政策；钻研业务，提高管理水平，保证技术档案工作任务的完成；积极主动地为执业项目提供技术资料；科学地管理事务所技术档案，承办技术资料和技术档案的接收、分类、编目、登记、保管、复制、借阅、发放、鉴定、统计等工作；遵守事务所保密制度；严格执行技术档案的保管、借阅、发放制度；保持档案室内整洁、卫生，对破损或变质的档案，要及时修补和提出复制。

4．技术档案的鉴定和销毁

认真做好技术档案的内容、保管期限的鉴定工作。因破损或变质的档案，复制后，原档案保管期限为一年。因修改内容而更换的档案，原档案报废，保管期限为三年；凡要销毁的技术档案，必须造册登记，经事务所领导审批后，在指定监销人的监督下进行销毁，防止失密。有关鉴定报告和销毁清册必须及时归档。

5．技术档案的保管和借阅

对接收来的技术档案进行分类、编目、登记、统计和必要的加工管理，编制《档案查阅目录》，做到定位存放，妥善保管，以方便利用。认真执行技术档案的保管检查制度，每年年底全面检查、清理一次，做到账档一致，并于 12 月 30 日以前整理出检查报告，交总工程师审查。总工程师根据检查报告的结果，对出现的问题勒令档案管理员进行整改，并对检查报告的真实性进行复查。做好技术档案的安全、保密工作，并履行批准和借阅手续。经常保持室内清洁通风，注意防尘、放火、防潮、防晒和防盗。防止档案被虫蛀、鼠咬、霉烂等。如有破损或变质的档案，管理人员要及时修补和提出复制技术档案的保密制度。事务所职工必须严守机密，维护技术档案安全。凡借阅重要的档案，要由总工程师批准后方可借阅，借阅者必须妥善保管档案，不得遗失；技术档案如有丢失、被盗、泄密等情况，应立即上报并采取措施妥善处理；非工作人员未经允许，不得随意翻阅技术资料；严格遵守技术档案的借阅规定等。

6．技术档案的复制和技术资料的发放

凡归档的技术文件资料，一般应存档一份。重要的和使用频繁的应复制备份一份，供

日常借阅或发放使用，备份文件予以发放后，应及时将其复制补充完整；因工作原因，需要发放各自使用场所的技术资料时，应在技术档案交接后次日内发放至各使用场所。未规定发放场所的文件应编制《文件发放清单》，发放清单由文件编制部门填写、部门主管批准后交档案室。档案室按清单的要求发放至各使用场所，发放时注明发放场所、发放号、发放日期、是否受控等，并由接收人员签字。其他需要文件的单位或个人，应提出申请，填写《文件领用申请单》，经主管领导审查、文件编制部门主管批准后，可签名领取；发放至各使用场所的文件资料，使用者应妥善保管，不得损坏或丢失。因条件限制，破坏或污损至无法使用时，可到档案室换取新文件，原破坏或污损文件资料由档案室回收后报废处理。凡使用者无法提供原文件资料，而要求档案室重新发放时，文件使用者应承担重新发放文件的资料费用，其金额按复制资料的实际价格核算，由档案管理员报总工程师审查，所长审批后，送交公司财务部综合部。

7. 技术档案和受控技术文件的更改

当文件编制部门需对技术档案实施更改或补充时，应有更改通知单。对用户提供的文件资料进行更改时，还应有用户同意更改的书面证明，并存档备查。更改人员根据通知单的内容对技术档案实施更改。修改时统一做好修改标记，坚持技术责任签字，标明日期。同时修改清单中的更改级别，并将修改通知保留备查；更改技术档案后，资料管理人员应及时将更改通知单发放至各相应的文件受控场所，以保证文件的使用得到有效控制；为防止各使用场所的受控文件失控，各类受控技术文件自发放之日起，其使用期限为一年，过期自动作废。需重复使用时，经文件归口管理部门审查后，盖上"确认"印章，审查人员签字认可后方可再次使用。

复习思考题

1. 我国工程造价咨询业的发展经历了哪几个阶段？
2. 工程造价咨询的内容是什么？
3. 工程造价企业具备哪些特征？
4. 简述工程造价企业的质量管理制度。
5. 简述工程造价企业的招标代理质量管理制度。
6. 简述工程造价企业的技术档案管理制度。

参 考 文 献

[1]　中华人民共和国住房和城乡建设部，中华人民共和国国家质量监督检验检疫总局. 建设工程工程量清单计价规范(GB 50500—2013)[S]. 北京：中国计划出版社，2013.

[2]　李建峰. 建设工程定额原理与实务[M]. 2 版. 北京：机械工业出版社，2018.

[3]　中华人民共和国教育部高等教育司. 普通高等学校本科专业目录和专业介绍(2012年)[R]. 北京：高等教育出版社，2012.

[4]　中国建设工程造价管理协会. 建设工程造价咨询规范 GB/T51095—2015[S]. 北京：中国建筑工业出版社，2015.

[5]　袁荣丽. 基于 BIM 的建筑物化碳足迹计算机模型研究[D]. 西安：西安理工大学，2019.

[6]　沙名钦. 基于 BIM 技术的桥梁工程参数化建模及二次开发应用研究[D]. 南昌：华东交通大学，2019.

[7]　清华大学 BIM 课题组. 设计企业 BIM 实施标准指南[M]. 北京：中国建筑工业出版社，2013.

[8]　牛美红. 浅谈 BIM 技术的发展历程及其工程应用[J]. 山东工业技术，2017(3)：117-118.

[9]　袁雪霞. 建筑工程造价软件的应用分析及发展前景[J]. 建材与装饰，2017(39)：217-218.

[10]　朱高峰. 中国工程教育的现状和展望[J]. 清华大学教育研究，2015(36)：13-20.

[11]　林健，胡德鑫. "一带一路"国家战略与中国工程教育新使命[J]. 高等工程教育研究，2016(6)：7-15.

[12]　王刚，朱玉华. 5G 与通信工程管理[J]. 科学技术创新，2018(29)：98-99.

[13]　尚梅. 工程计价与造价管理[M]. 北京：化学工业出版社，2017.

[14]　全国造价工程师执业资格考试培训教材编审委员会. 建设工程计价[M]. 北京：中国计划出版社，2019.

[15]　程志辉，邵晓双. 工程造价与管理[M]. 武汉：武汉大学出版社，2019.

[16]　褚振文，赵颜强，张威. 建筑工程造价入门[M]. 北京：化学工业出版社，2013.

[17]　刘常英. 工程造价管理基础知识辅导[M]. 北京：金盾出版社，2013.

[18]　方春艳. 工程结算与决算[M]. 北京：中国电力出版社，2015.

[19]　全国二级造价工程师职业资格考试培训教材编委会. 建设工程造价管理基础知识[M]. 江苏：凤凰科学技术出版社，2019.